中国轻工业"十四五"规划教材·高职高专化工技术类

## 编委会名单

主 任：谢 娟  杨欧琳  湖南化工职业技术学院

委 员：（按姓氏笔画排序）

丁志平  南京化工职业技术学院
于宝军  天津渤海职业技术学院
王保险  湖南化工职业技术学院
广 吉  黄河工程职业技术大学院
木来江  内蒙古化工职业技术学院
石开玉  中国轻工业出版社
成水杰  天津渤海职业技术学院
邱宏林  四川化工职业技术学院
胡晓林  常州工程职业技术学院
金万祥  兰州工业职业技术学院
洪 蕾  常州工程职业技术学院
秦碧华  扬州工业职业技术学院
贾小华  贵州工业职业技术学院
夏志飞  天津渤海职业技术学院
程建兆  湖南化工职业技术学院
蔡玉安  化学工业出版社

# 中国石油和化学工业行业规划教材·高职高专化工技术类
## 编审委员会名单

主　任：陈炳和　常州工程职业技术学院

委　员：（按姓氏笔画排列）

　　　　丁志平　南京化工职业技术学院

　　　　于兰平　天津渤海职业技术学院

　　　　王绍良　湖南化工职业技术学院

　　　　吉　飞　常州工程职业技术学院

　　　　朱东方　河南工业大学化学工业职业学院

　　　　任耀生　中国化工教育协会

　　　　杨永杰　天津渤海职业技术学院

　　　　杨宗伟　四川化工职业技术学院

　　　　陈炳和　常州工程职业技术学院

　　　　金万祥　徐州工业职业技术学院

　　　　洪　霄　常州工业职业技术学院

　　　　秦建华　扬州工业职业技术学院

　　　　袁红兰　贵州工业职业技术学院

　　　　曹克广　承德石油高等专科学校

　　　　程桂花　河北化工医药职业技术学院

　　　　潘正安　化学工业出版社

中国石油和化学工业行业规划教材

高职高专化工技术类

# 高分子材料概论

GAOFENZI CAILIAO GAILUN

任明 魏兰兰 主编 赵玉英 副主编 杨宗伟 主审

化学工业出版社

·北京·

本教材共分绪论、塑料、橡胶、纤维、涂料与胶黏剂、功能高分子、绿色高分子材料七个模块。简要讲述了高分子材料的基本概念、性能、基本成型加工方法，突出高分子材料鉴别、选用、使用及相关理论知识，并列举实例供参考。编写内容着重于高分子材料"是什么、如何选、怎么用"及相关理论知识。

本教材可作为高等职业院校、中等职业学校与化工相关专业学生必修或选修教材，授课对象为应用化工、有机化工、精细化工等非高分子材料专业学生，讲授全部内容建议安排 60 学时左右，各学校也可根据需要选取部分内容授课。另外，本教材也可供从事化工生产技术工人和一线管理人员学习参考。

图书在版编目（CIP）数据

高分子材料概论/任明，魏兰兰主编．—北京：化学工业出版社，2009.9（2024.11重印）
中国石油和化学工业行业规划教材·高职高专化工技术类
ISBN 978-7-122-06205-5

Ⅰ．高… Ⅱ．①任…②魏… Ⅲ．高分子材料-高等学校：技术学院-教材 Ⅳ．TB324

中国版本图书馆 CIP 数据核字（2009）第 122467 号

---

责任编辑：窦 臻 提 岩　　　　　　文字编辑：王 琪
责任校对：吴 静　　　　　　　　　　装帧设计：尹琳琳

---

出版发行：化学工业出版社（北京市东城区青年湖南街 13 号　邮政编码 100011）
印　　装：北京科印技术咨询服务有限公司数码印刷分部
787mm×1092mm　1/16　印张 11¼　字数 264 千字　2024 年 11 月北京第 1 版第 8 次印刷

购书咨询：010-64518888　　　　　　　　售后服务：010-64518899
网　　址：http://www.cip.com.cn
凡购买本书，如有缺损质量问题，本社销售中心负责调换。

---

定　　价：30.00元　　　　　　　　　　　　　　　　　　版权所有　违者必究

# 序

2006年11月教育部颁布了《关于全面提高高等职业教育教学质量的若干意见》（教高[2006]16号）文件，文件中明确了课程建设与改革是提高教学质量的核心，也是教学改革的重点和难点。文件要求各高等职业院校应积极与行业企业合作开发课程，根据技术领域和职业岗位（群）的任职要求，参照相关的职业资格标准，改革课程体系和教学内容；要建立突出职业能力培养的课程标准，规范课程教学的基本要求，提高课程教学质量；要改革教学方法和手段，融"教、学、做"为一体，强化学生能力的培养；要加强教材建设，与行业企业共同开发紧密结合生产实际的实训教材，并确保优质教材进课堂。

自文件颁布以来，在我国掀起了新的一轮高职高专教育教学改革热潮，以工作过程系统化重构高职高专课程体系，以项目化课程教学法改革传统学科传授教学法，取得了丰硕的成果。学生学习的兴趣、学习动力、自觉性、主动性、自信心、主体性和专业能力、自学能力、创新能力、团队合作能力、与人交流能力、计划策划能力、信息获取与加工能力等都得到明显提高，学生对复杂专业知识的把握情况也显著改善。项目化课程教学改革完全符合教育部的十六号文件精神。项目化课程教学改革遵循的八大原则更是体现了当今先进的高等职业教育观念。这八大原则是：①课程教学应进行整体教学设计；②课程内容是职业活动导向、工作过程导向，而不是学科知识的逻辑推演导向；③课程教学突出能力目标，而不仅仅是突出知识目标；④课程内容的载体主要是项目和任务，而不是语言、文字、图形、公式；⑤能力的训练过程必须精心设计，反复训练，而不是在讲完系统的知识之后，举几个知识的应用例子；⑥学生是课程教学过程中的主体；⑦课程的内容和教学过程应当"做、学、教"一体化，"实践、知识、理论"一体化；⑧注意在课程教学中渗透八大职业核心能力（外语应用能力、与人合作能力、与人交流能力、信息处理能力、数字应用能力、解决问题能力、自我学习和创新革新能力）的培养。

全国化工高等职业教育教学指导委员会（简称全国化工高职教指委）化工技术类专业委员会于2002年组织全国石油与化工各职业院校教师编写了第一套高职高专化工技术类专业规划教材，解决了当时高职院校化工技术类专业无教材的困难。然而，随着科学技术的进步，产业结构的调整，劳动效率的提高，信息技术的应用，劳动密集型生产已向资本密集型和技术密集型转变。特别是近年来的项目化课程教学改革的开展，原来的教材已不适应高等职业教育教学改革的需要。为此，全国化工高职教指委化工技术类专业委员会于2008年9月在常州工程职业技术学院启动了第二轮规划教材编写工作。教指委根据教育部教高［2006］16号文件的精神，吸收了先进的高职高专教育教学改革理念，进行了企业调研、座谈，针对岗位（群），聘请企业职业专家进行工作任务分析，进而确定典型工作任务，组织课程专家按照职业成长规律和认知规律，用工作过程系统化的开发方法，重构化工技术类专业课程体系，制定课程标准，进行了教学情境设计，聘请企业一线技术专家作为教材编写的顾问和副主审，在全国石油和化工高职高专院校公开征集编写思路，组织高职教育领域的课程专家对应征的编写方案进行答辩，最终在全国范围内选拔出从事石油与化工职业教育的优秀骨干教师编写本套教材。

本套新教材的特点：
1. 体现工学结合的内涵要求；
2. 基本体现化工生产的工作过程；
3. 突出能力目标，重在培养学生的做事能力，强调知识的应用；
4. 便于项目化和任务驱动教学法的实施；
5. 注意培养学生的八大职业核心能力；
6. 反映当今的新技术、新材料、新设备和新工艺。

本轮建设的全套教材能满足化工技术类专业主干课程教学需求，能满足各个化工技术类专业方向课程教学需要，也能满足全国石油与化工高职院校根据地方经济发展和支柱产业需求设置的化工技术类专业选修课程教学要求。

本轮化工技术类专业的教材编写工作得到了许多化工生产一线企业行业专家、高等职业院校的领导和教育教学专家的指导，在此向所有对高等职业教育改革给予热情支持的人士表示衷心的感谢！

我们所做的工作仅是探索和创新的开始，还有许多的课题有待进一步研究，我们期待各界专家和读者提出宝贵意见！

全国化工高等职业教育教学指导委员会
化工技术类专业委员会
2009年6月

# 前言

近几十年来，高分子科学和高分子材料工业的发展极为迅速，高分子材料的应用领域越来越广泛，从普通的日常生活用品到尖端的高科技产品都离不开高分子材料。

本教材从结构、内容、形式编写上突出实践性和应用性，以满足高职高专院校应用化工技术、有机化工生产技术、精细化学品生产技术等非高分子材料专业学生的需要。

本教材编写过程中着重考虑了如下两个原则。

1. 理论知识够用及专业针对性的原则

高分子材料涉及的内容很多，如聚合物的合成工艺，高分子材料的性能、成型加工工艺及材料的选用、应用等方面，由于受课时所限，因此不可能面面俱到。鉴于本书读者总体是以应用高分子材料为主，因此本教材突出应用技术，简要讲述了高分子材料的基本概念、性能、基本成型加工方法，突出了高分子材料鉴别、选用、使用及相关理论知识，并列举参考实例，为读者今后从事相关工作奠定基础。

2. 培养职业能力的原则

为了适应当前高职教学改革的需要，本教材的编写尽可能体现"工学结合，理论实践一体化，学生为本、能力为本原则"，以"认知高分子材料，掌握高分子材料性能及基本成型加工方法，具备选用、应用高分子材料能力"为主线，优化整合课程内容，适应读者工作岗位需求，着重解决高分子材料"是什么、如何选、怎么用"等实际问题，同时用简短的篇幅说明"为什么这样选、这样用"等原理，力求"理论简洁，突出应用"。

与传统教材强调"理论系统、全面"不同，根据"理论以够用为度"的原则，编写形式采用"模块→项目→单元"，理论知识服从学生职业应用能力，通过各种应用实例，使学生能够在做（鉴别、选用、使用）中学（理论知识），学中做（鉴别、选用、使用），学做结合，力求基本满足化工类专业学生在工作岗位上对高分子材料知识及技能的需求。

全书共七个模块，其中模块一、模块二由南京化工职业技术学院任明编写；模块三由天津渤海职业技术学院魏兰兰编写；模块四、模块七由南京化工职业技术学院向奇志编写；模块五由太原科技大学化学与生物工程学院赵玉英编写；模块六由南京化工职业技术学院王军平编写；四川化工职业技术学院杨宗伟教授任本书主审。

本教材在编写过程中参考了大量的专著、教材，在此向作者致谢；同时杨小燕、易志雄、刘晓侠等对本书编写提出了很多宝贵建议及帮助，在此深表谢意。

由于编者水平有限，难免有疏漏和不妥之处，敬请使用本书的老师和同学们提出批评意见和建议，以便今后完善。

编者
2009年6月

# 目 录

## 模块一 绪论 ... 1

一、高分子材料的发展 ... 1
二、高分子的基本概念 ... 3
三、高聚物的分类 ... 5
四、高聚物的命名 ... 10
思考题 ... 11

## 模块二 塑料 ... 13

项目一 常用塑料品种及成型加工 ... 13
 单元一 常用塑料品种 ... 13
  一、通用塑料 ... 14
  二、工程塑料 ... 15
 单元二 塑料成型加工 ... 17
  一、挤出成型 ... 17
  二、注射成型 ... 18
  三、压制成型 ... 19
  四、压延成型 ... 20
  五、吹塑成型 ... 21
项目二 热塑性塑料的简易鉴别 ... 23
 单元一 根据表观、燃烧特征鉴别塑料品种 ... 23
  一、表观鉴别法 ... 23
  二、燃烧鉴别法 ... 24
 单元二 根据密度、熔点特征鉴别塑料品种 ... 26
  一、密度鉴别法 ... 26
  二、熔点鉴别法 ... 27
 [知识拓展] 塑料力学性能测试 ... 29
 单元三 根据溶解特征及显色试验鉴别塑料品种 ... 29
  一、溶解鉴别法 ... 29
  二、显色试验鉴别法 ... 31
 [知识拓展] 综合试验鉴别法 ... 32
项目三 塑料材料的选用 ... 34
 单元一 塑料受力制品的选材 ... 35
  一、普通结构塑料制品的选材 ... 35
  二、齿轮类啮合传动制品用塑料的选材 ... 36

三、轴承等易磨损部件用塑料的选材……………………………………… 36
　　四、密封制品用塑料的选材………………………………………………… 37
　　五、塑料受力制品的选材…………………………………………………… 38
单元二　根据塑料的热性能选材…………………………………………………… 40
　　一、耐热类塑料的选材……………………………………………………… 40
　　二、导热类塑料的选材……………………………………………………… 40
　　三、隔热（保温）类塑料的选材…………………………………………… 41
　　四、耐热类塑料的选材原则………………………………………………… 41
　　五、塑料材料的导热机理…………………………………………………… 43
　　六、隔热（保温）类塑料的选材原则……………………………………… 44
单元三　透明类塑料的选材………………………………………………………… 45
　　一、根据塑料制品的用途选用……………………………………………… 45
　　二、根据塑料材料的透光率选用…………………………………………… 47
　　三、塑料光学特性…………………………………………………………… 48
单元四　阻隔类塑料的选材………………………………………………………… 50
　　一、按阻隔塑料的种类选用………………………………………………… 50
　　二、按具体阻隔应用场合选材……………………………………………… 50
　　三、塑料的阻隔性…………………………………………………………… 51
　　四、阻隔类塑料的选材原则………………………………………………… 53
单元五　耐腐蚀类塑料的选材……………………………………………………… 54
　　一、耐腐蚀类塑料材料的选用……………………………………………… 54
　　二、塑料的腐蚀机理与防腐蚀措施………………………………………… 55
　　三、耐腐蚀塑料的选材原则………………………………………………… 57
思考题…………………………………………………………………………………… 57

# 模块三　橡胶

项目一　常用橡胶品种及加工工艺………………………………………………… 59
　单元一　常用橡胶品种……………………………………………………………… 59
　　一、天然橡胶………………………………………………………………… 59
　　二、合成橡胶………………………………………………………………… 60
　单元二　橡胶通用加工工艺………………………………………………………… 64
　　一、塑炼……………………………………………………………………… 64
　　二、混炼……………………………………………………………………… 65
　　三、压延……………………………………………………………………… 67
　　四、压出……………………………………………………………………… 69
　　五、成型……………………………………………………………………… 69
　　六、硫化……………………………………………………………………… 69
　　［知识拓展］　橡胶输送带的特点及加工方法…………………………… 70
项目二　通用橡胶材料的简易鉴别………………………………………………… 71
　单元一　根据形态、燃烧特性鉴别橡胶品种……………………………………… 71
　　一、形态鉴别法……………………………………………………………… 72
　　二、燃烧鉴别法……………………………………………………………… 72
　　［知识拓展］　天然橡胶与异戊橡胶的鉴别……………………………… 73

  单元二 根据玻璃化转变温度、脆化温度鉴别橡胶品种…………………… 73
   一、玻璃化转变温度鉴别法………………………………………………… 73
   二、脆化温度鉴别法………………………………………………………… 74
   [知识拓展] 高聚物的力学状态………………………………………… 75
  单元三 根据耐油性鉴别橡胶品种………………………………………… 76
   一、耐油性…………………………………………………………………… 76
   二、溶剂选择原则…………………………………………………………… 77
 项目三 橡胶材料的选用…………………………………………………………… 79
  单元一 橡胶品种的综合选用……………………………………………… 79
   一、一般选用原则…………………………………………………………… 80
   二、配方设计程序…………………………………………………………… 80
   三、生胶品种选用…………………………………………………………… 80
   四、相关实践选用案例……………………………………………………… 82
  单元二 根据力学特性选用橡胶品种……………………………………… 84
   一、根据拉伸强度选材……………………………………………………… 84
   二、根据撕裂强度选材……………………………………………………… 85
   三、实践操作………………………………………………………………… 86
  单元三 根据回弹性、耐磨特性选用橡胶品种…………………………… 87
   一、根据回弹性选材………………………………………………………… 87
   二、根据耐磨性选材………………………………………………………… 87
   三、实践操作………………………………………………………………… 88
  单元四 根据耐老化性、耐化学药品性、电性能选用橡胶品种………… 90
   一、根据耐老化性选材……………………………………………………… 90
   二、根据耐化学药品性选材………………………………………………… 91
   三、根据电性能选材………………………………………………………… 91
   四、实践操作………………………………………………………………… 94
  单元五 特种合成橡胶的选用……………………………………………… 95
   一、特种合成橡胶制品案例及分析………………………………………… 96
   二、特种合成橡胶…………………………………………………………… 97
   思考题………………………………………………………………………… 99

## 模块四 纤维

 单元一 纤维的基本知识……………………………………………………… 101
  一、纤维的定义与分类……………………………………………………… 101
  二、纤维的常用质量指标…………………………………………………… 102
 单元二 纤维的主要品种……………………………………………………… 103
  一、聚酯纤维………………………………………………………………… 103
  二、聚酰胺纤维……………………………………………………………… 103
  三、聚丙烯腈纤维…………………………………………………………… 104
  四、聚丙烯纤维……………………………………………………………… 104
  五、聚乙烯醇纤维…………………………………………………………… 104
  六、特种合成纤维…………………………………………………………… 105
 单元三 纤维的鉴别…………………………………………………………… 106

一、用显微镜法鉴别纤维品种 …………………………………………… 106
　　二、用燃烧法鉴别纤维品种 ……………………………………………… 106
　单元四　纤维的纺丝 ………………………………………………………… 107
　　一、化学纤维的纺丝 ……………………………………………………… 108
　　二、化学纤维的后加工 …………………………………………………… 110
　　[知识拓展]　复合导电纤维 …………………………………………… 110
　　思考题 …………………………………………………………………… 111

## 模块五　涂料与胶黏剂　　112

　项目一　涂料 ………………………………………………………………… 112
　　单元一　涂料的组成及配方原理 ………………………………………… 112
　　　一、典型涂料配方举例 ………………………………………………… 112
　　　二、涂料的作用及组成 ………………………………………………… 113
　　　三、涂料用合成树脂 …………………………………………………… 114
　　　四、涂料配方基本原理及配方设计 …………………………………… 116
　　单元二　涂料的选用原则及涂装技术 …………………………………… 119
　　　一、典型涂料涂装操作 ………………………………………………… 119
　　　二、涂料的选用原则 …………………………………………………… 119
　　　三、涂装技术 …………………………………………………………… 120
　　单元三　专用涂料 ………………………………………………………… 122
　　　一、典型专用涂料举例 ………………………………………………… 122
　　　二、防腐涂料 …………………………………………………………… 123
　　　三、塑料涂料 …………………………………………………………… 124
　　　[知识拓展]　涂料的生产 …………………………………………… 126
　项目二　胶黏剂 ……………………………………………………………… 127
　　单元一　胶黏剂的组成及类型 …………………………………………… 127
　　　一、橡胶与玻璃的黏合操作 …………………………………………… 127
　　　二、胶黏剂的组成 ……………………………………………………… 127
　　　三、合成树脂胶黏剂 …………………………………………………… 128
　　　四、合成橡胶胶黏剂 …………………………………………………… 131
　　　五、特种胶黏剂 ………………………………………………………… 133
　　单元二　胶黏剂的粘接原理及粘接接头设计 …………………………… 135
　　　一、橡胶制品黏合用胶黏剂初选 ……………………………………… 135
　　　二、胶黏剂的粘接原理 ………………………………………………… 135
　　　三、粘接接头的设计 …………………………………………………… 136
　　单元三　胶黏剂的选用、配制及粘接步骤 ……………………………… 139
　　　一、典型胶黏剂举例 …………………………………………………… 139
　　　二、胶黏剂的选用原则及配制 ………………………………………… 140
　　　三、胶黏剂的粘接步骤 ………………………………………………… 141
　　　思考题 ………………………………………………………………… 143

## 模块六　功能高分子材料　　144

　单元一　概述 ………………………………………………………………… 144

一、功能高分子材料的定义及分类 …………………………………… 144
　　二、功能高分子材料的特点 ……………………………………………… 145
　　三、功能高分子材料的制备 ……………………………………………… 146
　单元二　离子交换树脂 ……………………………………………………… 146
　　一、离子交换树脂净水及再生操作 ……………………………………… 146
　　二、离子交换树脂定义及分类 …………………………………………… 147
　　三、离子交换树脂的制备 ………………………………………………… 148
　　四、离子交换树脂的功能 ………………………………………………… 149
　　五、离子交换树脂选用 …………………………………………………… 149
　　六、离子交换树脂的应用 ………………………………………………… 151
　单元三　高吸水性树脂 ……………………………………………………… 151
　　一、高吸水性树脂的分类及制备 ………………………………………… 151
　　二、高吸水性树脂的吸水机理 …………………………………………… 153
　　三、高吸水性树脂的基本特性 …………………………………………… 154
　　四、高吸水性树脂的应用 ………………………………………………… 154
　　[知识拓展]　离子交换树脂的命名 ……………………………………… 156
　　思考题 ………………………………………………………………………… 157

## 模块七　绿色高分子材料　158

　单元一　废旧高分子材料的管理 …………………………………………… 158
　　一、废旧高分子材料的来源 ……………………………………………… 158
　　二、废旧高分子材料的处理原则 ………………………………………… 159
　　三、废旧高分子材料的处置方法 ………………………………………… 160
　单元二　可环境降解高分子材料的开发利用 ……………………………… 162
　　一、生物降解高分子材料 ………………………………………………… 162
　　二、光降解复合材料 ……………………………………………………… 162
　　三、可焚烧可降解高分子材料 …………………………………………… 162
　　[知识拓展]　医用生物降解高分子材料 ………………………………… 163
　　思考题 ………………………………………………………………………… 163

## 附录　高分子材料缩写代号　164

## 参考文献　165

# 模块一 绪论

**能力目标**

能对高分子材料进行分类及命名；能确定高聚物的单体、结构单元、重复结构单元。

**知识目标**

了解高分子材料的发展历史，掌握高分子基本概念及特点。

## 一、高分子材料的发展

材料是人类生活和生产的物质基础，是一个国家科学技术、经济发展水平的重要标志，它与信息、能源并列为当代科学技术的三大支柱。通常将材料分为金属材料、无机非金属材料和高分子材料三大类，尽管高分子材料仅有数十年的历史，但就其发展速度及应用广泛性而言，远远超过了传统的钢铁、水泥、玻璃和陶瓷等材料。

天然高分子材料在自然界是广泛存在的。从地球上存在的各种各样的动植物到人类本身，都是由高分子（如蛋白质、核酸、淀粉、纤维素等）为主构成的。人类的衣、食、住、行就一直在依靠着天然的高分子材料，如依靠天然棉、毛、麻、丝等原料制作的服装，木桌、竹椅、皮衣、布鞋等家庭常用物品，含有蛋白质、淀粉的食物等。

尽管人们一直在加工、使用天然高分子材料，但由于受到科学技术发展水平的限制，长期以来人们对其内在分子结构一无所知。虽然在19世纪中后期人们已开始对天然高分子材料进行化学改性（橡胶硫化、硝化纤维等），但人工合成高分子化合物则是在20世纪初才开始。

1920年德国人施陶丁格（Standinger）首先提出了高分子概念，其后在20世纪30年代现代高分子概念得到确立、获得公认，有力地推进了高分子合成工业的发展，至今仅70多年。

尤其自20世纪50年代高密度聚乙烯和等规聚丙烯实现工业化生产以来，合成高分子工业的发展十分迅猛，新产品、新工艺层出不穷，高分子材料全面走向繁荣，其应用越来越广泛和重要，已成为国民经济与日常生活中不可或缺的材料。在应用性材料领域，高分子材料是发展最为迅速的一类。到20世纪初，全世界合成高分子材料（塑料、纤维、橡胶等）的年总产量已达两亿吨以上，其体积总量已超过钢铁总和。表1-1列出了高分子材料科学发展史上各个历史时期的重要事件。

近年来，高分子材料主要是在提高树脂产量、材料改性、功能高分子等方面发展。

对于通用高分子材料，如聚丙烯、聚乙烯、聚酰胺等主要有两个研究方向：一方面通过新型高效催化剂、引发剂研制、简化工艺流程，高自动化、大型化提高高分子材料生产规模；另一方面是着眼现有高分子材料品种，通过改性、复合等途径改善性能或赋予新功能，扩大应用领域。

表 1-1 高分子材料发展历程

| 时间 | 事件 |
|---|---|
| 19 世纪之前 | 蛋白质、淀粉、棉、毛、麻、木、竹、涂料、天然橡胶等天然高分子的加工和利用<br>天然高分子化学改性,天然橡胶硫化,硝化纤维赛璐珞、黏胶纤维的生产 |
| 1909 年 | 美国人贝克兰(Leo Baekeland)用苯酚与甲醛反应制造出了第一种完全人工合成的塑料——酚醛树脂 |
| 20 世纪 20 年代 | 施陶丁格发表了"关于聚合反应"的论文提出:高分子物质是由具有相同化学结构的单体经过化学反应(聚合),通过化学键连接在一起的大分子化合物,高分子或聚合物一词即源于此<br>美国化学家 Waldo Semon 合成了聚氯乙烯,并于 1927 年实现工业化生产 |
| 20 世纪 30 年代 | 1930 年聚苯乙烯发明<br>1930 年德国人以金属钠作为催化剂,用丁二烯单体合成出了丁钠橡胶和丁苯橡胶<br>1935 年杜邦公司合成出了聚酰胺 66<br>《高分子有机化合物》出版,成为高分子化学作为一门新兴学科建立的标志 |
| 20 世纪 40 年代 | 英国人温费尔德(T. R. Whinfield)合成出了聚酯纤维<br>Peter Debye 发明了通过光散射测定高分子物质分子量的方法<br>Paul Flory 建立了高分子长链结构的数学理论 |
| 20 世纪 50 年代 | 德国人齐格勒与意大利人纳塔分别用金属催化剂合成出了聚乙烯和聚丙烯<br>高分子合成大发展时期,HDPE、PP、POM、PC、顺丁橡胶工业化<br>美国人利用催化剂聚合异戊二烯,首次用人工方法合成出了结构与天然橡胶基本一致的合成天然橡胶 |
| 20 世纪 60 年代 | 工程塑料的出现和发展,PI、PPO、SBS、聚芳酰胺、异戊橡胶、乙丙橡胶工业化 |
| 20 世纪 70 年代 | 高分子共混物、高分子复合材料工业化,30 万吨级的 PE、PP 大型聚合反应工厂出现<br>塑料导电研究领域取得突破性进展,改变了高分子只能是绝缘体的观念 |
| 20 世纪 80 年代 | 高性能材料研究、功能高分子及生物高分子等发展迅速 |
| 20 世纪 90 年代 | EXXON 公司首次在 1.5 万吨的装置上合成出了茂金属聚乙烯<br>北欧化工公司独立开发的双峰聚乙烯工业化 |

另外,具有各种特殊物理、化学性能的高分子的发展迅猛异常,如高强度、耐高温、耐烧蚀、耐辐射、半导体、光敏树脂、生物医学高分子等,已经成为高分子材料领域的重要研究发展方向。例如,生命科学中的核心物质 DNA、多肽、蛋白质、聚多糖等都是分子量很高的生物大分子,而由这些生物大分子构成的细胞又构成了生命,这些物质可以称为生物医学高分子材料和生物活性高分子材料。

生物医学高分子材料就是高分子科学、生命科学及其他学科交叉、渗透所形成的边缘学科,其研究主要集中在将高分子及其复合材料用于生物医学材料。如心脏血管中的支架、人工血管、人工肾用透析膜等,硅橡胶代替肌肉和软骨可用来修补面容、身体和四肢的缺损;又如通过硅橡胶胶囊壁膜能将药物(如抗生素、安眠药)缓慢地扩散到人身体内,这种高分子药物缓释与送达技术极大地改变了传统的服药模式。高分子材料在医疗医药方面的应用,对提高疾病治疗水平、改善人们健康、提升人们生活质量均起了重要作用。因此"生物材料"已不再是"无生命材料",而是成为了在生理环境中能与活体细胞相互作用,诱导、发展有生命力的新生组织的有生命材料。

生物活性高分子材料是在对材料与生物活性物质或与细胞间信息传递模式的研究基础上,通过分子设计和分子化学结构模拟、调控,制备具有仿生功能的新型材料。由于生物活性高分子材料能满足生物活性物质和细胞所需的生物学性能、组织学性能和力学性能等要求,因此它与传统的医用高分子材料存在着本质的差异。生物活性高分子是一个与细胞生物学、生物信息学等多学科彼此交叉、相互渗透的高分子科学的重要分支。

近年来,许多高分子学者的研究方向开始集中在生物医学高分子材料和生物活性高分子材料。其发展突飞猛进,从人工器官到高效、定向的高分子药物控制释放体系的研究及应用,几乎涉及生物医学的各个领域,各个国家对此均十分重视,其发展势头十分强劲。

虽然高分子材料的发展极大地改善了人们的生活,但同时对人类的生态环境造成了很大破坏。例如,目前 PE 农用地膜使用后有大量碎片因无法回收而遗留在土壤中,这种材料埋在地下上百年都不会降解,导致土质逐步劣化;人们使用的 PS、PP 快餐盒一部分被回收利用,有些则被当成垃圾掩埋地下或焚烧,燃烧污染的结果也很严重,PE、PP 燃烧后的主要产物是 CO 和 $CO_2$,其中 CO 会致人严重缺氧中毒,而 $CO_2$ 又是造成"温室效应"的重要因素。因此,随着高分子材料使用量增加,对环境的污染益发严重,"白色污染"已经成为当今亟待解决的世界性问题。

因此从高分子材料可持续发展角度出发,现在世界各国在大力推进发展"环境友好(或称为绿色)"高分子,如天然高分子材料和生物降解高分子材料等绿色高分子对地球环境影响很小,它是将传统的化学转化和聚合方法以植物合成、微观合成和生物催化合成等方法代之,保证高分子材料从合成、成型加工、应用到回收处理的整个过程中做到节约能源、资源,不对生态环境产生较大负面影响。

目前,生物降解高分子材料得到了很大的发展。生物降解高分子材料是指在一定的条件下、一定时间内能被细菌、霉菌、藻类等微生物降解的高分子材料,虽然目前成本较高,但从原料→生产→产品→应用→废弃物处理能基本做到不污染环境,并且以可再生的农副产品为原料替代日趋短缺、不可再生的石油资源,真正体现了绿色环保、科学发展的内涵。

## 二、高分子的基本概念

高分子也称高分子化合物、大分子、聚合物或高聚物,其分子量有几万、几十万甚至达几百万,与它们对应的英文词汇分别为 macromolecule compound、macromolecule、polymer、highpolymer 等。这些英文词汇的含义并无本质区别,多数情况下是可以相互混用的。不过需要注意以下几点:macromolecule 往往是指大分子链排列不一定有规律,或虽有规律但单元未必经常重复,结构复杂的生物大分子,如酶、胰岛素;而 polymer、highpolymer 是指那些有确定重复结构单元(一种或多种单元),这些单元多次重复或有规律重复出现,通过共价键重复键接而成的大分子,其分子量很大,例如聚氯乙烯由氯乙烯结构单元重复键接而成:

$$\sim\sim CH_2CH-CH_2CH-CH_2CH-CH_2CH\sim\sim$$
$$\phantom{\sim\sim CH_2C}|\phantom{H-CH}|\phantom{_2CH-C}|\phantom{H_2CH-C}|$$
$$\phantom{\sim\sim CH_2C}Cl\phantom{H-}Cl\phantom{_2CH-}Cl\phantom{H_2CH-}Cl$$

上式中符号~~~~代表碳链骨架,略去了端基。为方便起见,上式可缩写成下式:

$$\bond{CH_2CH}\!\!\bond{_n}$$
$$\phantom{\bond{CH_2C}}|$$
$$\phantom{\bond{CH_2C}}Cl$$

上述英文词汇在汉语中往往不加区分,可以简称高分子,但要注意的是大多数场合及本书所提到的高分子材料均指"highpolymer"。

高分子与人们常见的小分子（如二氧化碳等）在分子量方面的差异不仅在分子量大小上，还有多分散性即不均一性。对于小分子而言，人们可以得到准确的分子量，如二氧化碳（$CO_2$）的分子量为44，乙烯（$CH_2\!=\!CH_2$）的分子量为28，己二酸（$C_6H_{10}O_4$）的分子量为146。而高分子由于其形成过程复杂，影响因素较多，实际得到的是不同分子量的高聚物分子的混合物，很难采用常规方法将它们完全分离，因此人们见到的高聚物的分子量实际上是一个统计平均值。

下面简单介绍几个与高聚物有关的常见基本概念。

① 单体　能合成高聚物的低分子化合物称为单体。例如乙烯 $CH_2\!=\!CH_2$、氯乙烯 $CH_2\!=\!CH\!-\!Cl$、对苯二甲酸 HO—〈苯环〉—COOH、乙二醇 $HO\!-\!CH_2\!-\!CH_2\!-\!OH$、己二胺 $H_2N\!-\!(CH_2)_6\!-\!NH_2$、己二酸 $HOOC\!-\!(CH_2)_4\!-\!COOH$ 等。

② 结构单元　由一种单体分子通过聚合反应而进入聚合物重复单元的那一部分称为结构单元。例如$-CH_2-CH_2-$、$-CH_2-CH-Cl-$。

③ 重复结构单元（链节）　大分子链上化学组成和结构均可以重复的最小单位。在高分子物理中又称"链节"。例如$-CH_2-CH_2-$、$-CH_2-CH-Cl-$、—CO—〈苯环〉—CO—O—$(CH_2)_2$—O—。

结构单元与重复结构单元的关系为：重复结构单元≥结构单元。

④ 聚合度（DP）　组成高分子的结构单元数（或重复单元数）$n$。它实际上就是组成高分子链的单体个数。显然，对于线型高聚物来说，高聚物分子量（$M$）是结构单元（或重复单元）的分子量（$M_0$）与聚合度（$DP$）的乘积，即：

$$M = DP \times M_0$$

如聚氯乙烯的聚合度为600～1600，其重复单元分子量为62.5，因此分子量约为4万～10万。

⑤ 均聚物　由一种单体参加的聚合反应称为均聚合反应。此时的聚合物称为均聚物，如聚乙烯、聚氯乙烯。

⑥ 共聚物　由两种或两种以上单体参加的反应称为共聚合反应。此时的聚合物称为共聚物，例如氯乙烯-醋酸乙烯共聚物。

$$\mathrm{-\!\!\!\!\!-\!\!\!\!(CH_2\!-\!CH)_{\mathit{x}}(CH_2\!-\!CH)_{\mathit{y}}\!\!\!\!\!\!-\!\!\!\!\!\!-}_{\phantom{x}}\!\!\!\!\!\!\!\!\!\!\!\!\!\!\!\!\!\!\!\!\!\!\!\!\!\!\!\!\!\!\!\!\!\!\!\!\!\!\!\!\!\!\!\!\!\!\!\!\!\!\!$$
　　　　　　　|　　　　　　　　|
　　　　　　　Cl　　　　　　OCOCH$_3$
　　　　　　　　　　　　　　　　　　　　　　　　　　　　　　(1-1)

聚酰胺一类聚合物的结构式有着另一特征，例如聚己二酰己二胺（尼龙66）。

$$\mathrm{-\!\!\!\!\!\!-\!\!\!\![NH(CH_2)_6NH\!-\!CO(CH_2)_4CO]_{\mathit{n}}\!\!\!\!\!\!-\!\!\!\!\!\!-}$$
　　　|←结构单元→|←结构单元→|
　　　|←——重复单元——→|
　　　　　　　　　　　　　　　　　　　　　　　　　　　　　　(1-2)

上式中的重复结构单元由$-NH(CH_2)_6NH-$和$-CO(CH_2)_4CO-$两种结构单元组成。这两种结构单元比其单体己二胺$NH_2(CH_2)_6NH_2$和己二酸$HOOC(CH_2)_4COOH$要少一些原子，属聚合过程中失去水分子的结果。

高分子材料是以高聚物为基体组分的材料，绝大多数高分子材料，除了主要成分为高聚物外，通常还含有各种添加剂，因此严格意义上讲，高聚物与高分子材料的含义是不一样的。高分子材料的组成及各成分之间的配比对制品的性能有一定影响，作为主要成分的高聚物对制品的性能起主宰的作用。不同类型的高分子材料需要不同类型的添加剂，例如，塑料需要增塑剂、热稳定剂、填料、润滑剂、阻燃剂等；橡胶需要硫化剂、硫化促进剂、补强剂、防焦剂、防老剂等；涂料需要增稠剂、溶剂、填充剂、颜料等，可见高分子材料的成分十分复杂。

### 三、高聚物的分类

高聚物的品种繁多，性能各异，可以从不同角度、按不同标准来进行分类。

1. 根据高聚物分子中基本结构单元连接方式分类

高聚物单个高分子链的几何形状可分为线型、支链型、交联型三种，如图 1-1 所示。

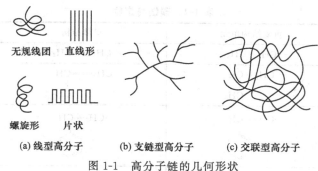

图 1-1　高分子链的几何形状

（1）线型高聚物　它是由许多链节彼此相连，没有支链的长链分子所组成的，且大多数呈卷曲状。例如高密度聚乙烯、聚苯乙烯、涤纶、尼龙、未经硫化的天然橡胶和硅橡胶等，都是线型高聚物。

（2）支链型高聚物　主链上带有长支链或短支链。例如低密度聚乙烯、聚醋酸乙烯酯和接枝型的 ABS 树脂等。另外，还包括近几年来合成的一些新的支链型高聚物，如星型、梳型和梯型高聚物等，如图 1-2 所示。

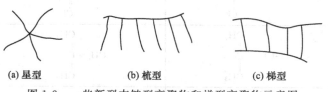

图 1-2　一些新型支链型高聚物和梯型高聚物示意图

线型或支链型高聚物以较小的分子间作用力聚集在一起，可以通过加热或溶解的办法来克服这部分物理次价力，使高分子之间松散开来，从而出现熔融和溶解现象。所以这两种高聚物大多属于热塑性的，即加热可以塑化，冷却又能凝固，并能反复进行。支链型高聚物因高分子间排列较松散，分子间作用力更弱，它的柔软性、溶解度较线型高聚物大，而密度、熔点和强度则低于线型高聚物。

（3）交联型高分子　是线型或支链型高分子以化学键交联形成的网状或体型结构的高分子。例如硫化后的橡胶，固化了的酚醛树脂、环氧树脂和不饱和聚酯等。交联程度小的，有较好的弹性，受热可软化，但不能熔融，加适当溶剂可溶胀，但不能溶解。交联程度大的，不能软化，也难溶胀，但有较高的刚性、尺寸稳定性、耐热性和抗溶剂性。

## 2. 按高聚物主链化学结构分类

按高聚物主链化学结构可分为碳链、杂链、元素有机高聚物等。

(1) **碳链高聚物** 指大分子主链完全由碳原子组成的高聚物。例如聚乙烯、聚苯乙烯、聚氯乙烯、聚甲基丙烯酸甲酯、聚醋酸乙烯酯等。常见的碳链高聚物见表1-2。

(2) **杂链高聚物** 指大分子主链中除碳原子外，还含有氧、氮、硫等杂原子的高聚物。如聚酯、聚酰胺、聚甲醛、聚环氧乙烷、聚硫橡胶等。

(3) **元素有机高聚物** 指大分子主链中没有碳原子，主要由硅、硼、铝和氧、氮、硫、磷等原子组成主链，但侧基却由有机基团组成的高聚物。例如聚硅氧烷、聚钛氧烷等。常见的杂链高聚物和元素有机高聚物见表1-3。

当高分子主链和侧基均无碳原子时，则为无机高聚物，如聚二硫化硅、聚二氟磷氮等。

**表 1-2 碳链高聚物**

| 高聚物名称 | 重复结构单元 | 单体结构 | 英文缩写 |
| --- | --- | --- | --- |
| 聚乙烯 | —CH$_2$—CH$_2$— | CH$_2$=CH$_2$ | PE |
| 聚丙烯 | —CH$_2$—CH(CH$_3$)— | CH$_2$=CH(CH$_3$) | PP |
| 聚苯乙烯 | —CH$_2$—CH(C$_6$H$_5$)— | CH$_2$=CH(C$_6$H$_5$) | PS |
| 聚氯乙烯 | —CH$_2$—CH(Cl)— | CH$_2$=CH(Cl) | PVC |
| 聚偏二氯乙烯 | —CH$_2$—C(Cl)$_2$— | CH$_2$=C(Cl)$_2$ | PVDC |
| 聚四氟乙烯 | —CF$_2$—CF$_2$— | CF$_2$=CF$_2$ | PTFE |
| 聚三氟氯乙烯 | —CF$_2$—CF(Cl)— | CF$_2$=CF(Cl) | PCTFE |
| 聚异丁烯 | —CH$_2$—C(CH$_3$)$_2$— | CH$_2$=C(CH$_3$)$_2$ | PIB |
| 聚丙烯酸 | —CH$_2$—CH(COOH)— | CH$_2$=CH(COOH) | PAA |
| 聚丙烯酰胺 | —CH$_2$—CH(CONH$_2$)— | CH$_2$=CH(CONH$_2$) | PAM |
| 聚丙烯酸甲酯 | —CH$_2$—CH(COOCH$_3$)— | CH$_2$=CH(COOCH$_3$) | PMA |
| 聚甲基丙烯酸甲酯 | —CH$_2$—C(CH$_3$)(COOCH$_3$)— | CH$_2$=C(CH$_3$)(COOCH$_3$) | PMMA |

续表

| 高聚物名称 | 重复结构单元 | 单体结构 | 英文缩写 |
|---|---|---|---|
| 聚丙烯腈 | —CH$_2$—CH(CN)— | CH$_2$=CH(CN) | PAN |
| 聚醋酸乙烯酯 | —CH$_2$—CH(OCOCH$_3$)— | CH$_2$=CH(OCOCH$_3$) | PVAC |
| 聚乙烯醇 | —CH$_2$—CH(OH)— | CH$_2$=CH(OH) 假想 | PVA |
| 聚丁二烯 | —CH$_2$—CH=CH—CH$_2$— | CH$_2$=CH—CH=CH$_2$ | PB |
| 聚异戊二烯 | —CH$_2$—C(CH$_3$)=CH—CH$_2$— | CH$_2$=C(CH$_3$)—CH=CH$_2$ | PIP |
| 聚氯丁二烯 | —CH$_2$—C(Cl)=CH—CH$_2$— | CH$_2$=C(Cl)—CH=CH$_2$ | PCP |

表 1-3  杂链和元素有机高聚物

| 高聚物名称 | 重复结构单元 | 单体结构 | 英文缩写 |
|---|---|---|---|
| 聚甲醛 | —CH$_2$—O— | CH$_2$=O | POM |
| 聚环氧乙烷 | —CH$_2$—CH$_2$—O— | CH$_2$—CH$_2$ (环氧) | PEOX |
| 聚2,6-二甲基苯醚 | —(2,6-二甲基苯基)—O— | 2,6-二甲基苯酚 | PPO |
| 聚对苯二甲酸乙二酯 | —CO—C$_6$H$_4$—CO—OCH$_2$CH$_2$—O— | HOOC—C$_6$H$_4$—COOH, HO—CH$_2$—CH$_2$—OH | PET |
| 聚碳酸酯 | —O—C$_6$H$_4$—C(CH$_3$)$_2$—C$_6$H$_4$—O—CO— | HO—C$_6$H$_4$—C(CH$_3$)$_2$—C$_6$H$_4$—OH, COCl$_2$ | PC |
| 尼龙 6 | —NH(CH$_2$)$_5$CO— | HN(CH$_2$)$_5$CO (环) | PA6 |
| 尼龙 66 | —NH(CH$_2$)$_6$NH—CO(CH$_2$)$_4$CO— | H$_2$N(CH$_2$)$_6$NH$_2$, HOOC(CH$_2$)$_4$COOH | PA66 |
| 聚氨酯 | —O(CH$_2$)$_2$O—CNH(CH$_2$)$_6$NHC— (两端C=O) | HO(CH$_2$)$_2$OH, ONC(CH$_2$)$_6$CNO | PU |
| 酚醛树脂 | —(2-羟基苯基)—CH$_2$— | 2-羟基苯基—CH$_2$=O | PF |
| 聚硫橡胶 | —CH$_2$CH$_2$—S—S— (S) | ClCH$_2$CH$_2$Cl, Na$_2$S$_4$ | PSR |
| 硅橡胶 | —O—Si(CH$_3$)$_2$— | Cl—Si(CH$_3$)$_2$—Cl | SI |

**3. 按高聚物的用途分类**

如根据所制成材料的性能和用途，常将高分子材料分成塑料、橡胶、纤维三大类。随着高分子材料应用领域的不断扩大。在涂料、胶黏剂和功能高分子方面也有了很大的发展。因此目前人们通常把高分子材料按用途分成塑料、橡胶、纤维、涂料、胶黏剂和功能高分子六大类，这六大类已有相应的六大化工行业。另外，近年来人们环境保护意识的日益提高，"绿色高分子"的研究及产业发展迅速，逐渐成为高分子材料的重要组成部分。本书的编写也是按照这七大类展开的，各类高分子材料具体特点如下。

(1) 塑料　塑料是"以高聚物为主要成分，并在加工为成品的某阶段可流动成型的材料"，也可以叙述为"以树脂为主要成分，含有添加剂，在加工过程中能流动成型的材料"，热塑性弹性体材料也可流动成型，但不能被认为是塑料。塑料在一定温度和压力作用下熔融塑化，可进行各种成型加工制成一定形状，冷却后在常温下保持其形状而成为制品。塑料的主要优点如下。

① 质轻、比强度高　一般塑料的密度在 $0.9\sim2.3 \text{g/cm}^3$ 范围之内，略大于水，有的比水还轻，其密度是钢铁的 1/6，铝的 1/2，可代替金属、水泥、玻璃等大量应用于汽车、房屋建筑及航天航空等领域。

② 电气绝缘性好　几乎所有的塑料都具有优良的电绝缘性、耐电弧性和极小的介质损耗，这些性能可与陶瓷、橡胶相媲美。

③ 耐化学腐蚀性优良　可用于制造各种化工用储罐、釜、塔、管道、桶、容器等。

④ 隔热性好　塑料的热导率小，比金属低很多，是热的不良导体或绝热体，如泡沫塑料的热导率相当于静止的空气。因此，塑料常被用做绝热保温材料，广泛应用于冷冻冷藏、建筑、工业保温隔热等场合。

⑤ 成型加工性能优异　塑料材料可用多种成型加工方法制造出品种繁多的各类制品。例如，用塑料生产电器（如手机壳、电视机后盖）零部件通常可不必经过铸造、车、铣、磨等工序而实现一次成型。

当然，塑料也有其不足之处，例如它的耐温性还不太好，大多数塑料只能在常温下使用；有的塑料对温度特别敏感，天冷变硬易碎；力学性能比较差，特别是刚性差；塑料的膨胀系数都比较大，是金属的 3~10 倍，因而尺寸稳定性差。

(2) 橡胶　橡胶在很宽的温度范围（$-50\sim150$℃）内具有独特的高弹性，因此常常被称为弹性体。橡胶还具有优异的疲劳强度、电绝缘性、耐化学腐蚀性以及耐磨性，是国民经济中不可缺少和难以代替的重要材料。

天然橡胶大量用于制造各种轮胎、工业制品（如胶布、胶管、密封圈）、日常用品（如雨衣、胶鞋）等；海底电缆、电线、高尔夫球皮层、医用夹板通常用异戊橡胶制造；氯丁橡胶主要制作耐油胶管、电缆护套、胶板、密封圈垫、化工设备防腐衬里及鞋类黏结剂等。

(3) 纤维　纤维是一类具有特殊形态的重要高分子材料。纤维最早主要被用于制作渔网、渔线和绳索等，随着汽车工业的迅速兴起，需要大量的轮胎帘子线，从而促进了化学纤维的研究，特别是合成纤维的发展。进入 20 世纪以后，黏胶、聚酯、聚酰胺等纤维不断出现和发展起来，经历了由天然纤维到再生纤维，进而又出现合成纤维的过程。且随着纤维材料在产业、航空航天及军事等方面应用的不断扩大，各种高性能纤维也应运而生，如芳香聚酰胺纤维、高性能聚烯烃纤维和碳纤维等。目前，化学纤维在服饰、装饰、产业用纺织品方面有着十分广泛的应用。

(4) 涂料　涂料是指涂覆在物体表面起保护、装饰、标志作用或赋予某些特殊功能的材料。涂料是多组分体系，其主要成分是成膜物质（聚合物或者能形成聚合物的物质），它决定了涂料的基本性能。涂料用聚合物与塑料、纤维和橡胶等用聚合物的主要差别是平均分子量较低。

涂料应用的场合很多，如涂覆在金属、木材、混凝土、塑料、皮革、纸张等表面，从而使大气中的氧、水汽、微生物、污垢物以及紫外线等不能直接接触到被涂覆的物体，起到保护或防腐作用；涂料广泛用于道路转向、路标、警示牌、信号牌，起标志作用，部分产品的包装、容器和输送管道甚至有标准规定的颜色标志，如氧气钢瓶涂天蓝色，氢气钢瓶涂墨绿色，危险物管道涂红色等。

另外，涂料中加入其他添加剂后可制成具有特殊功能的涂料，例如加入荧光染料可制成荧光涂料；加入导电性石墨可制成导电涂料；加入防污剂可制成防污涂料，防止舰船底部被海洋生物附着；加入感温颜料或感温高分子材料，可制成示温涂料等。

(5) 胶黏剂　胶黏剂是一种能把各种材料紧密地结合在一起的物质。其中最重要的是以聚合物为基本组成、多组分体系的高分子胶黏剂。

胶黏剂已广泛应用于建筑、汽车、飞机、船舶、电子、电器工业及医疗等国民经济和日常生活的各个方面。胶黏剂特点是品种多，性能多样，与其他连接方法相比，胶黏剂的胶接方式主要有如下优点。

① 可减轻构件重量　这一特点在航天、航空、航海领域尤其重要，如大型雷达采用胶接可减重20%，重型轰炸机采用胶接可减重34%，对提高航程、航速有极大帮助。

② 采用胶接方法，节省劳动力，降低成本　有人曾对某一军工产品进行对比，以粘接代替螺纹连接，其加工工序减少了一半，加工时间减少了85%，制作成本降低了60%。

③ 胶接结构具有密封、绝缘和防腐作用　如屋面的防漏防渗；汽车、机械设备密封防止漏油；胶黏剂一般都是电绝缘体，故可防止金属发生电化学腐蚀。

④ 可解决传统工艺不能或不易解决的技术难题　如粘接可以胜任焊接、表面处理、防腐、防火等传统工艺不能或不易解决的方面。

除此之外，胶黏剂还具有劳动强度低，可不动火、不用电、节能、无害、安全，可在常温或低温中操作，可胶合异种材料（如铝-纸）等优点。当然胶黏剂也有一些不足之处，如工作温度过高会使强度迅速下降；部分胶黏剂耐老化性及耐化学腐蚀性较差；胶接工艺比较复杂，需加温、加压或固化时间长；胶接后的质量检查困难，目前尚无完善的无损检查方法。

(6) 功能高分子材料　功能性高分子材料是指具有物质能量和信息的传递、转换和储存作用的高分子材料及其复合材料。与常规高分子材料（合成纤维、合成橡胶、涂料、塑料和高分子黏合剂）相比，在物理化学性质方面明显表现出某些特殊性（如电学、光学、生物学方面的特殊功能）。功能高分子材料有时也被称为精细高分子材料，是因为其产品的产量小、产值高、制造工艺复杂。主要根据其物理化学性质和应用领域分类，分为反应型功能高分子材料、电活性高分子材料、光敏高分子材料、吸附型高分子材料、高分子液晶材料、高分子膜材料和医药用高分子材料等几大类。其研究与制备主要通过对功能型小分子的高分子化，或者对普通高分子的功能化过程来实现；有时复杂的功能高分子材料还需要通过多种功能材料的复合制备得到。

(7) 绿色高分子材料　在高分子材料研究开发与生产过程中，人们过去只片面地追求材料的性能与功能，忽视了在材料生产、使用和废弃过程中需要消耗大量的能源和资源以及对环境造成污染这一问题。随着科学技术的发展和生活质量的提高，人们对高分子材料的生产、使用和废弃与环境的协调关系有了新的思考。那些从生产到使用过程中能节约能源和资源，废弃物排放少，对环境污染少，又能再生循环利用的高分子材料，即绿色高分子材料，现在日益受到人们关注。人们积极、合理地进行废弃物的再生利用，保护环境，节约能源，为高分子材料的可持续发展提供了保障。

## 四、高聚物的命名

长期以来，由于高聚物科学的内容庞大、复杂及名称历史沿用习惯性，造成在高聚物命名上五花八门，并没有一个标准的命名法，常常按照习惯根据所用单体或高聚物结构来定名，此外还有商品名称或俗名等。虽然在实际高聚物命名中存在着各种各样的方法，但为大多数人接受的命名方法以下述几种为主。

1. 习惯命名法

这种方法中是参照单体名称来定名，对于一种单体经加聚制成的高聚物，常以单体名为基础，前面冠以"聚"字就成为高聚物的名称。例如，用乙烯得到的高聚物就称为聚乙烯，其他如聚氯乙烯、聚苯乙烯、均聚甲醛等分别是氯乙烯、苯乙烯、甲醛的高聚物。

还有一种方法常在热固性树脂和橡胶中应用，即取单体名或简称，后缀"树脂或橡胶"来命名。例如苯酚和甲醛、尿素和甲醛的缩聚产物分别称为酚醛树脂、脲醛树脂；丁腈橡胶是由丁二烯和丙烯腈为单体经乳液共聚制得的。

2. 系统命名法

1972年，纯化学和应用化学国际联合会（IUPAC）才对线型有机高聚物提出结构系统命名法。规定准确写出高分子的重复单元，对重复单元命名，再在前面加一"聚"字，即为高分子的系统命名。例如：

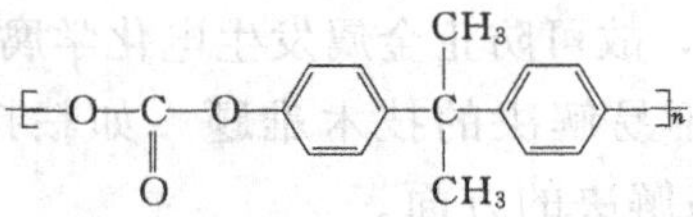

命名为聚（氧化羰基氧-1,4-苯基异亚丙基-1,4-苯基），人们平时通称为聚碳酸酯。

3. 商品俗名

由于长期的实际应用，很多高分子材料都有商品俗名，例如，聚甲基丙烯酸甲酯人们习惯称为有机玻璃，还有赛璐珞（硝酸纤维素塑料）、电木（酚醛塑料）、电玉（脲醛塑料）、塑料王（聚四氟乙烯）、太空塑料（聚碳酸酯）等。

在纤维行业，商品俗名更加普遍，如锦纶（尼龙6纤维）、维尼纶（聚乙烯醇缩甲醛纤维）、特氟纶（聚四氟乙烯纤维）、腈纶（聚丙烯腈纤维）等。

4. 英文缩写代号法

有些聚合物中文名称太长、太繁，使用英文缩写代号就变得比较简单，在文字、语言交流中大量使用，如PE代表聚乙烯，详细见附录。又如：

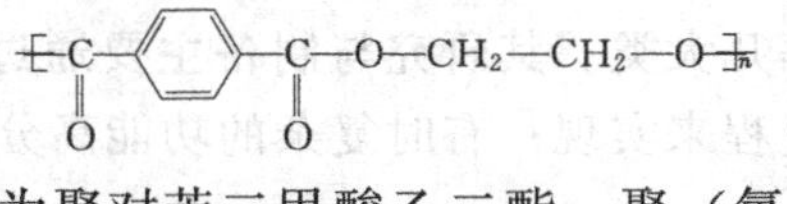

按上述四种命名方法可称为聚对苯二甲酸乙二酯、聚（氧亚乙基对苯二酰）、聚酯、涤纶、PET。表1-4给出了部分普通高聚物名称对照，用于说明上述命名方法。

表 1-4　部分高聚物名称对照

| 高聚物的重复结构单元 | 通俗名称 | 系统名称 | 习惯或商品名称 | 英文缩写 |
|---|---|---|---|---|
| —CH$_2$—CH$_2$— | 聚乙烯 | 聚亚乙基 | 高压聚乙烯<br>低压聚乙烯 | LDPE<br>HDPE |
| —CH$_2$—CH(CH$_3$)— | 聚丙烯 | 聚亚丙基 | (纤维用)丙纶 | PP |
| —CH$_2$—CH(Cl)— | 聚氯乙烯 | 聚(1-氯亚乙基) | (纤维用)氯纶 | PVC |
| —CH$_2$—CH(CN)— | 聚丙烯腈 | 聚(1-氰基亚乙基) | (纤维用)腈纶 | PAN |
| —CH$_2$—CH(C$_6$H$_5$)— | 聚苯乙烯 | 聚(1-苯基亚乙基) |  | PS |
| —CH$_2$—CH(OCOCH$_3$)— | 聚醋酸乙烯酯 | 聚(1-乙酰氧基亚乙基) |  | PVAC |
| —CH$_2$—C(CH$_3$)(COOCH$_3$)— | 聚甲基丙烯酸甲酯 | 聚[(1-甲氧基酰基)-1-甲基亚乙基] | 有机玻璃 | PMMA |
| —CH$_2$—CH(OH)— | 聚乙烯醇 | 聚(1-羟基亚乙基) |  | PVA |
| —CH$_2$—C(CH$_3$)$_2$— | 聚异丁烯 | 聚(1,1-二甲基亚乙基) |  | PIB |
| —CH$_2$—CH$_2$—O— | 聚环氧乙烷 | 聚(氧化乙基) |  | PEOX |
| —CH$_2$—O— | 聚甲醛 | 聚(氧化亚甲基) |  | POM |
| —CO—C$_6$H$_4$—CO—O—(CH$_2$)$_2$—O— | 聚对苯二甲酸乙二酯 | 聚(氧亚乙基对苯二酰) | (纤维用)涤纶 | PET |
| —CO—(CH$_2$)$_4$—CO—HN—(CH$_2$)$_6$—NH— | 聚己二酰己二胺 | 聚(亚氨基己基亚氨基己二酰) | 尼龙 66<br>锦纶 66 | PA66 |
| —HN—(CH$_2$)$_5$—CO— | 聚己内酰胺 | 聚[亚氨基(1-氧代亚己基)] | 尼龙 6<br>锦纶 6 | PA6 |

　　以上命名方法中只有系统命名法是正规、严谨的命名系统，它符合有机化学命名的规则，系统命名法既能命名结构简单的高聚物，又可命名结构复杂的高聚物，但由于其过于复杂烦琐，平时工作或研究时并不常用，而多数情况下采用通俗简单的习惯命名法。

# 思 考 题

1. 高分子和高分子材料是如何定义的？有何区别？
2. 高分子材料品种繁多，如何进行分类？
3. 举例说明与其他传统材料相比，高分子材料有何特点？
4. 举例说明高分子材料的应用。
5. 谈谈高分子材料的发展和未来。
6. 命名下列高聚物。并写出其单体结构、单体名称、重复结构单元和结构单元。

(1) $\sf{+CH_2-CH+_n}$
      $\quad\quad\quad\ \ |$
      $\quad\quad\quad\ \ \sf{COOH}$

(2) $\sf{+CH_2-CH+_n}$
      $\quad\quad\quad\ \ |$
      $\quad\quad\quad\ \ \sf{COOC_4H_9}$

(3) $\sf{+CH_2-CH+_n}$
      $\quad\quad\quad\ \ |$
      $\quad\quad\quad\ \ \sf{C_6H_5}$

(4) $\sf{+CH_2-CH_2-O+_n}$

(5) $\sf{+CH_2+CH_2+_5 O+_n}$

(6) $\sf{+CH_2-CH+_n}$
      $\quad\quad\quad\ \ |$
      $\quad\quad\quad\ \ \sf{OH}$

**7. 确定下列高聚物的名称，并按主链结构和几何形状进行分类。**

(1) 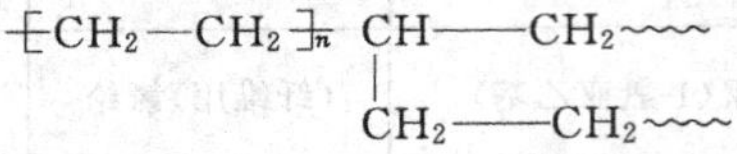 $\sf{+CH_2-CH_2+_n CH-CH_2\sim}$
    $\quad\quad\quad\quad\quad\quad\ \ |$
    $\quad\quad\quad\quad\quad\quad\ \ \sf{CH_2-CH_2\sim}$

(2) $\sf{-CO-(CH_2)_8-CO-NH-(CH_2)_{10}-NH-}$

(3) $\sf{\quad\ \ CH_3}$
    $\quad\quad |$
    $\sf{+Si-O+_n}$
    $\quad\quad |$
    $\sf{\quad\ \ CH_3}$

(4) 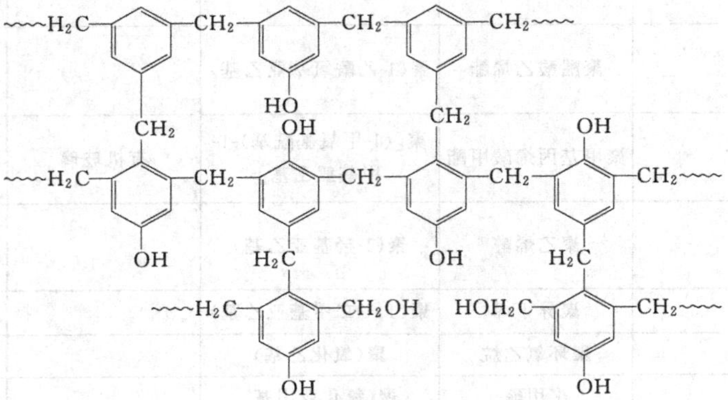 [structure of phenol-formaldehyde resin network]

# 模块 二

# 塑料

**能力目标**

能够鉴别常用塑料品种，能正确选用、使用塑料。

**知识目标**

了解塑料的应用领域，理解塑料材料结构与性能的关系，掌握常用塑料鉴别、选用方法。

## 常用塑料品种及成型加工

### 单元一 常用塑料品种

**知识目标**

了解塑料常用品种，掌握常用塑料的结构式、主要性能及用途。

塑料品种繁多，性能差异很大，分类方法较多。按塑料的受热特性可分为热固性塑料和热塑性塑料。

热固性塑料是将单体或低聚合度预聚体（在一定温度下）加热使之流动，固化成不溶不熔性的质地坚硬的塑料制品。这种固化是一种永久性的化学变化，热固性塑料受热后不会软化，只能分解，难以回收利用。常用的热固性塑料有环氧塑料、酚醛塑料、不饱和聚酯塑料、氨基塑料等。

热塑性塑料是指在特定温度下能反复加热软化和冷却硬化的塑料。热塑性塑料成型加工简便，其制品丧失使用性能后可再生循环利用。常用的热塑性塑料有聚乙烯、聚丙烯、聚酰胺、聚碳酸酯、聚氯乙烯、热塑性聚酯、聚甲醛、聚苯醚等。

按塑料的使用范围与用途可分为通用塑料、工程塑料和功能塑料等。鉴于篇幅所限，下面仅介绍部分常用的通用塑料及工程塑料品种。

## 一、通用塑料

### 1. 聚乙烯

聚乙烯（PE）是以乙烯单体经催化剂催化聚合而成的一种热塑性聚合物，是塑料品种中结构最简单、产量最大、应用最广的一种塑料。PE 主要品种有低密度聚乙烯（LDPE）、线型低密度聚乙烯（LLDPE）、中密度聚乙烯（MDPE）、高密度聚乙烯（HDPE）等。聚乙烯结构可用下式表示：

$$-[CH_2-CH_2]_n-$$

PE 具有较高的强度和良好的韧性，电绝缘性、耐化学药品性优异，价格便宜，易于成型加工。PE 的不同品种性能有所差异，可满足不同的用途。如 LDPE 制品主要有薄膜、日用品、玩具等；HDPE 拉伸强度、刚度、硬度、耐热性和化学稳定性优于 LDPE，中空吹塑制品主要有各种瓶、罐及工业用槽、桶等容器，注塑制品主要有周转箱、托盘、桶、日用杂品和家具等，挤出制品主要有薄膜、管材、捆扎绳及板材等；LLDPE 制品主要有薄膜、管材、电线电缆包覆物等。

### 2. 聚丙烯

聚丙烯（PP）是丙烯单体在齐格勒-纳塔催化剂作用下通过阴离子配位聚合而得到的聚合物。丙烯单体来源丰富，价格低廉，合成工艺较简单。聚丙烯品种主要有 PP 均聚物、PP 嵌段共聚物、PP 无规共聚物等，其中以均聚等规 PP 为主。聚丙烯结构可用下式表示：

$$-[CH_2-CH(CH_3)]_n-$$

PP 具有较好的综合力学性能，与 HDPE 相比，PP 不但有较高的拉伸强度、刚度、硬度、耐应力开裂性和耐热性，而且有突出的延伸性和抗弯曲疲劳性，成型加工性能也极为优良。

PP 挤出制品种类较多，如薄膜、片材、管材、编织袋、打包带等。与普通吹塑薄膜相比，BOPP（双向拉伸聚丙烯）薄膜拉伸强度、透明性、光泽度和气体阻隔性等均有很大的改善，在包装行业有广泛的应用。

PP 注塑制品在化工行业可用做管件、阀门、泵、搅拌器部件等；在电器方面用做电视机外壳、洗衣机内桶及家用电器零件等；另外，目前高速发展的汽车工业也是其重要的应用领域，如方向盘、仪表盘、保险杠等。

PP 中空制品可用于洗涤剂、化妆品、药品、饮料包装等方面。另外，PP 还被大量用做纺织纤维和单丝，制品如无纺布、地毯、人工草坪、滤布等，尤其是 PP 无纺布大量应用于超市环保袋、一次性卫生用品和医用服装等方面。

### 3. 聚氯乙烯

聚氯乙烯（PVC）是以氯乙烯为单体聚合而得到的聚合物。目前国内 PVC 树脂 80% 以上是以悬浮聚合法生产的，乳液聚合 PVC 树脂约占 10%，主要用于生产 PVC 糊。由于原料来源丰富，用途广泛，因此 PVC 是通用塑料中产量较大的品种之一。聚氯乙烯结构可用下式表示：

$$-[CH_2-CHCl]_n-$$

PVC 树脂为白色粉末，塑化后可透明，未增塑制品坚韧，具有化学稳定性、电绝缘性优异，难燃自熄，价格低廉等优点；但也存在热稳定性差，使用温度不高，硬质制品的脆性较大、不耐寒等缺点。PVC 塑料是以 PVC 树脂为基体，加入各种添加剂制成的多组分塑料，各种组分都直接影响到它的性能，通过改变配方可制得软、硬程度不同及多种功能的塑料材料和制品。

PVC 塑料制品有两大类：一类是软质制品，主要有薄膜、软管、电线电缆等，如雨衣、农用大棚膜、桌布、输血袋、输液袋、洗衣机下水管、塑料凉鞋和拖鞋等；另一类是硬质制品，主要有硬管、硬板、硬片、异型材等，如化工厂的输液管道、管配件、建筑行业排水管及塑料门窗、天花板等。

4. 丙烯腈-丁二烯-苯乙烯共聚物

丙烯腈-丁二烯-苯乙烯共聚物简称 ABS 树脂，ABS 树脂名称是来自丙烯腈（A）、丁二烯（B）和苯乙烯（S）三种单体的第一个英文字母，是在 PS 改性基础上发展起来的一种热塑性通用工程塑料。ABS 树脂结构可用下式表示：

$$\left[ CH_2-CH \right]_x \left[ CH_2-CH=CH-CH_2 \right]_y \left[ CH-CH_2 \right]_z$$
（侧基为CN和苯环）

ABS 树脂综合了三种组分的优点，具有坚韧、质硬、刚性的优异综合性能，电绝缘性和化学稳定性也很好，而且具有良好的成型加工性能，适用于注塑、挤出、吹塑、真空吸塑等多种成型加工方法。通过注射成型可制得各种机壳、汽车部件、电气零件、灯具、安全帽、冰箱内衬等；通过挤出成型可制造各种板材、片材、管材、棒材、大型壳件等。ABS 塑料制品在汽车、化工、家电及日用品等方面得到了广泛的应用，尤其在汽车工业上的应用具有巨大的发展潜力。

## 二、工程塑料

1. 聚酰胺

聚酰胺（PA）是指主链链节含有酰氨基 $-\overset{O}{\underset{}{C}}-\overset{H}{\underset{}{N}}-$ 的一类聚合物，主要品种有 PA6、PA66、PA1010 等，PA6 结构通常可用下式表示：

$$H-N-(CH_2)_{n+1}-C-OH$$
（含H、O）

PA 的耐候性一般，在低温度及低湿度条件下是较好的电绝缘体；PA 具有很好的耐磨性、韧性和抗冲击性，是典型的硬而韧聚合物。

PA 是最实用、产量最大的工程塑料之一，其品种较多，但均具有相似的成型加工特性，可采用常规热塑性塑料加工方法来成型，如挤出、注塑、吹塑等，其中以注射成型方法为主。

由于 PA 品种较多，不同品种性能有所不同，其具体应用既有相同场合，也有所区别。如 PA6 用做汽车和车辆用机械部件及结构零件，约占其总量的 40%；PA6 用做纺织机械的织梭，其使用寿命比木材长好几倍；PA66 材料的 55% 应用于汽车零部件，如汽车保险杠常用玻璃纤维增强 PA66 加工，还有汽车内各种电线间连接、电动工具等。

电动工具外壳要求所用材料强度高、绝缘、耐热温度高、尺寸稳定，常采用 PA6 或 PA66 增强合金材料；尼龙薄膜具有阻氧性好、耐穿刺、透明、可印刷等优点，适宜食品冷藏、保鲜储运。

**2. 聚碳酸酯**

聚碳酸酯（PC）是主链上含有碳酸酯基一类高分子材料的总称，一般所指的是双酚 A 型线型热塑性聚碳酸酯，由双酚 A 与光气经界面缩聚制得。PC 树脂结构通常可用下式表示：

$$\left[ O-C(=O)-O-\phantom{x}\underset{CH_3}{\overset{CH_3}{-C-}}\phantom{x}\right]_n$$

PC 具有突出的冲击韧性、透明性和尺寸稳定性，力学性能优良，良好的耐蠕变性、耐候性，是一种综合性能优良的工程塑料。PC 可用于制造对冲击性能要求高的机械零件，如齿轮、防护壳体、导轨等，也可制作电子电器插头、管座、绝缘套管、电动工具外壳等；PC 还可制造医疗器材，如高压注射器、药品容器、手术器械等；玻璃纤维增强 PC 可代替铜、锌等压铸件。

PC 透明性、强度和表面耐磨性均优于 PMMA，可用于制作飞机挡风板、透明仪表板，也是制作 CD、VCD、DVD 光盘的基础材料，此外，PC 还可制作奶瓶、玩具、公路隔声板、警察盾牌等。

PC 制品不足之处是耐应力开裂性和耐溶剂性较差。

**3. 聚对苯二甲酸乙二酯**

聚对苯二甲酸乙二酯（PET）是由对苯二甲酸与乙二醇缩聚制成的。PET 最初主要用于制作纤维，是最主要的合成纤维之一，后用于生产塑料制品。近年来，PET 用于塑料的数量明显增长。PET 树脂结构通常可用下式表示：

$$\left[ -C(=O)-\phantom{x}\text{苯环}\phantom{x}-C(=O)-O-(CH_2)_2-O-\right]_n$$

PET 拉伸强度、刚度和硬度较高，耐磨性和耐蠕变性优异，在潮湿和高温下能保持较好的力学性能及耐化学溶剂性；PET 长期使用温度可达 120℃，能在 150℃下短时间使用；将 PET 树脂用 30%～40% 玻璃纤维增强后，耐热温度可超过 200℃。PET 作为塑料材料主要应用于如下几个方面。

（1）薄膜　一般指双向拉伸 PET（BOPET）薄膜，与其他通用塑料薄膜相比，其具有更高的拉伸强度、尺寸稳定性，更低的吸湿性，在很宽的温度范围内（－50～250℃）均能较好地保持其物性特点。PET 膜最大用途是用做照相膜、磁带膜和包装膜等。

（2）液体包装瓶　PET 瓶强度高、透明、无毒、卫生、阻隔性优异，大量应用于饮料（如可口可乐）、纯净水的包装；另外，也应用于食用油、调味品及酒类等的包装。

（3）工程塑料　PET 工程塑料主要用于汽车和电子电器市场。PET 工程塑料可以用回收的聚酯纤维（或聚酯瓶）改性制备，多数以玻璃纤维增强方式应用。

**4. 聚四氟乙烯**

聚四氟乙烯（PTFE）是四氟乙烯单体在自由基型引发剂存在下通过连锁聚合反应制备

而得的。PTFE 结构可用下式表示：

$$-[CF_2-CF_2]_n-$$

PTFE 结构与 PE 相似，易结晶，但由于 C—F 键能较高，能将主链上的碳原子屏蔽起来，这种结构赋予了 PTFE 许多优异的性能，但同时也使其熔体黏度极高，加热到熔点以上也不能流动。

PTFE 具有优异的化学稳定性、耐候性、电绝缘性以及耐热性和耐寒性。在所有塑料中，它的摩擦系数最低，耐化学腐蚀性最好，故有"塑料王"之称。由于 PTFE 的熔体黏度很高，不能采用一般热塑性塑料加工方法，目前多采用先冷压成型再烧结的方法，制品生产工艺比较复杂。

PTFE 具有一系列独特的性能，其制品在机械、化工、电子电器、国防、食品、医疗等诸多方面均有广泛应用。如用于制备化工设备和管道的耐腐蚀内衬、不粘锅的防粘涂层、减摩耐磨材料、密封件、人工食道、血管等。

## 单元二 塑料成型加工

**能力目标**

能够根据塑料制品的外形确定成型加工方法。

**知识目标**

了解常见塑料成型加工方法，掌握塑料成型加工工艺及原理。

塑料成型加工主要是指固态（粒状或粉状）或糊状的塑料材料变形或受热熔融流动，通过特定模具形成（并保持）一定形状，最终得到所需制品的工艺过程。

在塑料成型加工过程中，聚合物会发生一定的物理或化学变化，从而引起其结构、形状和性质等多方面变化。如 PP 熔体急冷时结晶度较低，可制得高透明度的 PP 薄膜；线型结构的环氧树脂经受热固化后可变成体型结构环氧塑料；聚合物形状可由粒状、粉状或糊状的物料（经过成型加工）得到各种形状制品，如薄膜、异型材、管材、电子电器零部件等。

塑料材料的成型加工方法有很多种，如挤出成型、注射成型、模压成型、吹塑成型、压延成型、发泡成型、拉伸成型、铸塑成型等，最常用几种成型方法如下。

### 一、挤出成型

挤出成型是塑料材料加工领域中生产率高、适应性强、制品形状变化多、用途广泛的一种成型加工方法，其主要成型设备是挤出机。挤出成型时将颗粒状（或粉状）塑料从料斗加入挤出机的机筒中，挤出机的机筒外部有加热器，通过热传导将加热器产生的热量传给机筒内的物料，物料在螺杆旋转向前挤压推进的过程中逐渐熔融。由于螺距的设计是越到前面螺距越短，熔融的物料能被压得很紧密，最后在挤出机的螺杆挤压作用下通过一定形状的口模而连续成型，所得的制品具有恒定截面形状，改变口模的形状就能得到不同截面形状的产品。挤出机结构示意图如图 2-1 所示。

与其他成型设备相比，挤出机是最通用的塑料加工机械，适合大多数热塑性塑料。挤出成型具有如下特点。

(1) 生产操作简单，工艺控制容易，易于实现自动化生产。

(2) 适用范围广，可在塑料、橡胶、合成纤维的成型加工中广泛应用，能制造较长的管材、异型材、薄膜、板材等，产品质量稳定。

(3) 一台挤出机，只要改变机头口模（型），即可成型各种截面形状的产品或半成品，可以一机多用。

(4) 设备简单，制造容易，投资少，占地面积小，投产快。

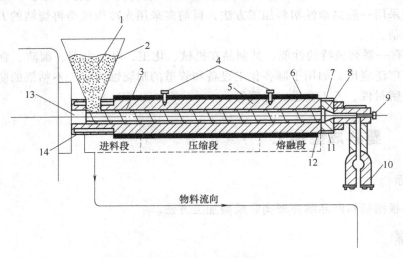

图 2-1 单螺杆挤出机结构示意图

1—树脂；2—料斗；3—硬衬垫；4—热电偶；5—机筒；6—加热装置；7—衬套加热器；8—多孔板；
9—熔体热电偶；10—口模；11—衬套；12—过滤网；13—螺杆；14—冷却夹套

挤出成型设备分为柱塞式挤出机和螺杆挤出机两大类，前者为间歇式挤出，后者为连续式挤出。

柱塞式挤出机对物料没有剪切混合作用，生产不连续，目前生产上较少采用，不过能对物料施加很高的挤出压力，可用于高熔体黏度、低流动性塑料，如聚四氟乙烯的挤出成型。

螺杆挤出机又可分为单螺杆挤出机和双螺杆挤出机等。目前，单螺杆挤出机是生产上用得最多的挤出设备，也是最基本的挤出机，主要用于各种挤出制品加工，但混料效果差，不太适合混合造粒；双螺杆挤出机的挤出量大，机筒有自清洁作用，混合分散效果好，特别适合 PVC 粉料加工、材料改性及混合造粒等，近年来发展速度很快，其应用范围不断扩大。

挤出成型工艺适用于绝大多数热塑性塑料和部分热固性塑料，塑料挤出制品主要有管材、板材、棒材、片材、薄膜、绳、丝、电线电缆、异型材、中空容器、泡沫塑料等。

## 二、注射成型

注射成型是热塑性塑料制品成型的一种重要方法，几乎所有的热塑性塑料都可用此法成型。注射成型时将颗粒状（或粉状）塑料从注射机的料斗送进加热的机筒中，经加热熔融呈流动状态，然后在注射机的移动螺杆快速而又连续的压力下，从机筒前端的喷嘴中以很高的压力及很快的速度注入闭合的模具内。塑料熔化的热量来自机筒的外加热以及转动螺杆与塑料之间的摩擦热，充满模腔的熔体在受压的情况下，经冷却固化后即可保持与模具型腔相应的塑料制品，最后松开模具就能从中取得制品。

移动螺杆式注射机是目前塑料注射成型最常见的设备，其结构示意图如图2-2所示。它的特点是成型周期短，生产效率高，易实现生产自动化；制品表面粗糙度值低，加工量少；能一次成型外形复杂、尺寸精确（或带金属嵌件）的塑料制品；可适应绝大多数热塑性塑料及多种热固性塑料的成型加工。

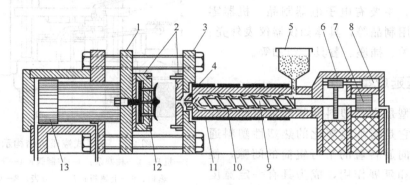

图2-2　移动螺杆式注射机结构示意图
1—动模板；2—注射模具；3—定模板；4—喷嘴；5—料斗；6—螺杆传动齿轮；7—注射油缸；
8—液压泵；9—螺杆；10—加热料筒；11—加热器；12—顶出杆；13—锁模油缸

注射成型过程是间歇式的，除了大型板材、异型材及管材等不宜采用此法生产外，其他各种形状、尺寸的塑料制品都可以用这种方法生产，其制品可大到托盘和汽车保险杠等，也可小到纽扣和微型电子部件。另外，随着塑料作为工程结构材料的发展，注塑制品已用于各种行业，正在逐步替代部分传统的金属和非金属材料制品，如各种家用电器配件、仪器仪表零部件、壳体等。目前，注塑制品占塑料制品总量的30%左右，绝大多数工程塑料制品是采用注射成型工艺加工制造的。

目前，注射成型工艺的理论研究主要是以热塑性塑料为对象，涉及面广，有流变学、模具设计、电子控制、液压系统，还有材料科学与加工工艺的匹配等。此外，为了适应一些具有特殊性能要求的注射成型，在传统注射成型工艺的基础上开发了一些专用注射成型工艺，如反应注射成型（RIM）、气体辅助注射成型（GAIM）等。

### 三、压制成型

压制成型是塑料成型加工技术中历史最悠久、最重要的成型方法之一，广泛用于热固性塑料的成型加工。压制成型时将一定量的热固性原料加入预先经过加热的模具中，原料在热和压力的作用下熔融流动，并且很快充满整个型腔，树脂与固化剂发生交联反应，固化成不溶不熔、具有一定形状的塑料制品，只有当制品完全定型且保持最佳的性能时，才能开启模取出制品。压制成型需要较大的压力，防止制品出现气泡，保证制品的质量。下压式液压机结构示意图如图2-3所示。

压制成型是间歇操作，工艺成熟可靠，生产过程容易控制；与注射成型等相比，压制成型设备和模具比较简单；适用于流动性较差的塑料，比较容易成型大件制品；所得制品的内应力小，取向程度低，不易变形，稳定性较好。

压制成型缺点是生产周期长，不易实现自动化，生产效率低，劳动强度大；原料常粉尘飞扬，劳动环境差；不适合成型形状复杂、带有深孔、厚壁制品。

压制成型常用的合成树脂有酚醛树脂、三聚氰胺树脂、环氧树脂、不饱和聚酯树脂等，相应的辅助材料一般包括固化剂、促进剂、稀释剂、着色剂和填料等。压制成型制品种类很多，主要有电子电器制品、机器零部件以及日用制品等，具体如仪器仪表外壳、电闸板、开关、插座、餐具、纽扣等。

## 四、压延成型

压延成型是生产塑料薄膜和片材的一种重要方法，它是将加热塑化的热塑性塑料通过一系列相向旋转着的平行辊筒的间隙，使其受到挤压和延展作用，成为具有一定宽度和厚度的连续、薄片状制品。

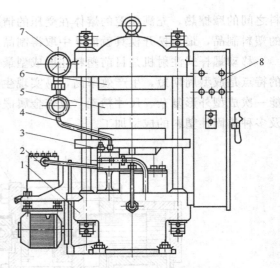

图 2-3　下压式液压机结构示意图
1—机身；2—柱塞泵；3—控制阀；4—下热板；5—中热板；6—上热板；7—压力表；8—电气部分

完整的塑料压延成型工艺过程包括压延前的物料准备阶段、炼塑工段、压延工段及后处理工段四部分。准备阶段主要包括塑料的配制、混合、输送；炼塑工段是将已混合均匀物料充分混炼塑化，为向压延机供料做好准备；压延工段是压延成型的主要阶段，是将已炼塑了的物料进一步混炼塑化，通过几道辊隙延展成薄片；后处理工段包括牵引、刻花、冷却定型测厚、卷取和分切等工序。因此压延成型工艺流程实际上是从原料开始经过多种加工步骤的连续生产线。PVC 压延成型工艺流程如图 2-4 所示，图 2-5 所示为软质 PVC 压延薄膜生产流程示意图。

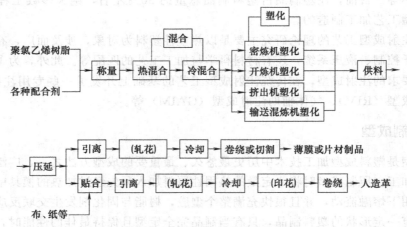

图 2-4　塑料压延成型工艺流程

塑料压延成型主要应用于热塑性塑料，主要有 PVC、ABS、EVA、PP、PE 以及改性 PS 等。在各种塑料压延制品中，最典型、最主要的是 PVC 软质薄膜、硬质片材和人造革。

PVC 压延成型一般适用于生产厚度为 0.05～0.5mm 的软质薄膜和厚度为 0.3～1.0mm 的硬质片材。当制品厚度小于或大于这个范围时，通常改用挤出吹塑法或其他方法。

压延软质 PVC 塑料薄膜时，如果将布（或纸）随同塑料通过压延机的最后一对辊筒，

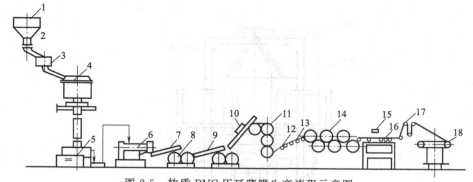

图 2-5 软质 PVC 压延薄膜生产流程示意图

1—树脂料仓；2—电磁振动加料器；3—称量器；4—高速热混合机；5—高速冷混合机；6—挤出塑化机；
7—运输带；8—两辊开炼机；9—运输带；10—金属探测器；11—四辊压延机；12—牵引辊；
13—托辊；14—冷却辊；15—测厚仪；16—传送带；17—张力装置；18—中心卷取机

则黏流态的塑料薄膜会紧覆在布（或纸）上，这种方法可生产人造革（或塑料贴合纸），此法称为压延涂层法。根据同样的原理，压延成型法也可用于塑料与其他材料（如铝箔等）贴合制造复合薄膜。

压延成型具有生产能力大、可自动化连续生产、薄膜厚度均匀、产品质量稳定的特点；但压延成型的设备庞大，精度要求高，生产线长，工序多，辅助设备多，投资费用较高，维修也较复杂，制品宽度受到压延机辊筒长度的限制。

PVC 压延制品类型很多，应用领域相当广泛。如在农业上 PVC 薄膜可用做育秧、保温大棚等，工业上可用于包装、防雨材料等，生活用品上可用做雨具、台布、充气玩具等，医疗用品上可用做输血袋、输液袋等；另外，PVC 压延片材制品常用做软硬唱片基材、传送带以及热成型或层压用片材等；PVC 人造革可用于服装、帐篷等。

## 五、吹塑成型

吹塑成型是在挤出工艺的基础上发展起来的一种热塑性塑料的成型方法。吹塑成型制品主要是吹塑薄膜和吹塑中空容器。

1. 吹塑薄膜成型

根据牵引方向的不同，挤出吹塑薄膜成型可分为平挤上吹、平挤下吹和平挤平吹三种方法。图 2-6 所示为平挤上吹 PE 薄膜生产设备机组示意图，在挤出机的前端安装机头，机头包括芯棒、吹塑口模，塑料熔体从环隙形口模挤出成管坯后向上引伸，同时吹胀用的压缩空气经由芯棒中心孔进入泡状物内部使管膜达到要求的直径，膨胀的管膜在向上被牵引的过程中，被纵向拉伸并逐步被空气风环冷却定型，并由人字板夹平，再经牵引辊牵引，最后经卷绕辊卷绕成薄膜制品。

塑料薄膜可以用挤出吹塑、压延、流延等方法制造，各种制造方法的特点不一样，适应场合也有所不同。其中吹塑法成型塑料薄膜设备简单，投资少，生产工艺易于控制，结晶塑料和非晶塑料都适用；不但能成型厚度低于 0.01mm 以下的包装薄膜，也能成型厚度达 0.2mm 以上的重包装薄膜；既能生产折径小于 5cm 的窄幅薄膜，也能得到折径达 8m 以上的宽幅薄膜，这是其他成型方法无法比拟的；由于吹塑薄膜为圆筒状，在制作包装袋时只需焊接底部，不需要切边，废料少，成本低；另外宽幅薄膜无焊缝，用于农用大棚膜深受欢迎；因此，吹塑成型在塑料薄膜生产上应用十分广泛。

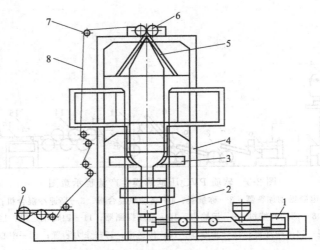

图 2-6 平挤上吹 PE 薄膜生产设备机组示意图
1—挤出机；2—机头；3—风环；4—工作架；5—人字板；
6—牵引辊；7—导辊；8—薄膜；9—卷取装置

吹塑薄膜成型主要用于软质聚氯乙烯、聚乙烯、聚丙烯等薄膜的制造。

2. 中空吹塑成型

中空吹塑成型是将挤出（或注射）成型所得的热熔融塑料型坯置于各种形状的模具中，在型坯中通入压缩空气将其吹胀，使之紧贴模腔壁，经冷却后开模脱出制品。

在实际应用中，为适应不同类型中空制品的成型，挤出吹塑成型可分为单层直接挤坯吹塑、多层共挤出吹塑、挤出-蓄料-压坯-吹塑和挤坯-拉伸-吹塑等方法。单层直接挤坯吹塑工艺过程（图 2-7）如下。

(1) 管状型坯直接由挤出机挤出，并垂挂于机头正下方的预先分开的型腔中。
(2) 当下垂的型坯达到预定长度，夹住型坯定位后合模，并靠模具的切口将管坯切断。
(3) 压缩空气导入型坯进行吹胀，使之紧贴模具内壁形成制品。
(4) 保持充气压力，制品冷却定型后脱模，即可得到中空的容器。

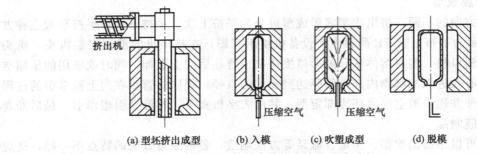

(a) 型坯挤出成型　(b) 入模　(c) 吹塑成型　(d) 脱模

图 2-7 单层直接挤坯吹塑工艺过程

挤出吹塑优点是挤出机和吹塑模具简单，投资少；适用于多种塑料，生产效率高；型坯温度比较均匀，熔接缝少，吹塑制品强度较高；对中空容器的形状、大小和壁厚等允许范围较宽，适用面广，因此在中空制品生产中占有绝对优势。

可用于中空成型的热塑性塑料品种较多，最常用的是 PE、PP、PVC、PC 和 PET 等。中空吹塑成型主要用于生产不同口径、容量的液状货物包装容器，如各种瓶、壶、桶等。吹塑制品通常要求具有优良的耐环境应力开裂性、阻隔性、抗冲击性、耐化学药品性、韧性和抗挤压性等。

# 热塑性塑料的简易鉴别

## 单元一 根据表观、燃烧特征鉴别塑料品种

**能力目标**

能够根据塑料的表观、燃烧特征鉴别塑料品种。

**知识目标**

了解塑料分子结构式及表观、燃烧特征，掌握表观、燃烧鉴别法的原理。

### 一、表观鉴别法

表观鉴别法就是通过眼看、手摸，观察塑料的外观特征，如透光性、硬度、光泽等，根据经验及塑料的特点和应用领域，判断塑料制品的种类。如透明硬质塑料一般是 PMMA、PS、PC 等，透明饮料瓶一般由 PET、PVC 等制成，而不透明的食品包装主要由 PE 等制成。

1. 鉴别试验

（1）任取数量若干的三种塑料品种试样（树脂、注塑样条、薄膜）并编号，分别放置于观察平板台上。

（2）通过视觉（眼看）、触觉（手摸）等方式鉴别试样，并将鉴定结论归纳总结；在试样鉴别过程中，应是外形近似试样进行对比，如薄膜试样对薄膜试样，而不能是树脂试样对薄膜试样。

2. 常见树脂及其制品的表观特征

由于部分结晶或含有添加剂等，大部分塑料呈半透明或不透明状，较少有完全透明的塑料制品。常见用做透明制品的塑料材料主要有 PMMA、PC、PET、PS、PVC 等。

塑料制品的透明度往往与其厚薄、结晶性、共聚组成、添加剂和加工工艺等有关。有的塑料厚时为半透明，薄时显得透明，如 LDPE、PP、PA 等；有些塑料（如 PET）结晶度低时是透明的，结晶度高时成为白色；而 EVA 随醋酸乙烯酯含量增加，PE 原有的结构有序性遭到破坏而不易结晶，透明性逐步提高，当醋酸乙烯酯含量增至 50% 时，结晶完全被破坏，成为完全无定形的透明材料。

树脂的本色以无色透明、半透明、白色为主；树脂形态以固态为主，固态树脂通常有两类形态：粉末（粉料）、颗粒（粒料、切片）。粒料一般是由粉料经造粒得到的，所以大多数树脂两种形态都有可能存在；少数树脂是液体及其他颜色，如部分环氧树脂是黄色至琥珀色黏性液体，PI是透明浅棕色颗粒。常用塑料的外观特征见表2-1。

表 2-1 常用塑料的外观特征

| 塑料名称 | 手 摸 | 眼 看 | 击打回声 |
| --- | --- | --- | --- |
| PE | 具有蜡样光滑感，划后有痕迹，柔软，有延伸性，可弯曲，但易折断，HDPE较坚硬，刚性及韧性好 | LDPE的原材料为白色蜡状物，透明，HDPE为白色粉末状或半透明颗粒状树脂 | 低沉 |
| PP | 光滑，划后无痕迹，可弯曲，不易折断，拉伸强度与刚性较好 | 白色蜡状，半透明 | 响亮 |
| PS | 光滑，脆性，易折断 | 树脂为无色透明粒状物 | 金属般清脆声音 |
| PVC | RPVC制品表面光滑，无蜡状感，较硬，脆性较大 | 树脂为白色或略带黄色的粉状物料 | |
| ABS | 硬质材料坚韧，质硬，刚性好，不易折断 | 树脂呈乳白色或米黄色，非晶态，不透明，制品表面光洁 | 清脆 |
| PMMA | 加热到120℃可自由弯曲，可手工加工，质硬，不易碎裂 | 玻璃般透明，外观漂亮 | 用手弹打有声音 |
| PA6 | 制品表面光滑，较硬，强度显著优于HDPE，轻轻触打时不会折断 | 树脂为半透明或不透明的乳白色粒状物，胶质状 | 低沉 |
| PTFE | 制品表面较软，光滑，手感滑腻，拉伸时易断裂，弯曲时有一定韧性 | 白色蜡状，透明度较低，光滑，不吸水 | 低沉 |

## 二、燃烧鉴别法

1. 鉴别试验

燃烧鉴别法是让初学者根据试样燃烧的难易程度、火焰的颜色、烟的浓淡、气味及离火后的燃烧状况，初步判断属于何种塑料。

（1）准备PP、LDPE、HDPE、EVA、PS、PA、PC、ABS、PVC树脂试样、注塑样条。

（2）将试样编号，然后用镊子夹持一小块试样，用煤气灯小火焰直接加热。一般先让试样的一角靠近火焰边缘，对于易于点燃的试样可以先区分出来，然后再放在火焰上灼烧，时而移开以判断离火是否继续燃烧。

（3）在试验过程中通过视觉、味觉进行材料品种鉴别，并将鉴定结论归纳总结。

2. 常见塑料的火焰燃烧特征

目前对通过火焰燃烧试验鉴别塑料品种的可靠性仍然存在一些争议，主要有如下几个方面。

（1）不同文献资料对燃烧现象的描述仍有一些差异及争议。

（2）有些塑料品种之间的燃烧现象比较接近，如LDPE与HDPE。

（3）塑料中的添加剂对试验结果会产生一定影响，如加入氢氧化镁的LDPE制品与纯LDPE制品的燃烧现象差异很大。

（4）由塑料合金材料制造的制品很难通过燃烧试验确定其中的材料品种。

虽然通过燃烧试验方法鉴别塑料品种存在诸多不足之处，但目前仍然是初步定性分析最主要方法之一，原因是其简单快速，非常有利于有经验的人员加以鉴别。对于初学者，只要有各种塑料的标准样品，也可以进行比较试验而很快地获得一定实际经验。在进行燃烧鉴别试验时主要观察以下现象。

（1）试样是否易（或能）点燃，试样是否能持续燃烧。

（2）试样是否自熄，即离开火焰后熄灭。

（3）火焰的颜色及燃烧其他特征，如烟灰、黑烟、白烟、清净、亮、暗、漂游性燃烧、灼烧、余辉，是否有火星溅出等。

（4）试样表面变化特征，如是否变形、龟裂、熔融、挥发、滴落，滴落物是否继续燃烧（可以放少许脱脂棉在正下方，让滴落物滴于其上，观察是否能引燃），是否结焦，残留物的形态如何等。

（5）试样燃烧时的声响、气味。

试验时须注意如下两点。

（1）有些试样燃烧会释放出刺激性、有毒甚至剧毒气体，如氯化氢、氰化氢、丙烯腈、苯乙烯等，要注意防护。

（2）防止燃烧滴落物引燃其他物质。

常见塑料燃烧特征可见表 2-2，图 2-8 所示为常见塑料的燃烧试验鉴别流程。

表 2-2　常见塑料燃烧特征

| 塑料品种 | 燃烧难易 | 离火后状况 | 火焰特征 | 气味 | 试样其他特征 |
| --- | --- | --- | --- | --- | --- |
| PE | 容易 | 继续燃烧 | 顶端黄色，底部蓝色（蓝芯），无烟 | 类似石蜡燃烧气味 | 熔融下滴，滴落物继续燃烧 |
| PP | 容易 | 继续燃烧 | 顶端黄色，底部蓝色，少量黑烟 | 石油气味，蜡味 | 熔融下滴，滴落物继续燃烧 |
| PVC | 容易 | 离火即灭 | 黄色，底部绿色，喷溅绿色和黄色火星，冒黑烟 | 强辛辣气味（HCl） | 先软化，后分解留下黑色残渣 |
| PVDC | 很难 | 离火即灭 | 黄色，边缘绿色，溅黄色火星 | 强辛辣气味（HCl） | 先软化，后分解留下黑色残渣 |
| PET | 容易 | 继续燃烧 | 黄色至橙色，黑烟 | 花香般微甜气味 | 熔融成清液，下滴，可以抽成丝 |
| PS | 容易 | 继续燃烧 | 橙黄色，浓黑烟，有黑炭灰 | 苯乙烯气味 | 软化，起泡 |
| ABS | 容易 | 继续燃烧 | 黄色，明亮，带浓烟 | 特殊气味，有苯乙烯气味 | 软化，变黑 |
| PTFE | 不燃 | — | — | 红热时挥发出刺激性气味 | 不变或慢慢炭化 |
| PMMA | 容易 | 继续燃烧 | 明亮，浅蓝色，顶端白色，并带有噼啪声 | 腐烂花果、蔬菜气味 | 软化，略炭化 |
| PA | 慢燃，不易点燃 | 慢慢熄灭 | 蓝色，顶端黄色，燃烧带露雾声 | 似羊毛、指甲、角等燃焦的气味 | 熔融滴落后能拉丝，起泡 |
| POM | 容易 | 继续燃烧 | 顶端黄色，底部蓝色 | 强烈的甲醛气味，鱼腥臭 | 熔融滴落，分解 |
| PC | 慢慢燃烧 | 慢慢熄灭 | 亮黄色，黑烟炭束 | 特殊气味及花果臭 | 先熔融起泡后炭化 |

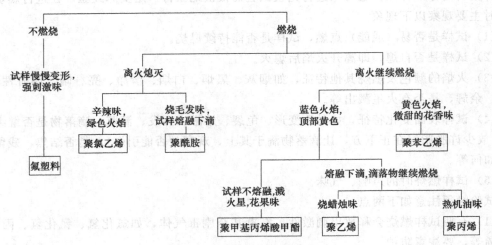

图 2-8 常见塑料的燃烧试验鉴别流程

## 单元二 根据密度、熔点特征鉴别塑料品种

> **能力目标**
>
> 能够根据塑料密度、熔点特征鉴别常用塑料品种。

> **知识目标**
>
> 了解常见塑料的密度及熔点特征，掌握密度、熔点鉴别法的原理。

### 一、密度鉴别法

#### (一) 塑料密度简易鉴别操作

1. 试剂与试样的准备

准备以下四种溶液（或溶剂），后两种溶液的配制无须称量，加氯化镁或氯化锌直至得到饱和溶液。由于氯化锌易水解，必须加入少许盐酸。

(1) 乙醇（密度为 $0.79g/cm^3$）。

(2) 水（密度为 $1g/cm^3$）。

(3) 饱和氯化镁溶液（密度为 $1.34g/cm^3$）。

(4) 饱和氯化锌溶液（密度为 $2.01g/cm^3$）。

准备 PP、LDPE、HDPE、PA、PC、ABS 的注塑样条，PS 泡沫塑料试样。

2. 试验步骤

(1) 将试样编号，上述四种液体分别装在四个烧杯里，将试样制成小块经浸润后放入第一种液体中，观察是上浮、下沉还是悬浮。然后改变液体，从而定出试样的密度范围。从下沉或浮起的速度还可以大致判断密度值的大小。表 2-3 列出了常见塑料的密度范围。

(2) 在试样鉴别过程中,应是外形近似试样进行对比,如薄膜试样与薄膜试样,而不能是树脂试样对薄膜试样。

表 2-3 常见塑料的密度范围

| 密度/(g/cm³) | 可能的高分子材料 |
| --- | --- |
| <0.8 | 泡沫塑料 |
| 0.8~1.0 | 聚乙烯、聚丙烯、聚异丁烯、EVA |
| 1.0~1.34 | ABS、PS、PA、PPO、AS、PMMA、EP、PVC、PC |
| 1.34~2.01 | 聚酯,酚醛树脂,含氯、氟、硫的聚合物,加填料的聚合物 |
| >2.01 | 聚三氟氯乙烯、聚四氟乙烯 |

**(二) 塑料密度鉴别法原理**

密度指在规定温度下单位体积物质的质量,单位为 g/cm³;相对密度指一定体积物质的质量与同温度下等体积参比物质的质量之比,常用参比物质为水。

根据阿基米德原理,浮力的大小等于物体排开的液体的重力,物体在液体中能处于什么状态(上浮、下沉或悬浮),决定因素是物体密度与液体密度的关系,这里的物体密度不是指构成物体材料的密度,而是物体整体的"平均密度",例如钢材的密度大于水的密度,钢板放入水中就会下沉,而用钢板制成的船只就能漂浮在水面上,是因为船只的"平均密度"小于水的缘故。

依据阿基米德原理,密度鉴别法可以将密度相差较大的塑料区别出来,而对于相差不明显的,可以与其他方法结合起来进行鉴别,常见塑料的密度见表 2-4。

不过目前很少单独用检测密度的方法鉴别塑料,原因在于经过加工的塑料制品往往含有空隙、微孔等其他缺陷,或者材料中含有各种添加剂,会导致测试结果出现较大偏差。但此种密度检测方法非常简单快速,是快速缩小塑料品种判别范围的方法,尤其对不含添加剂的塑料鉴别非常有效。例如,将 PE 与 PC 纯树脂的混合颗粒放入清水中,漂在水面上的即 PE 颗粒,沉入水底的即 PC 颗粒。

## 二、熔点鉴别法

**(一) 塑料熔点(或软化点)简易测试操作**

1. 简易方法

(1) 试样的准备 准备 PP、LDPE、HDPE、PA、PC、ABS 的粉末(粒料)树脂试样,并编号。

(2) 试验步骤 测定软化点或熔点最简单办法是采用封闭式电炉,电炉上放一块金属板,在金属板上平放一根 0~300℃ 的水银温度计测量温度,温度计头部需用一个金属薄片制成的小盒子盖好,避免由于空气流动导致温度计显示温度值偏低,同时用调压器控制电炉温度缓慢上升。将试样夹在两片薄片(靠近电炉面为铜片,上面的为玻璃片)之间,试样尽可能放在靠近温度计头部的地方。一边加热一边用硬木棒轻压试样,观察是否软化或熔融。

开始升温时,温度升速可以快一些,但到了接近预估软化点(或熔点)时必须将温升速度降低下来,以 1~2℃/min 为宜,不能过快,否则试验结果偏差较大。

## 2. 显微镜法

涉及显微镜测定高聚物熔点具体测试步骤的书籍、资料较多,本书不做详细说明,仅列出下述注意事项供参考。

(1) 升温速度对测定结果有较大影响,由于现有测试设备大多采用水银温度计测温,升温速度越快,温度计指示值滞后越大,所读取的熔点值偏低。因此升温速度不宜过快,尤其是在达到比试样熔点低 10~20℃时,最好以 1~2℃/min 的速度升温。

(2) 加热台第一次用时要加热到 100℃以上驱除湿气,避免影响观察效果。

(3) 观察时选择试样中突出部位,读取突出部位开始变平的温度为熔点。如果使用带正交偏振光的显微镜,观察在暗背景下结晶亮点在熔融时消失也十分有效。

### (二) 塑料熔点鉴别法原理

目前测定高聚物熔点通常采用毛细管法或偏光显微镜法。用毛细管法测定熔点,仪器简单,操作方便,但不能很清晰地观察试样在受热过程中的变化情况;而通过显微镜能清晰地观察到试样在受热过程中的细微变化,如晶体形状的转变、结晶的失水、分散等。

熔点或软化点是塑料重要受热性能指标,对于无定形高聚物,玻璃化转变温度是高聚物大分子链段开始运动(或冻结)的温度,当塑料加热到玻璃化转变温度时开始软化,可观察到软化点。

对于结晶高聚物,其无定形部分往往由于链段运动受到结晶区的束缚而在软化点时观察不到变化,因此不像低分子晶体那样具有明显的熔点,只有加热到结晶开始熔融时(熔点)才能观察到软化或流动,从开始熔融到最后完全熔融是一个比较宽的温度范围,此温度范围可称为熔限。

熔点(或软化点)的测定受到检测方法、试样质量等因素影响,不同文献提供的数据往往有较大差别,因此利用软化点或熔点鉴别塑料品种远没有一般有机化合物那么灵敏有效。此外,有一些塑料是测不到软化点或熔点的,如已交联的热固性塑料等,即使加热至分解也不会软化或熔融。表 2-4 列出了常见塑料的密度和软化点。

表 2-4 常见塑料的密度及软化点

| 品种 | 密度/(g/cm³) | 软化点/℃ | 品种 | 密度/(g/cm³) | 软化点/℃ |
|---|---|---|---|---|---|
| HDPE | 2.1~2.3 | 120~128 | PC | 1.20 | 150~162 |
| PP | 0.89~0.91 | 160~170 | PA6 | 1.12~1.15 | 215~225 |
| PS | 1.04~1.06 | | PTFE | 1.38~1.41 | 325~330 |
| ABS | 1.01~1.15 | 87~104 | PMMA | 1.17~1.20 | |
| PVC(硬质) | 1.38~1.41 | 75~90 | PPO | 1.06~1.07 | 217 |
| POM | 1.42 | 152~160 | PET | 1.32~1.37 | |

目前软化点测试方法主要有马丁耐热温度法、热变形温度法及维卡软化点法等。显微镜法简单、仪器价格便宜,当软化点仅仅用做鉴别材料的物理参数时,也可以在显微镜下进行粗测。

无定形高聚物软化后并不立即具有流动性,必须加热升至黏流温度以上才开始流动,因此检测软化点时试样要尽可能细小,可用镊子在盖玻片上轻轻施压以观察颗粒是否软化、粘连。

## 塑料力学性能测试

塑料用途极其广泛,对其性能的要求也是多种多样的,需考虑如力学性能、热性能、耐老化性、光学特性、燃烧特性、电性能、耐介质性等方面,但其中最重要的还是力学性能。

塑料力学性能包括拉伸、弯曲、压缩、冲击、剪切、蠕变及应力松弛、硬度性能等,其中拉伸性能、冲击性能、弯曲性能是力学性能中最重要、最基本的性能,而拉伸性能又是几乎所有的塑料都要检测的指标,这些指标的大小很大程度上决定了该种塑料可以使用的场合。

塑料力学性能可变范围宽,不同材料之间差异很大,如聚苯乙烯制品很脆、一敲就碎,而 ABS 制品坚韧、不易变形破碎。因此通过塑料拉伸性能、冲击性能、弯曲性能的检测就可将其基本分类,缩小鉴别范围,同时可以让初学者对塑料有进一步的感性认识。

关于塑料力学性能测试方面的教材及资料很多,受篇幅所限,本书不做详细介绍,须提醒读者的是,在做具体测试时必须依据国家标准进行,如塑料拉伸性能试验依据 GB/T 1042—92,弯曲性能试验依据 GB/T 9341—2000,冲击性能试验依据 GB/T 1043—93,常见塑料的力学性能见表 2-5。

表 2-5 常见塑料的力学性能

| 性能 | LDPE | HDPE | PP | 硬质 PVC | PS | ABS |
|---|---|---|---|---|---|---|
| 拉伸强度/MPa | 7～20 | 21～38 | 33～42 | 35～50 | 45～63 | 16～63 |
| 断裂伸长率/% | 90～650 | 400～500 | 200～700 | 20～40 | 1～2.5 | 10～140 |
| 弯曲强度/MPa | | 7～20 | 55～60 | 70～112 | 40～50 | 25～94 |
| 压缩强度/MPa | | 19～25 | 42～56 | 55～90 | 80～110 | 17～77 |
| 简支梁冲击强度(缺口)/(kJ/m²) | 80～90 | 40～70 | 3.5～4.8 | 25～58 | 0.54～0.86(悬臂梁,缺口) | 11～24 |
| 性能 | PA6 | PC | POM | PET | PPO | PTFE |
| 拉伸强度/MPa | 71～84 | 58～74 | 60～70 | 68 | 87 | 20～35 |
| 断裂伸长率/% | 25～320 | 70～120 | 40～60 | 78 | 69 | 30～190 |
| 弯曲强度/MPa | 56～112 | 91～120 | 90～99 | 104 | 140 | 11～14 |
| 压缩强度/MPa | 92 | 70～100 | 112～126 | 77 | 103 | 12 |
| 简支梁冲击强度(缺口)/(kJ/m²) | 11 | 45～60 | 15 均聚 | 5.3 | 13.5 | 16.4 |

## 单元三 根据溶解特征及显色试验鉴别塑料品种

**能力目标**

能够根据塑料化学特性鉴别常用塑料品种,能够运用综合法鉴别塑料品种。

**知识目标**

了解塑料的化学性能,掌握溶解鉴别法、显色试验鉴别法、综合试验鉴别法的原理。

### 一、溶解鉴别法

(一)塑料的溶解、溶胀试验

1. 试验材料与仪器

(1) 试样　PP、HDPE、ABS、PS、PA、PC、PTFE、EVA等树脂或塑料样条，将试样编号。

(2) 试剂　98%浓硫酸、芳香烃、环己酮、二氯甲烷、间甲酚、四氢呋喃。

2. 试验步骤

(1) 准确称取约30mL上述试剂（如环己酮）于100mL试管中，加10g上述某种试样（如PP），封口，并编号；重复上述过程分别再加入另两种试样（如PS、PC），并编号；此三支试管并为一组观察样品。

(2) 重复步骤（1），仅更换试剂，另制作两组观察样品。

(3) 24h后观察样品，并将观察结论归纳总结。在观察过程中应注意试样是溶胀还是溶解。

此试验可帮助初学者理解、掌握塑料化学特性，并能根据试样溶解性、溶胀性的差异，初步判断塑料的类别。

### （二）塑料的溶解、溶胀特征

塑料的溶解性、溶胀性除与其化学结构有关外，在很大程度上还受到分子量、结晶度、等规度、添加剂和温度等因素的影响。通常分子量、等规度和结晶度越大，溶解性、溶胀性越低；如交联聚乙烯是由线型结构的普通热塑性聚乙烯经分子间的化学反应转变成一种具有网状结构的热固性塑料，几乎不能溶解，只能轻微溶胀，因此其耐腐蚀性得到极大提高。

另外，一种塑料能否溶于某一溶剂中往往与温度有决定性的关系。例如，非极性结晶聚丙烯，芳香烃和氯代烃要在80℃以上才能对其有溶解作用。因此溶解性参数通常需要标明温度。

小分子化合物的溶解速度非常快，如食盐溶于水中，但判断一种塑料是否能溶于某种溶剂往往比较困难，因为塑料的溶解速度远比小分子化合物的小得多。由于塑料中的大分子链很难移动，因此其溶解的第一步往往是溶剂分子渗入塑料大分子链内部，使塑料体积先膨胀起来（可称为溶胀），然后才是大分子链逐步均匀分散到溶剂中而溶解。绝大多数塑料的溶解都要经过溶胀阶段，整个溶解过程往往需要几小时或者几天，甚至更长时间，所以在进行鉴别试验的初期通常只能观察到有限的溶胀（或溶解）现象。

综上所述，在许多情况下，同一种塑料的不同试样的溶解性可能会有相当大的差异，因而溶解性难以作为一种标准鉴别方法。

利用溶胀及溶解特征鉴别塑料是一种传统方法，尽管有如上及种种局限性，但由于溶解性试验操作简单，目前仍被视为一种很实用的鉴别方法。

表2-6列出了常见高分子材料的溶剂和非溶剂，而表2-7则反过来提供了常用溶剂能溶解的高分子材料品种，可帮助读者从不同的角度鉴别、理解认识未知高分子材料样品。从表2-6可见，有些高分子材料可溶解于多种有机溶剂，如聚醋酸乙烯，而有些几乎不溶于任何有机溶剂，如聚四氟乙烯。个别溶剂，如四氢呋喃能溶解大多数塑料品种，在业界被称为"万能溶剂"。

表2-6　常见高分子材料的溶解性

| 高分子材料 | 溶　剂 | 非　溶　剂 |
| --- | --- | --- |
| 聚乙烯、聚丙烯 | 对二甲苯、四氢萘、癸烷、二氯乙烯、三氯代苯（均在130℃以上的温度下溶解） | 极性溶剂、醇、酯、汽油、环己酮 |
| 聚苯乙烯 | 芳香烃、氯代烃、环己酮、四氢萘、二硫化碳 | 低级醇、脂肪烃、乙醚（溶胀） |
| ABS树脂 | 二氯甲烷 | 醇、水、脂肪烃 |

续表

| 高分子材料 | 溶 剂 | 非 溶 剂 |
|---|---|---|
| 聚氯乙烯 | 二甲基甲酰胺、四氢呋喃、甲乙酮、环己酮、氯苯、六甲基磷酸三酰胺 | 醇、乙酸丁酯、烃 |
| 聚醋酸乙烯 | 芳香烃、氯代烃、酮、甲醇、酯 | 脂肪烃 |
| 聚甲醛 | 二甲亚砜、二甲基甲酰胺(150℃) | 醇、酮、酯、烃 |
| 聚对苯二甲酸乙二酯 | 间甲酚、浓硫酸、邻氯苯、硝基苯、三氯乙酸 | 甲醇、丙酮、脂肪烃 |
| 聚碳酸酯 | 氯代烃、二氧杂环己烷、环己酮、二甲基酰胺、甲酚 | 醇、脂肪烃、水 |
| 尼龙 | 间甲酚、甲酸、浓无机酸、二甲基甲酰胺、三氟乙醇、六甲基磷酸三酰胺 | 醇、酯、醚、烃 |
| 聚四氟乙烯 | 热的氟烃油 | 所有溶剂,沸腾的浓硫酸 |

表 2-7  能溶于某些常用溶剂的高分子材料

| 溶 剂 | 高分子材料 |
|---|---|
| 四氢呋喃 | 主要有氯化橡胶、聚丙烯酸酯、聚氯乙烯、氯化聚氯乙烯(实际上除了聚烯烃、聚氟烃、聚甲醛、聚酰胺外大多数非交联聚合物可溶) |
| 芳香烃 | 聚丙烯酸酯、聚甲基丙烯酸酯、聚乙烯和聚丙烯(在沸点时)、聚氯丁二烯、苯乙烯类聚合物 |
| 环己酮 | 聚氯乙烯、聚碳酸酯、氯化聚酯 |
| 间甲酚 | 尼龙、聚酯、聚碳酸酯 |
| 一般醇 | 醇酸树脂、未交联环氧树脂、酚醛树脂、聚乙二醇、聚醋酸乙烯 |
| 甲酸 | 尼龙、醋酸纤维素、聚乙烯醇缩醛、氨基树脂(未交联) |
| 水 | 聚丙烯酰胺、聚乙烯醇、羧甲基纤维素钠、聚马来酸酐 |

## 二、显色试验鉴别法

### (一)塑料显色试验

1. 试验材料与仪器

(1) 试样  PP、HDPE、ABS、PS、PA、PC、PTFE、EVA 等树脂或塑料样条,将试样编号。

(2) 试剂  浓盐酸、对二甲氨基苯甲醛、甲醇溶液、蒸馏水。

2. 试验步骤

(1) 将 5mg 左右的试样(已编号)放入试管中,然后小火加热令试样裂解,冷却后加 1 滴浓盐酸,然后加 10 滴质量分数为 1% 的对二甲氨基苯甲醛的甲醇溶液。放置片刻,再加 0.5mL 左右的浓盐酸,最后用蒸馏水稀释,观察整个过程中颜色的变化。

(2) 重复步骤(1),仅更换试样;试验的同时将观察结论记录并归纳总结。

本试验是通过塑料在化学试剂中的颜色变化,从另外一角度帮助初学者理解、掌握塑料化学特性,初步判断塑料的品种。

### (二)塑料显色试验原理

显色试验是用点滴试验(在微量或半微量范围内)来定性鉴别塑料的一种方法,同时显色试验也说明了化学试剂与塑料之间会发生一定化学反应。由于润滑剂、填料、抗氧剂等添加剂可能会参与显色反应,这些添加剂的存在会降低显色反应的灵敏度,影响显色试验的准确性,所以最好能预先予以分离。建议最好采用纯树脂进行试验。

由于每个人对颜色的确认有一定差异,对颜色的表达也很难准确统一,因此如果用已确定标准试样做对照试验,将有助于得到更可靠的结果。常见的高聚物材料与对二甲氨基苯甲醛的显色试验见表 2-8。

表 2-8 常见的高聚物材料与对二甲氨基苯甲醛的显色试验

| 塑 料 | 加浓盐酸后 | 加对二甲氨基苯甲醛后 | 再加浓盐酸后 | 加蒸馏水后 |
| --- | --- | --- | --- | --- |
| 聚氯丁二烯 | 不反应 | 不反应 | 不反应 | |
| 聚乙烯 | 无色至淡黄色 | 无色至淡黄色 | 无色 | 无色 |
| 聚丙烯 | 黄色至黄褐色 | 鲜艳的红紫色 | 颜色变淡 | 颜色变淡 |
| 聚苯乙烯 | 无色 | 无色 | 无色 | 乳白色 |
| 聚甲基丙烯酸甲酯 | 黄棕色 | 蓝色 | 紫红色 | 变淡 |
| 聚碳酸酯 | 红色至紫色 | 蓝色 | 紫红色至红色 | 蓝色 |
| 尼龙 66 | 淡黄色 | 深紫红色 | 棕色 | 乳紫红色 |
| 聚甲醛 | 无色 | 淡黄色 | 淡黄色 | 更淡的黄色 |

## 知识拓展 综合试验鉴别法

以上部分介绍了一些塑料简单定性分析方法,不过每一种方法都有一些局限性,大致有如下几个方面。

(1) 大部分试验均需要专业试剂或仪器,如显色试验、熔点测定试验。

(2) 在某种方法中不同的样品可能表现出类似的结果而难以区分,如 LLDPE 与 HDPE 的燃烧特征几乎完全一样。

(3) 以上鉴别方法对于初学者了解塑料基本性能有很大帮助,但不能达到简易快捷、费用低廉、基本准确的要求。

综上所述,在实际应用中采用单一鉴别方法缺点很多,企业在鉴别常用塑料品种时通常综合使用以上方法(可称为综合试验鉴别法),过程大致如图 2-9 所示。该综合流程避免了使用专业设备或试剂,鉴别人员只要经过简单训练即可进行。综合试验鉴别法能鉴别一二十种常用的塑料,对于一般企业日常用途已经够用。

在塑料制品中,塑料薄膜是一种长而成卷的软质片状塑料制品,可视为一种二维材料,厚度很薄(一般不超过 0.2mm),与其他塑料制品(如板、瓶子等)形状差异太大,在上述简单定性试验(包括图 2-9 所示综合法)中常有异常现象,比如燃烧时一受热就易先收缩,溶解性试验由于接触面积大而显得更容易溶解、溶胀等。

另外,常用塑料薄膜材料范围较小,最常用的不过如 PE、PP、PET、PA 等数种。因此本单元单独列出一个简易鉴别流程供应用,过程如图 2-10 所示,此方法适于现场简单鉴别。

不过,如果塑料中含有大量添加剂或是由复合材料制造,鉴别结果易产生较大偏差。但由于塑料制品中相当一部分是选用纯树脂制造,因此上述鉴别方法仍有很大的应用空间。

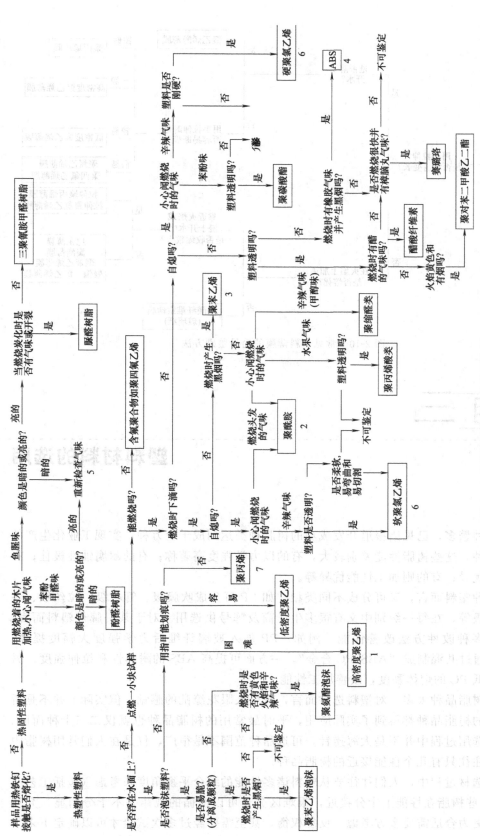

图 2-9 常见塑料的综合性鉴别流程

1—聚乙烯燃烧时带蜡烛熄灭的气味；2—聚酰胺用以下方法证实：使用一根冷的金属针（如铁钉）接触熔融的塑料并迅速拉开，尼龙能形成丝；3—聚苯乙烯用以下方法证实；4—丙烯腈-丁二烯-苯乙烯共聚物；5—酚醛树脂通常是黑色或综合，其他树脂通常色泽较亮；6—聚氯乙烯通过在火焰上燃烧呈绿色证实；7—聚丙烯燃烧时有热机油的气味
敲击时有金属声

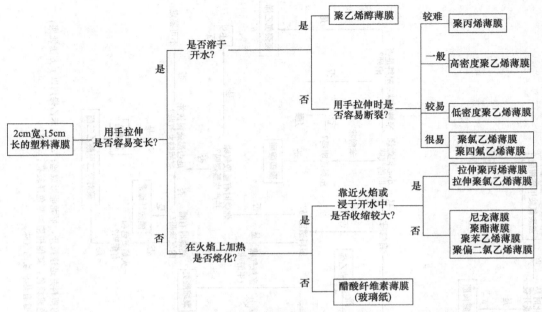

图 2-10　常见塑料薄膜的简易鉴别方法

# 项目二

## 塑料材料的选用

塑料品种繁多，已见诸报道开发成功的树脂种类达到成千上万种，实现工业化生产的树脂达几百种。这些树脂性能差别较大，有的以力学强度高著称；有的耐腐蚀性极佳；有的电绝缘性优异；有的则加工性能优异等。

对每一种塑料而言，又可分成不同类型，如 PP 可分成吹膜级、管材级、拉丝级、注塑级、吹瓶级等，在每一级别中又有很多生产商及牌号供选用。对于某一牌号塑料而言，还可以通过多种改性方法改善性能，例如，PP 加入玻璃纤维后力学强度大幅度提高，ABS 与 PC 通过共混制成"ABS/PC 合金"，一方面可提高 ABS 的耐热性和拉伸强度，另一方面可降低 PC 的熔体黏度，改善加工性能。

面对的树脂品种太多，对塑料选材而言，有令人眼花缭乱的感觉。但实际上并不是所有可工业化的树脂品种都得到了实际应用，平时最常用的树脂品种也就仅二三十种而已。因此在具体选用过程中并不是大海捞针，可选品种范围不是很广，仅是在人们常用树脂中进行选用，往往只有几个性能接近的树脂品种。

在实际选材过程中，人们往往要从塑料诸多性能的综合平衡角度来考虑（包括工艺与成本等）。有些树脂在性能上十分接近，很难区分，可以遵循的规律并不十分明显，究竟选择哪一种更为合适需要多方考虑、反复权衡，甚至需要经过多次试验才可以确定下来。

另外，某些性能数据如热变形温度、拉伸强度等尚不能完全预测其使用性，常常又缺乏准确可靠的设计公式。需特别注意的是：各种书刊文献上引用的塑料性能数据，均是在特定条件下测定的，这些条件与实际工作状态可能差异较大，引用时一定要注意与实际使用条件和使用环境是否相一致，如不一致则要将数据换算成实际使用条件下的性能参数或按实际使用条件重新测定。

例如塑料的热变形温度均是在规定载荷作用下测定的，在实际应用中，如无载荷作用，则实际耐热温度会高于文献上数值；若所受载荷高于规定载荷，则实际耐热温度会低于文献上数值。

对于一个特定的塑料制品而言，通常需要满足多方面性能要求，在具体选材时可按性能对其用途的重要性依次排列、重点关注，即要分清主要性能、相关性能和次要性能（表2-9）。这样在选用时就可分清主次，将选用过程简单化。此项目从实用出发，介绍几种常见塑料选用的方法。

表 2-9  塑料制品的主要性能、相关性能和次要性能

| 性 能 | 内 容 | 举例（硫酸瓶） |
| --- | --- | --- |
| 主要性能 | 决定制品用途的关键性能，是材料必须具备的性能 | 耐硫酸腐蚀性 |
| 相关性能 | 影响制品用途的辅助性能，是材料最好应具有的性能 | 耐压性、抗跌落冲击性 |
| 次要性能 | 与制品的使用性能关系不大的性能，可有可无，但可拓展用途 | 耐候性、透明性、阻隔性 |

## 单元一　塑料受力制品的选材

**能力目标**

能根据应用场合对塑料力学性能的要求进行选材。

**知识目标**

了解常见受力塑料制品对力学性能的要求，掌握塑料受力制品的选材原则。

对每一种受力塑料制品而言，均具有特定的使用环境及性能要求，因此在选材时要具体问题具体分析，以选出最适当的塑料品种。

### 一、普通结构塑料制品的选材

普通结构塑料制品一般在日常环境温度下使用，不需要承载很大负荷，但要求有良好的耐冲击性、硬度、尺寸稳定性及适中的拉伸强度，同时要求外观良好及材料价格适中。常见的普通结构塑料制品有电子电器外壳、容器、盖、导管、管材、管件及方向盘等。下面以电话机外壳、管材为例，介绍结构零件用塑料的选材。

1. 电话机壳体用塑料性能
(1) 考虑北方寒冷气候，耐低温冲击性应十分优异，防止碰撞或坠落后破碎。
(2) 具有较高的硬度，制品表面不易被硬物划伤。
(3) 较好成型精度和尺寸稳定性。

在常用塑料中，ABS 和 HIPS 的耐冲击性、表面光泽、着色性良好，表面容易进行电

镀或喷涂等处理，能较好地满足以上要求，最常用于壳体类制品。

2. 管材用塑料性能

（1）成本低廉，加工成型容易。

（2）耐环境应力开裂性好，尤其对于受压管材，应具有较高的冲击强度。

（3）对压力管材，要求材料的耐压强度高，如给水管材随楼层高度不同，要求的耐压强度也不同。

HDPE、PPR、HPVC、PB材料基本能满足以上要求，是管材最常用的塑料品种。

普通结构用塑料通常选用HPVC、HIPS、HDPE、PP、ABS、PMMA及热固性树脂等；有特殊要求时也可选用PA、POM及PC等工程塑料，但因其价格（一般高1倍以上）较高应尽可能少用。

## 二、齿轮类啮合传动制品用塑料的选材

齿轮类啮合传动塑料制品包括齿轮、凸轮、齿条及链条等，以往通常是采用合金钢、铸铁、铜等金属材料。通常对所选用塑料有如下性能要求。

（1）材料的力学强度高，尤其是要求具有较高的弯曲强度、拉伸强度和冲击强度，在较高的温度下仍具有良好的耐疲劳性及稳定性。

（2）尺寸稳定，成型精度高，线膨胀系数低。

（3）摩擦系数低，耐磨性优异。

齿轮类制品用塑料在强度及耐热性方面比金属材料差很多，并不适用于高载荷、高温及高尺寸精度的场合，但具有传动平稳、传动效率高、噪声低、耐冲击、易成型加工、耐腐蚀等优点，可在无润滑或少润滑的条件下运转，广泛用于中低载荷的齿轮，对于食品、纺织等需要防油污染的设备特别适用。

任何一种塑料都不可能完全满足以上要求，只能根据性能对使用的重要性酌情选取。如MC尼龙的强度、耐疲劳性和耐热性等均优于其他尼龙，适宜浇铸和加工大型齿轮；PC齿轮是典型的硬而韧聚合物，冲击强度极佳，耐蠕变性也优于PA和POM，具有很高的尺寸精度，但缺点是耐磨性不高，耐疲劳性低，无自润滑性，有应力开裂倾向，所以未增强PC仅用于低载荷的仪器仪表。

## 三、轴承等易磨损部件用塑料的选材

这类制品有轴承、导杆、带轮、摩擦轮、滑轮及轴套等易磨损件，要求所选用材料摩擦系数低，具有良好的尺寸稳定性、耐热性及耐腐蚀性等，以往常采用铜锑锡合金、铸铁、石墨等，但遇到有下述状况或要求时，更宜选用塑料。

（1）部件运行过程中润滑剂渗出会污染产品。

（2）要求无维护保养操作。

（3）要求重量轻、低噪声、电绝缘性好。

塑料轴承具有耐腐蚀性佳、摩擦系数小、耐磨性好、噪声小、自润滑性好等优点，可以在润滑条件恶劣的状态下工作，另外塑料轴承成型加工便利。

因塑料的强度不高，塑料轴承仅适合于低负荷、低运动速度状态下使用。轴承的负荷越小、轴速度越低，塑料的优越性就越明显。当要求轴承具有散热快、蠕变极小等性能时，可

考虑将塑料与其他材料组合使用。常用塑料轴承材料的性能及应用见表2-10。

## 四、密封制品用塑料的选材

密封材料一般是指在机械、仪表、管道和建筑构件等的各种结合部件，能够防止内外部介质泄漏或浸入，还能防止机械的振动、冲击或损伤，从而达到密封、隔声等作用的材料。

表2-10 常用塑料轴承材料的性能及应用

| 塑料轴承材料 | 性能及应用 |
| --- | --- |
| PTFE | PTFE是一种耐腐蚀性及耐磨损性优异、使用温度范围很宽的自润滑材料，该轴承无污染、无噪声，维修方便 |
| PF | 使用寿命长，耐磨性优良，适用于中低转速，可替代青铜及铂合金等轴承 |
| PA | 耐磨性好，摩擦系数小，易于模塑和车削，广泛应用于汽车、玩具及电动机等方面 |
| POM | 抗尘能力强，产生的噪声小 |
| PI | 具有优异的耐磨性、耐高温性、尺寸稳定性和成型加工性，以及良好的固有挠曲性和高强度，PI在所有工程塑料中拉伸强度最高，可望作为在空间使用设备的耐磨材料 |

密封制品对所用材料性能要求较高，如密封材料受环境温度、湿度影响要小，不能与密封内的介质发生化学反应。

传统的密封材料有合金钢、青铜、石墨及二硫化钼等，相比之下，塑料密封材料的优点是自润滑性好，摩擦系数低，耐磨性好，成型加工性能优异，可一次成型，而金属制品往往需要多道工序，成型加工十分复杂。

密封制品分静密封、动密封两类。静密封制品主要是用在机械接合部静止部位，如垫圈、垫片、密封条等；静密封制品要求所选用材料耐蠕变性好，压缩强度高，压缩永久变形小，尺寸稳定性、耐腐蚀性、耐热性良好。动密封制品主要是用于须运动并保持密封的机械零部件上，如活塞环、导向环等，动密封材料除须具有静密封材料的性能外，还必须有高耐磨性和低摩擦系数。

塑料密封制品有活塞环、导向环、支承环、密封环、垫圈、垫片、缓冲环等。常用的塑料密封材料有PVC、PP、PTFE等，下面分别举例介绍。

1. PTFE活塞环

PTFE在各类机械设备中广泛用做活塞环、导向环等密封制品。PTFE用于化肥工业的空气压缩机活塞环具有如下特点。

(1) 自润滑性好，不需加油，可节约一套油分离装置，成本可大大降低，同时也能提高化肥质量。

(2) 摩擦系数低，可减少能耗，改善汽缸与活塞的磨损，提高密封性，延长使用寿命。

(3) 耐介质腐蚀性优异。

(4) 缺点是导热性差、热膨胀系数大（与铸铁活塞环相比）。

常选用的密封用塑料有各种填充PTFE、PI、PA6、PVC、HDPE、PPS及UHMWPE等，其中以各种填充PTFE最为常用。例如，无油润滑压缩机用PTFE活塞环常须用青铜粉、石墨、玻璃纤维和二硫化钼改性，使其具有极低的摩擦系数、高耐磨性、尺寸稳定性等性能。

另外，作为密封材料，PTFE生料带还大量用于管螺纹连接的密封，能有效防止管道内气体或液体泄漏，是水管、煤气管等各种输送液体、气体管道中螺纹连接件的最理想密封材料。

### 2. PP 密封条

PP 密封条质轻、耐腐蚀性好、强度高、电绝缘性优异,并且耐磨、耐振动。用聚异丁烯改性可提高其耐寒性,用玻璃纤维增强改性后可大幅度提高 PP 密封条的耐热性及尺寸稳定性。PP 密封条是塑料密封条中应用较多的品种之一,目前尚无国家标准及部颁标准,一般执行的是企业标准。

### 3. PVC 封胶条

塑料门框是电冰箱不可缺少的重要组成部件,它由塑料门封胶条及门封磁条组成,可起到密封、隔热和缓冲作用。封胶条材质的优劣直接影响到电冰箱的性能指标(如耗电量、冷冻效果等)。PVC 封胶条耐腐蚀性、密封效果、可加工性优良,尽管其弹性不如橡胶,但仍是电冰箱封胶条的首选。

在密封材料具体选用时,下述情况宜选用塑料:对耐磨性、耐腐蚀性均要求高时,电绝缘性要求高,不宜使用润滑油,要求机械工作运行噪声低,也要求机器重量轻。下述情况不宜选用塑料:工作运行温度高,运行时发热量大,持续高速运行,负荷很高。

## 五、塑料受力制品的选材

### (一)塑料受力制品的分类

塑料受力制品是指在其应用过程中会承受到较大负荷作用的一类产品,这类制品往往作为结构零部件与其他零部件之间有确定的尺寸配合,因此常被称为结构类制品。塑料受力制品的分类及应用见表 2-11。

表 2-11 塑料受力制品的分类及应用

| 塑料受力制品的分类 | | 受力性能特点 | 应 用 |
|---|---|---|---|
| 按所受载荷的大小分类 | 中低载荷类 | 载荷不高 | 支架、手柄、手轮、管件及各类紧固件等 |
| | 高载荷类 | 载荷较高 | 传动结构零件和密封材料均属此类,如齿轮、凸轮、轴承及滑轮等 |
| 按所受载荷的性质分类 | 固定载荷类 | 载荷恒定不变 | 轴承、支撑架、支撑环及耐压管道等 |
| | 间歇载荷类 | 载荷周期性变化 | 齿轮、轮胎、涡轮及活塞环等 |

### (二)塑料受力制品选材的一般原则

塑料受力制品对材料的性能要求较高,通常要从工程塑料中选取,必要时还须对其进行增强改性,在具体选用时要考虑如下两个因素。

#### 1. 塑料受力制品需要的相关性能

实际应用表明,在很多场合纯树脂制品性能达不到要求,如果塑料不进行增强改性而单纯作为结构部件,其应用范围是十分有限的。用填料(尤其是玻璃纤维)增强塑料是提高其力学性能,特别是高温力学性能的有效方法,如 PA 经 30% 玻璃纤维增强后,蠕变值降低为原来的 1/4,吸湿度与成型收缩率明显下降;PC 玻璃纤维增强后,其耐疲劳性提高 5~7 倍;聚酯增强后可使其成为高性能的工程塑料,其强度、尺寸稳定性及热变形温度得到很大提高。常见塑料受力制品的相关性能及应用特点见表 2-12。

同时对有些受力制品还需要考虑材料的耐热性、耐磨性、线膨胀系数、自润滑性及成型加工性能等。

表 2-12　塑料受力制品的相关性能

| 相关性能 | 应用特点 |
| --- | --- |
| 拉伸强度、弯曲强度及模量 | 拉伸强度、弯曲强度及模量优异的塑料品种有 POM、PA、PC、PPO、PSF 及 PI 等,以及相应的玻璃纤维增强材料和 PET、PBT、PP 等的玻璃纤维增强材料 |
| 冲击强度 | 以 PC 为最好,POM、PPO、PSF 等次之,PP、HPVC、PA6、PA66、氯化聚醚等品种的低温脆性大 |
| 耐蠕变性 | 热固性塑料优于热塑性塑料。PC、PPO、PSF、PI 较好;ABS、PA、HPVC 不好,玻璃纤维增强后明显提高;纯 PC、PPO、PSF 不好,但玻璃纤维增强后大幅度增高,接近 POM |
| 耐疲劳性 | POM＞PBT、PET＞PA66＞PA6＞PP |
| 尺寸稳定性 | PC、PPO、PSF、PI、PPS 好,可用于三级以上精度的塑料制品;而 PA、POM 以及高结晶塑料的尺寸稳定性都不高,只适用于五级以下精度的塑料制品选用 |

2. 塑料受力制品的应用环境

塑料受力制品的应用环境不同,对材料的性能要求也有所差异,对选材有重大影响。因此在具体选材过程中,要了解塑料制品的应用场合,如塑料制品承受的负荷大小、负荷性质、使用环境等。

(1) 负荷的大小　塑料制品所承受负荷大小不一样,相应所选材料的性能要求也有所差异。如基本不受力或只受轻微负荷的塑料制品（如方向盘,仪器仪表的底座、盖板、外壳、支架等）在 ABS、PVC、PP、HIPS 等中选取即可；对于高负荷塑料制品,则要选用工程塑料或增强工程塑料,如 PA、POM、PC,或玻璃纤维增强 PP、PA、PPS 等。

(2) 负荷的性质　负荷性质分恒定性、运动摩擦性等。

负荷恒定性是指所受负荷是恒定的还是间歇的。恒定负荷是指塑料制品受固定不变力作用,如轴承、支架、耐压管道等,这类塑料制品往往对材料的蠕变值大小特别关注。因为蠕变是在整个使用过程中连续发生的,当蠕变大到一定程度,就会造成材料破坏而终止其使用。间歇负荷是指塑料制品受周期性负荷作用,这类制品材料往往要求具有优异的冲击强度和耐疲劳性。如塑料齿轮最常见的破坏形式是齿根弯曲疲劳损坏,几乎不会发现齿面的剥蚀损坏,因此塑料齿轮大多根据弯曲疲劳强度进行强度设计。

负荷运动摩擦性是指负荷对塑料制品是否有滑动或滚动接触摩擦力作用。如塑料支架不受摩擦力作用,塑料滑轮受滚动接触摩擦负荷作用,塑料刹车块受滑动接触摩擦负荷作用,因此摩擦受力制品选材首先要求耐磨性好及摩擦系数低。

(3) 使用环境　塑料受力制品的使用环境主要是指环境温度、环境湿度及接触介质。

环境温度对塑料的力学性能影响很大,绝大多数的热塑性塑料的拉伸强度、弯曲强度等随环境温度的升高而下降,而其冲击强度大多有所提高。如温度从 $-34℃$ 升高到 $27℃$,PMMA 的疲劳寿命下降 $58\%$；含 $30\%$ 玻璃纤维的聚酰亚胺在 $23℃$ 拉伸强度为 $91MPa$,$93℃$ 时拉伸强度为 $43MPa$,$149℃$ 时拉伸强度为 $34MPa$。所以在使用环境温度较高时,一定要选用高温下仍保持较高强度的塑料制品。

环境湿度对大部分塑料的性能影响不大,但对吸湿性较大的塑料品种,如 PA 类等塑料制品则有较大影响,吸湿后会使制品的力学强度及尺寸稳定性下降,所以此类塑料用于潮湿环境要慎重,需反复试验。

塑料制品与大气、水、化学品、食品等介质接触,其力学性能可能会发生一定变化。如与化学物质接触有可能会受到腐蚀,导致强度下降；PPS 是一种优良的耐高温腐蚀材料,但易受到氧化性酸作用脆化,或者被氯苯诱发应力开裂,PP 编织袋夏天放在户外曝晒十几天就会发脆,一拉就坏。

## 单元二　根据塑料的热性能选材

**能力目标**

能根据应用场合对热性能的要求进行选材。

**知识目标**

了解塑料制品对热性能的一般要求，理解塑料导热、隔热机理，掌握根据塑料热性能选材的一般规律。

塑料热性能主要分为三个方面，即耐热性、导热性、隔热（保温）性，与此相对应的制品选用也可分为耐热制品、导热制品、隔热制品三类。

### 一、耐热类塑料的选材

与金属、陶瓷、玻璃等传统材料相比，塑料耐热性较差，这一缺陷极大地限制了其在高温场合的应用。

在塑料制品中，不同塑料品种的耐热性差异很大，如LDPE连续工作温度须在60℃以下，而PC连续工作温度可达120℃，因此塑料选材时，其耐热性优劣是必须要考虑的一个重要因素。

评价塑料制品耐热性好坏的指标有马丁耐热温度、维卡软化点、热变形温度、玻璃化转变温度、熔点等，其中以热变形温度最为常用。三种主要耐热性指标关系大致如下：维卡软化点＞热变形温度＞马丁耐热温度。

应注意的是同一种塑料上述耐热性参数并不一致，原因是影响塑料耐热性的因素很多，上述耐热性指标均是在特定负荷、状态下测得的数据，负载不同塑料的耐热性相差很大，并不能完全代表该材料在具体应用场合的使用温度。

依据热变形温度数值的大小，可将塑料的耐热性分成四种类型（表2-13），在实际选材过程中，应选取具有相应耐热温度的塑料品种。

表 2-13　部分塑料品种的耐热性

| 耐热类型 | 塑料品种 | 热变形温度/℃ | 塑料品种 | 热变形温度/℃ |
|---|---|---|---|---|
| 低耐热类塑料 ＜100℃ | LDPE | 48 | PET | 98 |
|  | HDPE | 85 | ABS | 93 |
| 中耐热类塑料 100～200℃ | PP | 115 | PPO | 179 |
|  | PC | 135 |  |  |
| 高耐热类塑料 200～300℃ | PPS | 240 | 氯化聚醚 | 210 |
|  | PEEK | 230 | PTFE | 260 |
| 超高耐热类塑料 ＞300℃ | PBI | 435 | 聚苯酯 | 310 |
|  | PBP | 450 | LCP | 315 |

### 二、导热类塑料的选材

绝大多数金属材料的热导率高，导热性优异，常用于散热器、热交换材料、余热回收、刹车片等场合。但金属材料耐腐蚀性一般，有些场合使用需经特殊处理，例如化工生产及废水处理中的热交换器、导热管及蓄电池冷却器等。

与金属材料相比，塑料的耐腐蚀性、可加工性及其他综合性能优异，但导热性不佳，如 ABS 热导率仅为 $0.16\sim0.29W/(m\cdot K)$。塑料的低导热特性限制了其应用范围，如不适用于各类摩擦起热或需要及时散热的场合。不过将塑料与高导热性材料复合，可提高塑料的导热性，使之适用于导热场合，表 2-14 列举了部分导热材料/树脂复合材料的热导率。

表 2-14 部分导热材料/树脂复合材料的热导率

| 材料 | 热导率/[W/(m·K)] | 复合材料 | 热导率/[W/(m·K)] |
| --- | --- | --- | --- |
| HDPE | 0.44 | HDPE 中加入 25%体积分数铁粉 | 1.4 |
| PP | 0.24 | PP 中加入 30%体积分数(粒径为 0.05mm)铝粉 | 3.58 |
| LDPE | 0.35 | LDPE 中加入 25%体积分数石墨 | 2.0 |
| CPVC | 0.16 | CPVC 中加入 50%体积分数石墨 | 3.2 |

导热性塑料复合材料可用于中央空调系统、太阳能热水器、化工腐蚀介质的传热材料、仪器仪表、垫片、电子器件、发电机罩及灯罩等场合。

### 三、隔热（保温）类塑料的选材

利用隔热材料防止热量扩散，可以减少设备热量损失，降低能耗，是提高能源利用率的重要途径。

普通塑料的热导率虽比金属等导热材料小得多，但比空气还是高得多。硬质闭孔泡沫塑料制品隔热性就很好，如聚氨酯硬质泡沫塑料及聚苯乙烯泡沫塑料的热导率仅为 $0.02\sim0.03W/(m\cdot K)$，其热导率与静止空气接近，大大提高了塑料的隔热性，因而能作为隔热材料广泛应用于保温保冷装置上。但泡沫塑料制品的强度较低，不宜用于结构材料，限制了其应用范围。表 2-15 列出了常见泡沫塑料的性能特点及应用场合。

表 2-15 常见泡沫塑料的性能特点及应用场合

| 保温材料 | 性能特点 | 应用场合 |
| --- | --- | --- |
| PVC、PS 泡沫 | 常温下使用多，最高使用温度不宜超过 70℃ | 平板太阳能热水器，普通冷设备如冷库、空调房间的隔热 |
| 聚氨酯、酚醛和脲醛等硬质泡沫 | 能在较高温度(一般不超过 100℃)下使用 | 平板集热器、地热水管、工厂中的热水储存与输送设备、低压蒸汽烘房等 |
| 聚氨酯泡沫 | 可现场喷射发泡，黏附性好 | 大型油罐、冷库 |
| 脲醛泡沫 | 可现场发泡，燃烧性、热含量和发烟量很小 | 建筑物隔热 |

### 四、耐热类塑料的选材原则

在具体选用时应考虑下述两个方面。

1. 耐热温度的高低

（1）能够满足耐热性要求　对塑料耐热温度要求过高，将会导致制品成本的提高，造成不必要的浪费。

（2）能通过对通用塑料进行耐热改性达到目的　耐热类塑料大都属于特种工程塑料，价格昂贵，而通用塑料的价格相对要便宜许多，通用塑料经过填充、增强、共混、交联改性后其耐热性可大幅度提高。不同树脂品种的耐热改性幅度不同,以加入玻璃纤维为例,结晶类塑料的耐热温度增幅就大,可作为首选材料。表 2-16 给出了一些耐热改性实例。

表 2-16　常用耐热改性方法举例

| 耐热改性方法 | 举例 | 耐热温度的变化 |
| --- | --- | --- |
| 填充法 | PP(55%)/滑石粉(45%) | 由 102℃提高到 125℃ |
| 玻璃纤维增强法 | HDPE(70%)/玻璃纤维(30%) | 由 80℃提高到 127℃ |
| 共混法 | ABS(70%)/PC(30%) | 由 90℃提高到 123℃ |
| 交联法 | HDPE 交联 | 由 80℃提高到 90~110℃ |

**2. 受热环境因素**

(1) 短期受热或长期受热　塑料的受热状态可分为短期受热和长期受热两种,通常塑料的短期耐热温度高于长期耐热温度;如 POM 的长期使用温度不超过 100℃,若受力较小的情况下,短期使用温度可达 140℃。

(2) 环境湿度　对于易吸湿性塑料,在不同空气湿度条件下的耐热性不同。如 PMMA 在干燥条件下的耐热性高,而在湿度大的状态下耐热性则低。因此,在高温、潮湿的环境中,应尽量避免选用吸湿性塑料,即分子结构中含有酰氨基、酯基及醚基等的高聚物,如 PMMA、PA 及 PVA 等,以免高温降解。

(3) 接触介质　对于与化学物质接触的塑料制品应考虑其耐腐蚀性,随着温度升高,化学物质腐蚀性逐渐增强,对塑料耐热腐蚀性的要求也随之提高。例如,对 30% 的氨水在 20℃时 PMMA 是稳定的,但在 60℃时即使 10% 的氨水 PMMA 也会受到侵蚀。因此,在与腐蚀性介质接触的高温环境中,不仅要考虑材料的耐热性,还要考虑其耐腐蚀性的优劣。

(4) 有氧耐热或无氧耐热　塑料耐热老化性在真空无氧状态下通常比有氧存在条件下好得多,在表 2-13 中列出的塑料耐热温度均为有氧耐热性,若在真空状态下,塑料热变形温度可大幅度升高。例如,HDPE 的长期使用温度在 100℃左右,经辐射交联后使用温度可提高到 135℃(在无氧条件下可高达 200~300℃)。

(5) 负荷大小　塑料制品的耐热温度与其负荷大小密切相关。制品受热时的,无负荷或低负荷时耐热性高,高负荷时耐热性低。表 2-17 中所给的热变形温度都是在规定负荷作用下测定的。测试时分两种负荷,即 0.45MPa、1.81MPa,因此对热变形温度数值一般要注明为何种负荷。不标注负荷时,一般均为大负荷。

在具体应用时若无负荷作用,则实际耐热温度高于表 2-13 中的耐热温度数值;若环境所受负荷大于规定负荷,则实际耐热温度低于表 2-13 的耐热温度数值。常见塑料的热性能指标见表 2-17。

表 2-17　常见塑料的热性能指标

| 项目 | LDPE | HDPE | PP | PVC | PS | PMMA | PA6 |
| --- | --- | --- | --- | --- | --- | --- | --- |
| 线膨胀系数/$10^{-5}K^{-1}$ | 13~20 | 11~13 | 6~10 | 5~18 | 6~8 | 4.5 | 6 |
| 比热容/[kJ/(kg·K)] | 1.90 | 2.31 | 1.93 | 1.05 | 1.20 | 1.39 | 1.60 |
| 热导率/[W/(m·K)] | 0.35 | 0.44 | 0.24 | 0.16 | 0.16 | 0.19 | 0.31 |
| 热变形温度/℃ | 48 | 85 | 115 | 67~82 | 85 | 100 | 70 |
| 维卡软化点/℃ | 95 | 120 | 150 | | 105 | 120 | 180 |
| 马丁耐热温度/℃ | | | | 65 | 70 | 68 | 48 |

续表

| 项目 | PA66 | PET | PTFE | POM | PC | PPO | EP |
|---|---|---|---|---|---|---|---|
| 线膨胀系数/$10^{-5}K^{-1}$ | 9 | 6 | 10 | 10 | 6 | 5.2~6.6 | 6 |
| 比热容/[kJ/(kg·K)] | 1.70 | 1.01 | 1.05 | 1.47 | 1.22 | | 1.05 |
| 热导率/[W/(m·K)] | 0.25 | 0.14 | 0.27 | 0.23 | 0.19 | 0.19 | 0.17 |
| 热变形温度/℃ | 71 | 98 | 120 | 98 | 132~138 | 175~193 | |
| 维卡软化点/℃ | 217 | | 190 | 141 | 150~162 | 217 | |
| 马丁耐热温度/℃ | 50 | 80 | | 55 | 116~129 | 120~140 | |

另外，在有负荷耐热状态时，不仅要考虑提高塑料耐热性，还可考虑提高塑料散热性，从而降低塑料升温幅度。添加高导热材料提高塑料热导率，是改善塑料散热效果的有效方法。

### 五、塑料材料的导热机理

导热类塑料是指具有较高热导率的一类塑料制品，一般其热导率大于1W/(m·K)，这类制品材料中通常添加了其他导热填充材料。

在塑料中添加不同类型导热材料，其导热机理是不一样的。填充材料自身的导热性和在基础树脂中的分散情况，决定了复合材料的导热性。根据填充材料的类型，复合材料的导热机理可分为如下两类。

1. 金属填充材料

靠电子运动进行导热，因此金属填充复合塑料导热材料的热导率随温度升高而降低。常用填充材料为铝、铜、锡、铁等金属的粉末和纤维，其中以铝和铜类应用最多。

2. 非金属填充材料

非金属的热扩散速率主要取决于邻近原子的振动及结合基团。在强共价键结合的材料中，利用有序的晶体晶格传热是很有效的，尤其在较低的温度下，材料具有较大的热导率，但随着温度升高，晶格热运动呈现抗热流性增加和热导率降低。因此无定形聚合物呈现较低的热导率，结晶聚合物的热导率则相对高一些。

常用填充材料为氧化物、氮化物、碳纤维、石墨、炭黑、陶瓷、硫酸钡及硫化铅等，其中以碳纤维、石墨及炭黑应用最多。表2-18列出了常用填充导热材料的热导率。

表2-18 常用填充导热材料的热导率

| 材料名称 | 热导率/[W/(m·K)] | 材料名称 | 热导率/[W/(m·K)] | 材料名称 | 热导率/[W/(m·K)] |
|---|---|---|---|---|---|
| HDPE | 0.44 | POM | 0.23 | 软木 | 0.04~0.05 |
| PTFE | 0.27 | PMMA | 0.19 | 硬木 | 0.1~0.2 |
| LDPE | 0.35 | PP | 0.24 | 碳纤维 | 1000~1300 |
| PA6 | 0.31 | PS | 0.16 | 玻璃纤维 | 5 |
| PA66 | 0.25 | PET | 0.14 | 铜 | 300~500 |
| PU | 0.31 | 泡沫塑料 | 0.03~0.05 | 石墨 | 200~300 |
| EP | 0.17 | 陶瓷 | 9~10 | 铁 | 100~150 |

## 六、隔热（保温）类塑料的选材原则

目前使用较多的隔热材料分有机物和无机物两类。前者主要有天然纤维素材料、泡沫塑料、铝箔塑料膜复合材料、空心合成纤维以及塑料夹层结构等。有机保温材料中，应用最多、最广泛的泡沫塑料，具有高保温性及易成型施工性，价格便宜。泡沫塑料是一种典型轻质材料，如PS、硬质聚氨酯泡沫塑料。近年开始应用的硬质聚异氰尿酸酯泡沫塑料生产耗能少，它的各项性能都与聚氨酯相近，但耐热性大为提高，长期耐热温度达180℃。

隔热材料选用时必须考虑影响材料隔热效果的各种因素，以取得最佳的隔热节能效果，重点考虑因素有如下几个方面。

### 1. 泡沫塑料的泡孔结构

闭孔泡沫塑料制品在发泡过程中泡孔壁保持较为完整，绝热性优异，是一种优质的绝热保温材料，如低密度聚氨酯具有极低的热导率。软质开孔泡沫体的泡孔结构绝大多数是互相联通，因此一般不作隔热材料，只应用于软垫服饰、过滤、包装和消声等方面。

### 2. 材料的使用温度

选用隔热材料时不仅要考虑保温性，还应注意材料的可使用温度。对于有机泡沫材料尤其如此，因为它们对温度敏感性较强，可使用温度不高，例如，聚苯乙烯泡沫塑料的最高使用温度在80℃左右，聚氨酯和脲醛为95～100℃，聚异氰尿酸酯为180℃，聚氯乙烯则只有60～70℃。若超过最高使用温度，塑料可能会软化，或出现强烈的热老化。因此，聚氯乙烯和聚苯乙烯泡沫塑料只能用于常温装置，如平板太阳能热水器，普通冷设备如冰箱、冷库和空调房间等的隔热保温。使用温度稍高于机器设备，诸如带选择性涂层的平板集热器、地热水管、工厂中的热水储存与输送设备、低压蒸汽烘房等最好选用聚氨酯和酚醛等硬质泡沫塑料。

### 3. 待保温物体的大小

若需要保温保冷的装置面积较大，通常是选用聚氨酯等泡沫塑料，因为它有可现场喷射发泡施工的工艺特点，而且它与木材、打底后的金属等表面有很好的黏附性，可广泛应用于大型油罐、冷库及其他储槽。大型的罐、塔和储槽一般均在户外，泡沫塑料外层必须加涂耐候层和各种耐老化的涂料。实践应用表明，这类泡沫塑料的材质不能过硬，否则可能会因缺乏补偿容器膨胀收缩能力而导致开裂。

### 4. 材料成本

隔热材料通常用于节能或能源利用等场合，除了对其性能有一定要求之外，还需要考虑经济性。从隔热性和节能角度讲，往往要求材料的热导率越低越好，隔热层厚度越厚越好。但隔热性越好，材料价格越高；隔热层越厚，成本也越高。反过来，若材料隔热性差或隔热层厚度很薄，则会达不到预期的隔热保温效果，造成更大的能源浪费及经济损失。因此选材及隔热层厚度存在着一个最经济的问题。当一种材料确定之后，能满足隔热保温要求的最低隔热层厚度称为经济厚度。泡沫塑料隔热层的经济厚度大多在25～30mm之间。此外，隔热材料的安全性、原料来源和结构设计等因素有时也是考虑的重要因素，应适当兼顾。

除泡沫塑料外，在树脂中添加低导热性材料可适当降低其导热性，但幅度远远小于泡沫塑料。常用的隔热填充材料的热导率见表2-19。

表 2-19　常用的隔热填充材料的热导率

| 隔热填充材料 | 热导率/[W/(m·K)] | 泡沫塑料 | 热导率/[W/(m·K)] |
|---|---|---|---|
| 岩棉 | 0.030～0.041 | 聚氯乙烯 | 0.036 |
| 中空玻璃微珠 | 0.070～0.120 | 聚苯乙烯 | 0.036 |
| 泡沫石棉 | 0.041～0.050 | 脲醛 | 0.036 |
| 软木粉 | 0.040～0.050 | 聚氨酯 | 0.018～0.052 |
| 硅藻土 | 0.099 | 酚醛 | 0.039 |

## 单元三　透明类塑料的选材

**能力目标**

能根据应用场合对光学性能的要求进行选材。

**知识目标**

了解塑料制品的光学性能,理解光学塑料的透明机理,掌握根据塑料光学性能选材的一般规律。

### 一、根据塑料制品的用途选用

1. 农用塑料薄膜

农用塑料薄膜主要用于农作物的地面覆盖和蔬菜大棚扣膜,近年来也广泛用于人参等农副业生产、家庭饲养业,其作用是保温、保水、保肥,具有透光性好、成本低、储存运输便利等特点,能促进农作物生长发育、缩短农作物生长期、早产增产。

农用薄膜分类方法很多,按农膜用途和用法可分为地膜、普通塑料棚用薄膜、大棚膜、防风用膜、农产品包装膜等,其中棚膜厚度为 0.06～0.15mm,地膜厚度为 0.015～0.02mm;按所选用树脂品种可分为 PVC 薄膜、PE 薄膜、EVA 薄膜、聚酯薄膜等,其中以 PVC 薄膜、PE 薄膜最为常用。

(1) PVC 农用薄膜　PVC 农用薄膜的主要优缺点是:①透明性、保温性好,有利于节能;②力学强度高,有弹性,易于热焊缝合,小块可以焊成大块薄膜;③薄膜内含有增塑剂,易于渗出到薄膜表面,使用时间越长,透光性越差,还易使薄膜发生粘连现象;④密度比 PE 高,覆盖相同土地面积,需要比 LDPE 更多重量的材料,因而经济性不如 LDPE 薄膜。

(2) PE 农用薄膜　PE 农用薄膜所用材料主要是 LDPE、LLDPE,LDPE 膜比 LLDPE 膜透明性好,LLDPE 膜的力学性能比 LDPE 膜高,因此通常是将这两种材料混合使用,以达到最佳的透明性与强度的组合。

与 PVC 薄膜相比,PE 膜无增塑剂渗出问题,不易黏附灰尘;废旧 PE 膜燃烧时不会放出有毒气体。PE 膜的透明度与 PVC 膜差不多,其缺点是保温性差,能透过红外线。

综上所述,PVC 薄膜保温性、强度高(与 LDPE 膜相比),因此在北方寒冷地区,覆盖温室材料中以 PVC 居多;南方覆盖温室材料中使用 PE 更多。

## 2. 透明日用类塑料制品

透明日用类塑料制品往往要求所用材料具有透明性好、成本低、强度高、成型加工容易等特点，其品种主要有如下几类。

(1) 透明膜类　包装用膜的种类很多，可分为轻包装膜、重包装膜和功能包装膜三类。轻包装膜用于轻包装物的包装，常用材料为 LDPE、LLDPE 及 PP 等；重包装膜用于重包装物的包装，常用材料为 HDPE、LLDPE、mPE、PVC 及 PP 等；功能包装膜用于对包装物有特殊要求的包装（表 2-20）。

表 2-20　透明塑料薄膜材料的选用

| 类型 | 性能及要求 | 应用领域 | 常用材料 |
|---|---|---|---|
| 热收缩膜 | 此膜使用时，受热产生较大的收缩，将物品牢固束缚，达到包装的目的 | 可用于单件、整件物品的包装，如食品、电器等 | PVC、LDPE |
| 缠绕膜 | 利用薄膜自身回缩性和自黏性，使膜紧贴物品而牢固包装 | 家电、青贮饲料、水果、蔬菜等多个物品集合包装 | mPE、LDPE、EVA、PVC |
| 气垫膜 | 多层复合膜，膜层间有气泡，是优良的缓冲包装和隔声包装材料 | 仪器仪表、灯具、工艺品、陶瓷制品、玻璃制品等 | LDPE |
| 保鲜膜 | 薄膜中含有特殊助剂，可使包装的食品不迅速过熟和腐烂，保存期长 | 水果、蔬菜、熟食食品 | LDPE、PVC、PVDC |
| 阻隔膜 | 对气体、液体具有低透过性的一类薄膜，可延长食品保鲜期 | 用于真空保鲜包装，如牛奶、碳酸饮料及啤酒包装等 | PVDC、EVOH、LDPE |

(2) 透明片、板材类　塑料片材与塑料薄膜的区别，主要在于厚度和刚挺度方面，而塑料板材与片材的主要区别在于厚度。薄膜厚度一般小于 0.25mm；塑料软片制品厚度为 0.25～2mm，硬片制品厚度为 0.07～0.5mm，塑料片材主要用于二次加工材料；塑料硬质板材的厚度大于 0.5mm，而软质板材的厚度大于 2mm，塑料板材的用途比塑料片材多，除少部分用于吸塑基材外，大部分直接使用，这一点不同于塑料片材。表 2-21 列出了常见塑料透明片、板材的性能特点及应用。

表 2-21　常见塑料透明片、板材的性能特点及应用

| 品　种 | 性能特点 | 应用 |
|---|---|---|
| PP 片材 | 透明性好，耐温性高，价格低；但其热成型性不好 | 一次性杯子 |
| PET 片材 | 透明性好，阻隔性高，卫生性好，力学性能优，热成型性好，表面装饰性佳，表面光洁度高 | 工艺品泡罩等包装，食品杯等容器，照相胶片、磁盘等基材 |
| PVC 片材 | 优点是透明度、表面光泽、力学性能、阻隔性、二次加工性好，软硬度可调，成本低廉；缺点是使用温度低，制品易产生晶点 | 工艺品泡罩等包装，药品片剂、胶囊剂的铝塑泡罩包装 |
| PVC 硬板 | 具有厚度精度高的优点，但因冷却效果差等原因，板材厚度不宜超过 15mm | 化工防腐材料、包装材料、设备视窗、装潢材料等 |
| PMMA 板材 | 透明性极佳，具有良好的硬度、电绝缘性、力学性能、黏合性和二次加工性 | 交通工具的窗玻璃、光学材料、工艺品和广告材料 |
| PC 板材 | 具有很高的透明性和抗冲击性，习惯上又称为阳光板 | 大型灯罩、探照灯罩等，广告橱窗，汽车、飞机的窗玻璃等 |

(3) 透明瓶类　塑料瓶同传统的玻璃瓶相比，有便于携带、不易破损、重量轻、生产所需能耗低、节省能量等特点，可以采用各种树脂和配方来满足广泛的包装要求。表 2-22 列出了常见塑料瓶的性能特点及应用。

表 2-22　常见塑料瓶的性能特点及应用

| 品　种 | 性能特点 | 应　用 |
|---|---|---|
| PVC 瓶 | 透明,高强度,耐腐蚀,易印刷和黏合,对气体阻隔性优良 | 食用醋、食用油、矿泉水、碳酸类饮料、洗发香波、防晒液、护肤膏、家用清洁剂等包装 |
| PET 瓶 | 强度大,透明性好,无毒,防渗透,重量轻,生产效率高,成本低 | 饮料、食用油、调味品、桶装白酒、农药、医药、啤酒、化妆品、洗涤剂等包装 |
| PP 瓶 | 透明,耐温性好,卫生性、口感保持出色,价格比 PET 等便宜 | 哺乳瓶、洗染剂、化妆品、药品、饮料等包装 |
| PC 瓶 | 透明度高,光洁度好,表面硬度高,价格高 | 奶瓶、医用瓶、周转型纯水瓶 |

**3. 光学类塑料**

光学仪器类主要指各类镜体材料,它包括眼镜、透镜、反射镜及棱镜等,具体又可分为硬质镜体和软质镜体(隐形眼镜)两类。

光学塑料虽然在很多光学性能上不如光学玻璃,但它具有质轻、不易破碎、价格便宜、易加工成型等优点,因而在许多应用领域逐步替代光学玻璃或光学晶体,归纳如下。

(1) 在光学仪器中的应用　在光学仪器中应用的塑料主要有 PC、PMMA、CR-39 等,应用于放大镜、测距仪、望远镜、照相机等,制作具有透射、反射、折射等功能的光学元件,如透镜及棱镜等。

(2) 镜片材料　光学塑料由于具有质轻、安全性高(不易破碎)的特点,目前已成为主要镜片材料。眼镜片可分为视力矫正镜片和保护性镜片两类。

视力矫正镜片包括近视镜片、远视镜片、老花镜片及散光镜片等,主要采用 PMMA、PC、CR-39、HEMA 等。其中以 CR-39 为主,HEMA 是目前隐形眼镜较理想的材料,现在国内大都使用这种材料。

保护性镜片包括风镜、太阳镜等,主要采用 PC、CR-39。

**4. 视窗塑料玻璃**

目前透明塑料可在很多场合替代传统玻璃,具有透光率高、表面硬度大、不易破碎、二次成型加工容易等优点。

塑料视窗主要包括飞机、车辆和船舶上的视窗塑料玻璃,要求透明性、耐冲击性及耐候性优异,目前最常用塑料为 PMMA 和 PC 两种。PMMA 为传统的视窗塑料玻璃材料;而 PC 则是新型材料,与其他光学塑料相比,具有突出的耐冲击性、耐热耐寒性等优点,PC 的缺点是易应力开裂,因此不宜采用机械加工,一般均是用注射成型方法制作。

**5. 透光壳体及照明灯罩**

塑料透光壳体及照明灯罩是均匀薄壁的组合壳体,主要采用注射成型方式加工,即使在强光及热源的长期作用下,透光性也能保持稳定。常用的塑料有 PS、AS、PC、PMMA 等。

## 二、根据塑料材料的透光率选用

用做光学(透明)塑料的透光率一般要求 80% 以上,按材料的透光率大小,可将材料分为透明材料、半透明材料、不透明材料三类,见表 2-23。

表 2-23 常用透明塑料的分类

| 分 类 | 透 明 材 料 | 半透明材料 | 不透明材料 |
|---|---|---|---|
| 透光率 | >80% | <80% | <50% |
| 品种 | PMMA、PC、PS、PET、PETG、透明 ABS、透明 PP、透明 PA、JD 系列、CR-39、TPX、PVDC 及 EVA 等。最常用的为 PC、PMMA、PS、PET、AS、透明 ABS、透明 PP 等 | PP、PE、PA | PPO、POM 等 |

## 三、塑料光学特性

塑料光学特性主要是指光的传递特性及转换特性，前者包括光的反射、折射、透过等，后者包括光的吸收、光热、光化、光电、光致变色和光显示等，最重要、最具实用价值的就是其透过性，包括太阳辐射的透过性。利用塑料对光的透过性，可制成品种繁多的光学塑料制品，如安全玻璃、光学仪器装置的透镜和棱镜、太阳能利用装置的透明盖顶、透明保护膜、温室大棚、塑料光纤光缆等。因此，透明类塑料在农作物栽培、太阳能利用、光学仪器制造和建筑等国民经济的许多领域发挥着重要作用。

塑料的透明性不如玻璃稳定，与成型加工、使用条件等因素有很大关系，如塑料在加工、储存和使用过程中由于老化而变色、龟裂和起毛等导致透明性下降；PE、PP 和 PET 等的透明性与成型加工中的冷却速率有很大的关系，冷却速率越大，透明性越佳。另外，塑料制品的透光率还受材料表面质量、厚度及折射率的影响。

光传递特性指标主要有透光率、雾度、折射率、双折射及色散等，其中透光率和雾度主要表征材料的透光性，折射率、双折射及色散主要用来表征材料的透光质量。因此透明性好的材料通常要求上述性能指标优异且均衡。

**1. 透光率**

透光率是透过试样的光通量和射到试样上的光通量之比，用百分数表示。

透光率是表征塑料透明性的一个重要性能指标。塑料的透光率取决于材料内部的均匀性，从原理上说，材料内部分子的排列方式不干扰进入物体以后的光线在各部分通过速度时，材料透光率就会很高，其制品才是高度透明的。

无定形均聚物透明性通常很好，而结晶聚合物往往不透明，只有当球晶直径小于光波长度，或结晶区的密度与无定形区的密度相差无几时，才能具有良好的透明性。

没有一种透明材料的透光率能达到 100%，塑料中透明性最好的有机玻璃（PMMA）的透光率也仅达到 92%。塑料透光率的影响因素有下面几个方面。

(1) 光的反射  光的反射情况很大程度上取决于光的入射角，但也与材料的微观结构及材料表面性质有关，而材料的表面性质主要是由加工状况所决定的，光在物质界面的反射如图 2-11 所示。

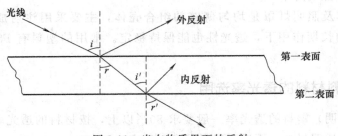

图 2-11 光在物质界面的反射

(2) 光的吸收　入射到塑料上既没有透过也没有反射部分的光的通量即为光的吸收。高透明塑料的光吸收很小；透明度越差，光吸收则越多；当光线射到完全无光泽的深黑色表面时，绝大部分被吸收，几乎没有反射。光线吸收的大小取决于聚合物本身的结构。

(3) 光的散射　当一束光照射在某一介质上时，能在入射光方向以外的各个方向上观察到光强，这种现象称为光的散射。造成光散射的原因有：制品表面粗糙不平；制品内部结构不均匀，如分子量分布不均匀、无序相与结晶相共存等。

结晶对聚合物的光散射有较大影响，只有当结晶直径小于光波长度，或结晶区的密度与无定形区的密度相差无几时，才能像非晶聚合物那样不引起散射，提高透明度。例如，对结晶聚合物 PP 熔体快速冷却，可得到低结晶度、晶体颗粒细的高度透明 PP 薄膜；另外，通过双向拉伸技术制造 BOPP 薄膜，可使其结晶颗粒变细，透明度迅速提高。

2. 雾度

雾度为透过试样而偏离入射光方向的散射光通量与透射光通量之比，可用百分数表示（一般仅把偏离入射光方向 2.5°以上的散射光通量用于计算雾度）。

雾度是用来衡量塑料内部（或表面）不清晰或浑浊的程度，表征光散射的指标。雾度也可指透明或半透明塑料的内部或外部表面光散射造成的云雾状或浑浊的外观。

透过的入射光可分为直射和散射两部分，其比例与材料的内部结构及成型加工工艺等有关。直射光比例越高，材料的透明度越好；散射光比例越高，材料呈浑浊状越明显，即雾度越大。美国材料试验协会的规定认为，凡雾度大于 30% 的材料即属于非透明体。

3. 折射率

塑料折射率是指光在真空中的传播速率与在塑料中的传播速率之比，受塑料的材料结构、光波和材料均匀性等因素的影响，光的折射如图 2-12 所示。

聚合物中键的极性大小可影响光通过聚合物介质的速率，从而影响折射率，折射率越大，材料的折射越严重。

如果物体是各向异性的，即指试样在与光线平行方向与垂直方向上具有不同的折射率，则光线通过该透明物体时就会发生双折射现象。双折射越大，越容易造成图像产生歪影等现象。例如，光学塑料在成型加工、受热冷却的过程中产生结晶或不均匀内应力时就可能发生双折射现象。从结构上看，分子链中有共聚单元、苯环存在，双折射值就会增大，双折射现象比较严重的有 PC、PS。

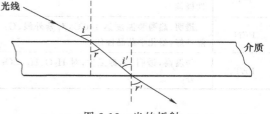

图 2-12　光的折射

综上所述，塑料高透明性的条件是高透光率、低雾度、高折射率、小双折射，优异的光学塑料大都为非晶塑料制品。常见透明塑料的光学性能见表 2-24。

表 2-24　常见透明塑料的光学性能

| 项目 | 透明 PA | PVA | PMMA | TPX | MMA/S | PC | PS |
|---|---|---|---|---|---|---|---|
| 透光率/% | 95 | 93 | 92 | >90 | 90 | 86~91 | 88~90 |
| 雾度/% | | | <1 | <5 | | 0.5~2 | |
| 折射率（或 $n_D$） | 1.53 | 1.49~1.53 | 1.48~1.50 | | 1.533 | 1.586 | 1.59~1.61 |
| 项目 | EVA 片材 | PAR | PEEK | AS | PE | HPVC | PP |
| 透光率/% | 88 | 87 | 84.8 | 78~88 | 10~80 | 76~82 | 50~90 |
| 雾度/% | 2~40 | | 6.4 | 0.4~1.0 | 4~50 | 8~18 | 1.0~3.5 |
| 折射率（或 $n_D$） | 1.45~1.47 | 1.61 | | 1.57 | 1.53 | 1.52~1.55 | 1.49 |

## 单元四　阻隔类塑料的选材

**能力目标**

能根据应用场合对阻隔性的要求进行选材。

**知识目标**

了解塑料的阻隔性，理解塑料的阻隔机理，掌握阻隔类塑料选材的一般规律。

### 一、按阻隔塑料的种类选用

常见阻隔塑料有 EVOH、PVDC、PA、PEN、PET 等，其性能特点及应用场合见表 2-25。

表 2-25　常见阻隔塑料的性能特点及应用场合

| 品　种 | 性能特点 | 应用场合 |
| --- | --- | --- |
| EVOH | 对 $O_2$、$H_2O$、$CO_2$ 阻隔性好，保香、耐油、透明、卫生性佳 | 食品保鲜、真空、除氧包装，非食品包装如溶剂、化学品、医药的包装，复合吹塑瓶用于啤酒瓶等 |
| PVDC | 对 $O_2$、$H_2O$、$CO_2$ 等阻隔性极佳，强度、透明度、卫生性优良 | 干蔬菜及香料等防潮包装，香肠、烧鸡等熟食品保鲜包装，汽水、啤酒等包装 |
| PA | 强度、透明度、卫生性优良，对香味、油脂和氧阻隔性极佳 | 主要用于价值较高的食品等包装，如肉类、奶酪和药品等 |
| PEN | 透明，热灌装温度达 100℃，对紫外线、$O_2$、$CO_2$ 阻隔性好，耐化学药品性佳 | 用于饮料、啤酒、化妆品、婴儿食品包装，阻隔性优于 PET 瓶 |
| PET | 强度高，透明，无毒卫生，对 $H_2O$、$H_2$、$CO_2$ 等阻隔性好 | 碳酸类饮料、食用油、酒类、保健品、药品的包装 |

### 二、按具体阻隔应用场合选材

目前阻隔性材料主要应用在阻隔包装领域，具体有如下几个方面。

1. 饮料及啤酒的包装

此类包装主要是防止外界 $O_2$ 往容器内渗透，包装内液体汽化逸出，降低口感。碳酸类饮料已普遍采用 PET 双向拉伸瓶、HDPE/EVOH/HDPE 复合材料等包装。啤酒对包装材料容器的阻隔性要求更高，用具有高阻隔性的偏二氯乙烯乳液涂覆在 PET 瓶上，可以使啤酒的货架寿命延长 2 倍，这种容器具有质轻、可蒸汽消毒、不易破碎的优点。

2. 真空保鲜、保香与防腐包装

大多数药品、食品在储存运输过程中不宜与氧气接触，因为空气中氧气进入包装物内会使食品、药品氧化变质，如肉类发黄、药品失效；也有部分食品香料需要保香，若失去原有香味是会降级贬值的。此类包装常用材料有 PVDC、EVOH 以及复合材料如 HDPE/PET/HDPE、LDPE/EVOH/LDPE、LDPE/HDPE/LDPE、塑料/铝箔等。如 PVDC 或 PA 可用于香肠包装，LDPE/HDPE/LDPE 复合材料可用于牛奶包装，塑料/铝箔复合材料可用于烧鸡、猪蹄、鸡爪等熟食品包装。

一般来说，PE、PP 气体渗透系数较高，通常只作短期封装；对易氧化、保清香类包装则常常使用阻气性优异的 PVDC、EVOH 类复合薄膜。

3. 防湿防潮包装

很多物品在存放过程中忌潮湿，如干食品受潮会失去松脆感、化肥吸湿则影响施用、粮食增湿会霉变等，因此大多数物品包装均需有防湿防潮功能，许多塑料（包括普通塑料薄膜）透湿性很小，具有优良的阻湿性，如 PE、PP、PET 和 PVDC 等膜材都能胜任这个任务，只是其他包装性能及包装成本有所差异，需要综合选用。

如香烟防潮用 BOPP 薄膜即可，烧鸡、猪蹄等熟食品的包装则需用塑料/铝箔复合膜；如对薄膜袋有较高的强度和耐撕裂要求的包装，可选用 PVC 袋膜；如只能用聚乙烯材料，则薄膜的厚度要高才行；如包装医药、食品，则要选用无毒级包装材料如聚烯烃和无毒 PVC 材料；如包装血浆或生理盐水，则须用无毒且透明 PVC 薄膜，因为它强韧、不易撕裂，且封口牢固。

4. 复合包装

单一材料常常满足不了越来越高的包装要求。如既要防湿防潮，又要保鲜、保香、防腐；密封性达到了要求，但制袋封口却不行，如聚酯膜阻气性优良，表面光亮，非常有利于包装外观的改善，但热封口性差，因此常把它和热封口性优良的 PE 膜复合起来，组成复合包装材料。有时为了防止光线对包装内物品的影响，在两膜中引入铝箔或在聚酯薄膜上真空镀铝等。

由于多层复合薄膜综合了各种材料的优点，因而在其各方面的性能及使用中都有着单层塑料薄膜所不可比拟的优势。

多层复合薄膜的制备有挤出涂覆法、黏结剂层压法、共挤出法等多种。在制备多层复合薄膜时，既可以塑料薄膜与另一种塑料薄膜共挤复合，也可以用加热法或胶黏剂法将塑料薄膜与纸张、铝箔等非塑料材料层合在一起，成为价格低廉而性能优异的材料，如 LDPE/EVOH/LDPE 共挤复合、塑料/铝箔层压复合等，这些材料在农业、工业和包装领域都有着广泛的用途。

### 三、塑料的阻隔性

塑料的阻隔性广义上讲，指塑料阻隔各种物质，包括氧气、二氧化碳、水蒸气、香味及药味等物质透过的能力，若未做说明则通常仅指对 $O_2$、$CO_2$、$N_2$ 等气体的阻隔性。一般用透气量或透过系数表征塑料阻隔能力大小。

透过系数定义：在标准状态下，单位时间内、单位压差下，透过单位面积、单位厚度薄膜的透气量，通常以 $O_2$、$CO_2$ 和水蒸气三种小分子物质为标准；透过系数单位：对于气体是 $cm^3 \cdot mm/(m^2 \cdot d \cdot MPa)$，对于液体是 $g \cdot mm/(m^2 \cdot d \cdot MPa)$。

塑料的透过系数越小，说明其阻隔性越好。塑料的阻隔性除与其材料自身特性有关外，还受环境因素如温度、湿度等的影响，温度升高和湿度增大则其阻隔性下降，但不同塑料阻隔性下降幅度有所不同。

常用阻隔性树脂的透过系数见表 2-26，表 2-26 显示对于某种气体的阻隔性，不同塑料的阻隔性区别很大。另外，大部分高阻隔性树脂均有某种缺陷（表 2-27）而难以单独应用，因此在实际应用中，普通阻隔要求，如防湿防潮用通用树脂（如 PE）即可；高阻隔要求场合使用纯高阻隔材料很少，绝大多数情况是采用一般阻隔材料与高阻隔材料改性（或复合）

而成的阻隔材料。通过适当的改性或复合方法，可不同程度地提高其阻隔性，有些改性方法可使塑料原有的阻隔性提高数十倍，常用于改性的基体树脂有 PE、PP、PA 及 PET 等。塑料常用的阻隔改性方法如下。

表 2-26 常用中高等阻隔性塑料的透过系数

| 塑料品种 | $O_2$ 透过系数 /[$cm^3 \cdot mm/(m^2 \cdot d \cdot MPa)$] | $CO_2$ 透过系数 /[$cm^3 \cdot mm/(m^2 \cdot d \cdot MPa)$] | 水蒸气透过系数 /[$g \cdot mm/(m^2 \cdot d \cdot MPa)$] |
|---|---|---|---|
| EVOH | 0.1~0.4 | 1.5 | 20~70 |
| PVDC | 0.4~5 | 1.2 | 0.2~6 |
| PAN | 8 | 16 | 50 |
| MXD6 | 2~5 | 28 | 15~30 |
| PEN | 12~22 | 50 | 5~9 |
| PET | 49~90 | 180 | 18~30 |
| PA6 | 25~40 | 150~200 | 150 |
| PA66 | 15~30 | 50~70 | |

表 2-27 部分阻隔性塑料的影响应用的因素

| 塑料品种 | 影响应用的因素 |
|---|---|
| PA | 受潮时阻隔性明显下降，热封合等二次可加工性差 |
| PVA | 封口性、耐水性、防潮性差，树脂成型性差；PVA 薄膜价格很高 |
| EVOH | 耐热性较差，可以煮沸杀菌，但煮沸温度不能超过 120℃；价格昂贵 |
| PVDC | 含有卤素，焚烧时有环保问题；价格高，加工困难；耐温性及封口性差 |

### 1. 复合方法

不同材料复合可达到提高阻隔性，改善阻隔塑料的力学性能、经济性及耐环境性（如耐湿性）等诸多目的。具体例子有 LDPE/HDPE/LDPE、LDPE/PP/LDPE、LDPE/PET/LDPE、LDPE/EVOH/HDPE、LDPE/铝箔等。塑料（按主要包装性能）的分类可见表 2-28。

表 2-28 塑料（按主要包装性能）的分类

| 主要包装性能 | 塑料品种 |
|---|---|
| 能够承受较高温度 | PA、PET、PC、HDPE、PP 等 |
| 强度较高的塑料，特别是双向拉伸塑料 | PET、PA、PP、PS、ABS 等 |
| 水蒸气透过率非常低 | PVDC、HDPE、LDPE、PA 等 |
| $O_2$ 透过率非常低 | PVDC、PVA、PA 等 |

### 2. 共混方法

共混法分为树脂共混法、填充共混法，树脂共混法是在普通阻隔材料中混入高阻隔塑料，如 HDPE/PA、PET/PEN、PET/EVOH 等。共混可分为一般共混和层状共混两种，层状共混的改性效果更好。填充共混法是在塑料中填充云母、石英及黏土等片状超细填料，可适当提高阻隔性。表 2-29 中列出了一些共混法提高阻隔性的实例。

表 2-29  共混法提高阻隔性的实例

| 项 目 | 具体配方 | 阻 隔 性 |
|---|---|---|
| 层状共混容器 | PA 15%、HDPE 85% | 提高 80 倍 |
| 一般共混容器 | PA 15%、HDPE 85% | 提高 5 倍 |
| PET/EVOH 共混膜 | PET 82%、EVOH 18% | 未拉伸时透氧系数下降 22%,双向拉伸后透氧系数下降 75% |
| 填充阻隔 | EVOH 95%、纳米石英 5% | 提高 3~5 倍 |
| PA/纳米黏土 | PA 95%、纳米黏土 5% | 透氧系数下降 60%,水蒸气透过系数下降 25% |

另外可通过提高塑料结晶度、双向拉伸处理达到改善阻隔性目的,如 PET 薄膜经双向拉伸后,阻隔性可提高 3~4 倍。

### 四、阻隔类塑料的选材原则

选用阻隔塑料时需要考虑的因素有阻隔性高低、使用环境、成本、可加工性等。

1. 阻隔性

塑料与金属、玻璃及陶瓷等包装材料相比,其阻隔性差一些,较适合用于中低档阻隔场合。而在阻隔要求极其严格的应用场合,不太适宜选用塑料作阻隔包装。

在塑料中,具有高阻隔性的塑料有 EVOH、PVDC 等,具有中等阻隔性的塑料有 PET、PA 等。

在实际应用中,不同包装要求有很大区别,具体选用何种塑料,必须根据被包装物对阻隔性要求特点而定。如防潮包装主要针对水蒸气;碳酸类饮料包装必须防止 $CO_2$ 逸出;药品、食品包装忌氧化,因此必须防止空气中 $O_2$ 渗入包装内。

2. 使用环境

使用环境对塑料的阻隔性影响比较大,在正常环境下某些塑料的阻隔性很好,但在特定的环境下阻隔性大幅度下降,最主要的环境影响因素是温度和湿度。

不同的阻隔塑料受使用环境影响差异较大,有的对环境温度变化敏感,具体顺序大致为:PVDC>EVOH>PAN>MXD6;有些则对环境湿度变化敏感,具体顺序为:PAN>EVOH>PVDC>MXD6。

在常温和低湿状态下,尼龙 MXD6 的阻隔性比 PVDC、EVOH 差,但在环境温度或环境湿度增高时,其阻隔性下降幅度比 PVDC、EVOH 低许多,试验表明,在高温和高湿环境下,MXD6 的阻隔性与 EVOH、PVDC 接近,甚至比 PVDC、EVOH 还要好。

因此对环境温度敏感的阻隔塑料不宜用于高温阻隔应用场合,如高温灭菌处理会降低其阻隔性;对环境湿度敏感的阻隔塑料不宜用于高潮湿的包装物或使用环境,如液体等包装物。在高阻隔性塑料中,只有尼龙 MXD6 对温度和湿度的敏感度均比较低,可用于高温和潮湿阻隔包装。

3. 其他因素

例如 PVDC 含有氯元素,因而常常受到消费者质疑其用于食品及医药包装的安全性。

EVOH、PVDC、PEN 的透明性优异,EVOH 表面有光泽,EVOH、PVDC 的可印刷性、热封口性好。

阻隔塑料价格差异较大,因此在能够满足使用场合要求的前提下应尽可能选用价格低的塑料。不同阻隔性材料的价格大致顺序为:PEN>MXD6>EVOH>PA>PVDC>PET。

因此在阻隔塑料具体选用时不仅要考虑其阻隔性、使用环境，还需考虑如透明性、卫生性、表面光泽度、热封口性、价格等因素。

## 单元五　耐腐蚀类塑料的选材

> **能力目标**
>
> 能根据应用场合对耐腐蚀性的要求进行选材。

> **知识目标**
>
> 了解塑料的化学性能，理解塑料的腐蚀机理与防腐蚀措施，掌握耐腐蚀塑料的选材原则。

### 一、耐腐蚀类塑料材料的选用

塑料除了在大气环境中易被热、紫外线破坏外，在与酸、碱等化学物质接触时也会发生由表及里的破坏，这种现象可称为塑料的化学介质老化，但人们常常用防腐蚀工程中的"腐蚀"这个词汇来描述此种现象。

对于有下述要求的，一般可考虑选用塑料：耐腐蚀持续时间长，免维护；同时具有耐腐蚀性和耐磨性，耐腐蚀制品形状复杂，耐腐蚀材料质轻，具有隔热保温性能。

对于有下述要求的，一般不宜选用塑料：对耐腐蚀制品强度要求特别高，耐腐蚀环境工作温度很高，耐腐蚀环境工作温度变化很大。

1. 耐腐蚀塑料的选材实例

（1）高等耐腐蚀塑料的选材　对使用环境温度高、介质的腐蚀性强的应用场合，须选用能耐高热、耐高腐蚀的塑料，选用顺序为：聚四氟乙烯＞氯化聚醚＞聚苯硫醚。

PTFE 的长期使用温度范围在 $-195 \sim 260$℃之间，短时间甚至可达 300℃。即使在高温下也不与强酸、强碱、强氧化剂发生作用，是耐腐蚀性最好的塑料。若氟塑料的耐腐蚀性都满足不了需要，就只能选用其他材料。

氯化聚醚的突出特点是耐腐蚀性好，在塑料中耐腐蚀性仅次于氟塑料，可耐酸、碱、盐、烃、醇、醚、羧酸以及油类，即使在高温下也具有优良的耐腐蚀性，但易受强酸、较高温度的双氧水等强极性溶剂侵蚀。氯化聚醚具有优异的耐磨性，优于 PA 和环氧树脂，可用常规方法进行加工。氯化聚醚具有良好的密封性，适合于制造耐酸阀、泵、管道、容器、反应器衬里等耐腐蚀制品。

PPS 是耐腐蚀性最好的工程塑料，除了某些强氧化性酸能侵蚀其表面之外，即使在高温下也不受无机酸、碱、盐的任何影响，在 175℃下未发现能溶解 PPS 的溶剂。PPS 的缺点是能被氧化性酸脆化和被三氯乙烯、氯苯诱发应力开裂。

（2）一般耐腐蚀塑料的选用

① HPVC。HPVC 除不耐浓硫酸（90%以上）和浓硝酸（50%以上）以外，能耐大多数无机酸、碱、盐溶液，耐除芳香烃和酮以外的有机溶剂，当温度超过 60℃以后，耐强酸能力明显下降。HPVC 板材（经焊接）常被用于制造各种化工用储罐、釜、塔、槽、容器等。

② HDPE、PP。HDPE 具有优良的化学稳定性，常温下能耐酸、碱、盐类的水溶液，如稀硫酸、稀硝酸、盐酸、甲酸等，但不耐强氧化剂及一些非极性溶剂，如浓硫酸、芳香烃及卤代烃等，HDPE 桶、瓶广泛用于食品、化学品、药品、洗涤剂等包装。同 HDPE 相比，PP 在较高温度下仍能保持良好的耐介质腐蚀性。

③ PC、PET、POM、PA 等。PC、PET、POM、PA 等由于各自结构上的因素，往往只能在不同场合下耐受一定的化学腐蚀介质。例如：PC 室温下耐无机（有机）稀酸、醇、油脂，但不耐碱液、浓硫酸等；尼龙和 POM 具有较好的耐碱性及耐油性，但不耐酸；聚酰亚胺有一定耐酸性，但不耐碱和沸水；聚苯醚能高度抵抗无机酸、碱和盐的侵蚀，可耐反复高压蒸汽消毒。

综上所述，不同塑料的耐腐蚀性有较大差异。除氟树脂外，几乎所有的塑料均不耐强氧化剂腐蚀；有的塑料不耐酸及碱等极性介质腐蚀；有的则不耐油脂、烃及苯等非极性介质腐蚀。

2. 耐腐蚀塑料的应用领域

大多数塑料具有良好的耐化学介质腐蚀性，尤其是对酸、碱、盐等，同时还具有质轻、电绝缘性好、易成型加工等特点，因此获得了比金属、陶瓷等传统材料更多的防腐蚀应用场合。

与金属等传统防腐蚀设备（或部件）相比，塑料还具有投资少、施工维修方便、节能等优点。如用塑料管代替普通自来水管，不仅因耐腐蚀而使用寿命长，而且成本低；半导体原料三氯氢硅的提纯设备——精馏塔采用惰性氟塑料（不含半导体杂质）制造后可使三氯氢硅质量达到"电子纯"标准级别，解决了使用不锈钢设备所无法解决的质量问题。

塑料在防腐蚀上的应用除了各种化工用储罐、反应釜、塔器、管道、容器、泵、仪器仪表外壳等外，还有用软质塑料或玻璃钢制造的设备衬里，用多种方法喷涂的塑料涂层等。

目前，我国将塑料用于防腐蚀应用领域尚处于发展阶段，潜力很大，如在硫酸、氯碱、化肥、农药、染化、炼油、制药、电解电镀、湿法冶金等生产领域具有极大的发展空间。

## 二、塑料的腐蚀机理与防腐蚀措施

1. 塑料的腐蚀机理

塑料的腐蚀分为物理腐蚀及化学腐蚀两种。塑料属大分子材料，其分子间有一定间隙，分子间作用力较弱，小分子化学物质较容易通过渗透、扩散作用方法进入塑料内部，从而使大分子间的次价键受到破坏，溶剂分子与大分子发生溶剂化作用，此过程称为塑料溶胀或溶解。在这种腐蚀形式的作用下，网状聚合物一般只能被溶胀、软化，使强度下降，而线型聚合物则可能由溶胀进而发展到局部或全部被溶解。进而导致大分子均匀分散到溶剂中而溶解，这种现象称为物理腐蚀。

在介质作用下，渗入塑料内部的介质分子可能与聚合物大分子发生化学反应（如氧化、水解等），破坏其大分子链，使大分子主价键发生破坏、降解、裂解等，这种现象称为化学腐蚀（或化学裂解）。

在腐蚀过程中若有低于塑料力学性能的应力（外加的或内部残余的）作用，还可能引起塑料产生银纹和龟裂（或形变），并进一步生成裂缝，直至脆性断裂，这种现象称为塑料的环境应力腐蚀开裂。

此外，塑料往往含有多种助剂，如增塑剂、稳定剂、润滑剂和抗氧剂等，也有可能会从材料内部向外扩散迁移，最终溶解于介质中。上述塑料腐蚀的各种途径和破坏形式，如图 2-13 所示。

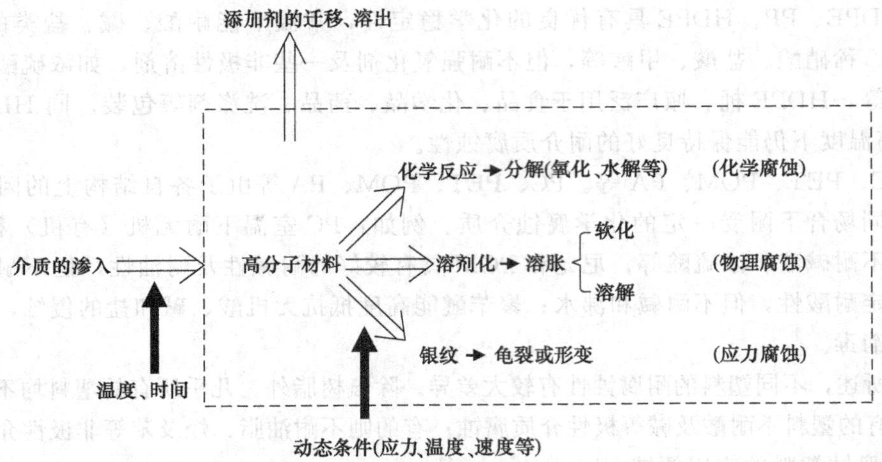

图 2-13　塑料腐蚀的各种途径和破坏形式

**2. 塑料的防腐蚀措施**

塑料的耐化学腐蚀性主要是由材料本身结构所决定的，不过可在塑料制品加工、应用过程中通过一定方法加以改善，扩大应用领域。一般可从下述几个方面考虑。

(1) 在塑料制品中加入有针对性的防腐蚀物质，降低侵入塑料制品内部的化学介质腐蚀能力。例如，在 POM 树脂中加入碱性物质，可有效地抑止 POM 的酸性降解。

(2) 通过塑料制品表面涂层、电镀，或与高耐腐蚀材料复合，防止腐蚀性介质侵入塑料制品内部。

(3) 在塑料制品设计、加工过程中应尽量避免应力集中，以防止环境应力腐蚀开裂。

(4) 在加工过程中，对塑料进行适度交联处理，可使塑料制品耐腐蚀性得到改善。

在高分子材料应用过程中，其耐腐蚀性的优劣对材料使用效能影响很大。尤其是塑料中空容器，主要是用于液体化工产品的包装，在选用何种塑料时，其耐腐蚀性是关键因素。常见塑料的耐腐蚀性见表 2-30。

表 2-30　常见塑料的耐腐蚀性

| 材料 | 酸 弱 | 酸 强 | 碱 弱 | 碱 强 | 有机溶剂 | 水吸收率(24h)/% | 氧和臭氧 |
|---|---|---|---|---|---|---|---|
| 热塑性塑料 ||||||||
| 有机玻璃 | 尚耐 | 氧化性酸腐蚀 | 尚耐 | 腐蚀 | 腐蚀 | 0.2 | 尚耐 |
| 尼龙 | 耐 | 腐蚀 | 尚耐 | 尚耐 | 尚耐 | 1.5 | 轻微腐蚀 |
| 低密度聚乙烯 | 尚耐 | 氧化性酸腐蚀 | 尚耐 | 尚耐 | 耐 | 0.15 | 腐蚀 |
| 高密度聚乙烯 | 尚耐 | 氧化性酸腐蚀 | 尚耐 | 尚耐 | 耐 | 0.1 | 腐蚀 |
| 聚丙烯 | 尚耐 | 氧化性酸腐蚀 | 尚耐 | 尚耐 | 尚耐 | <0.1 | 腐蚀 |
| 聚苯乙烯 | 尚耐 | 氧化性酸腐蚀 | 尚耐 | 尚耐 | 腐蚀 | 0.04 | 轻微腐蚀 |
| 聚氯乙烯 | 尚耐 | 尚耐 | 尚耐 | 尚耐 | 腐蚀 | 0.10 | 尚耐 |
| 热固性塑料 ||||||||
| 环氧 | 尚耐 | 轻微腐蚀 | 尚耐 | 尚耐 | 耐 | 0.1 | 轻微腐蚀 |
| 酚醛 | 轻微腐蚀 | 腐蚀 | 轻微腐蚀 | 腐蚀 | 轻微腐蚀 | 0.6 | — |
| 聚酯 | 轻微腐蚀 | 腐蚀 | 腐蚀 | 腐蚀 | 轻微腐蚀 | 0.2 | 轻微腐蚀 |

常用塑料耐腐蚀能力顺序如下：氟类树脂＞氯化聚醚＞PPS＞PVC、PE、PP 和 PB 等＞PC、PET、POM 和 PA 等＞PF、EP、UP 和 AF 等热固性树脂。

## 三、耐腐蚀塑料的选材原则

若塑料制品与化学介质接触时，必须关注材料本身的耐介质腐蚀能力，大致需考虑如下几个方面。

1. 环境介质

环境介质的不同，对耐腐蚀塑料的要求也不一样。环境介质包括化学介质种类、环境湿度、化学介质浓度、环境温度等。

（1）化学介质的种类　对于不同类型的化学介质，应选择相适合的塑料。如强氧化性酸、碱应选择氟类塑料；一般氧化性酸、碱、盐水溶液介质可选择 PP、PE、PVC 等。

（2）化学介质的湿度　介质湿度不同，其腐蚀性差异很大，对塑料的耐腐蚀性要求也不一样。例如，湿氯、湿氯化氢比干氯、干氯化氢对塑料的腐蚀严重得多，湿大气腐蚀要比干大气腐蚀严重，而且腐蚀率往往随气体相对湿度增加而增加。

（3）化学介质的浓度及温度　化学介质的浓度、温度越高，其腐蚀性越严重。如 PVC 塑料在浓硝酸（50%以上）、浓硫酸（98%）等强氧化剂的作用下受到由表及里的侵蚀，而在 50℃以下，对 50%以下的硝酸、93%以下的硫酸、氨水、氯气等多种化学介质都是很稳定的。

（4）化学介质的氧化性　绝大多数塑料对化学介质的氧化性敏感。

2. 塑料制品的受力状态

耐腐蚀用塑料制品在应用过程中受力状态不同，对塑料的耐腐蚀性要求差异较大。在腐蚀过程中若有应力（外加的或内部残余的）作用，会加快塑料制品的腐蚀破坏速度，出现介质应力开裂现象。例如，弯曲的 PE 薄板在醇类、肥皂水中，一定时间后会在弯曲处出现裂纹，而平放的 PE 薄板则不会出现这样的现象。

3. 塑料制品的强度

若对制品的强度要求比较高，一般不宜选用氟类耐腐蚀塑料，而应选用强度高的塑料防腐蚀，如 PVC、PE、PP 等。

与金属相比，热塑性塑料结构刚度、强度差很多，因此对于一些大型（或耐压）化工容器，往往需将塑料与其他材料组成复合结构使用。如全塑结构用钢框加强；利用玻璃钢从外部来加强热塑性塑料或其他非金属防腐蚀设备。

## 思　考　题

1. 查阅相关资料，简述注射机的选择原则。
2. 简述单螺杆挤出机的结构组成及其作用。
3. 聚乙烯薄膜挤出成型方法及特点有哪些？
4. 查阅相关资料，简述中空吹塑成型有哪几种形式？各有什么特点？
5. 以软质 PVC 薄膜的生产过程为例，简述压延成型工艺步骤。
6. 塑料制品注射成型生产有哪些特点？
7. 简述热固性塑料压制成型的工艺流程。
8. 简述以下塑料的燃烧特征。

PTFE，PVC，PMMA，PE，PP，PS，PC，PBT

9. 查阅相关资料，写出以下塑料的分子结构式及中文名称。
   PE，PTFE，PVA，PA66，PPO，PPS，PC，PBT
10. 采用哪些方法可以区别聚乙烯与聚碳酸酯制品？
11. 塑料的耐化学介质性能试验可用哪些性能的变化来表示？
12. 一未知热塑性塑料试样，外观不透明，燃烧时产生黑烟，无熔滴，密度大于水，判断该试样可能是什么，并请说明理由。
13. 在进行显色试验时，为什么先进行分离提纯后再进行显色效果更好？
14. 有一未知试样可能是聚乙烯或聚偏二氯乙烯，请采用显色试验进行判断并说明理由。
15. 根据受力状态，通常可将塑料制品分为哪几类？举例说明。
16. 简要说明塑料受力制品的选材原则。
17. 查阅相关资料，简述塑料齿轮选材的具体要求。
18. 简述动密封塑料制品（如打气筒活塞环）的选材过程。
19. 查阅相关资料，简述可耐热100℃塑料薄膜的材料选用。
20. 简述塑料材料结构与其光学特性的关系。
21. 总结常见透明塑料的光学特性及其用途。
22. 查阅相关资料，分析透明性与塑料瓶应用之间的关系。
23. 透明塑料薄膜有何特点？简述选用过程中应考虑的影响因素。
24. 简述对阻隔塑料应用的影响因素。
25. 简述阻隔塑料制品的主要应用领域。
26. 塑料常用的阻隔改性方法有哪些？各自有何特点？
27. 简述塑料的腐蚀机理及防护措施。

# 模块三

# 橡胶

**能力目标**

具备判断橡胶制品性能优劣的能力,能够鉴别常用橡胶品种及正确选用、使用橡胶制品。

**知识目标**

了解橡胶材料的应用领域,理解橡胶材料结构与性能的关系,掌握常用橡胶鉴别、选用方法。

# 项目一 常用橡胶品种及加工工艺

## 单元一 常用橡胶品种

**知识目标**

了解橡胶的来源及用途,掌握常用橡胶的性能特点。

### 一、天然橡胶

天然橡胶(NR)是从天然植物中采集,并经过加工而得的一种高分子弹性体。目前,天然橡胶的消费量在世界上已超过 500 万吨,其中 90% 以上为固体天然橡胶,10% 左右为胶乳和液体天然橡胶。天然橡胶的主要成分为异戊二烯,其分子结构式为:

固体天然橡胶的原料是新鲜胶乳,天然胶乳的主要成分含量为:水分 52%~70%;橡胶烃 27%~40%;蛋白质 1.5%~1.8%;树脂 1.0%~1.7%;糖类 0.5%~1.5%;无机盐类 0.2%~0.9%。

天然橡胶在橡胶工业中品种很多,最主要的品种有烟胶片、绉胶片和标准马来西亚橡

（或颗粒胶）。

天然橡胶在合成橡胶大量出现之前，曾是橡胶制品的万能原料，目前虽然合成橡胶的产量已远远超过天然橡胶，但综合性能还没有一种合成橡胶比得上天然橡胶。天然橡胶具有最好的加工工艺性，很好的弹性，较高的力学强度，良好的耐屈挠疲劳性，良好的气密性、防水性、电绝缘性，滞后损失小，生热低。但是天然橡胶的耐油性、耐臭氧老化性、耐热氧老化性差。

天然橡胶广泛应用于轮胎、医疗卫生用品、胶辊、胶鞋、胶带、胶管以及其他橡胶工业用品。

## 二、合成橡胶

1. 丁苯橡胶

丁苯橡胶（SBR）是最早实现工业化的合成橡胶。目前丁苯橡胶（包括胶乳）约占合成橡胶总产量的55％，约占天然橡胶和合成橡胶总产量的34％，是产量和消耗量最大的合成橡胶胶种。其单体为：丁二烯和苯乙烯。其分子结构式为：

$$-(CH_2-CH=CH-CH_2)_x-(CH_2-CH)_y-(CH_2-CH)_z-$$

丁苯橡胶一般按聚合工艺分为乳液聚合丁苯橡胶（E-SBR）和溶液聚合丁苯橡胶（S-SBR）。乳液聚合丁苯橡胶是通过自由基聚合得到的，工业生产方法有高温聚合和低温聚合。高温聚合得到的产品分子量低，支化程度高，分子量分布宽，质量不如低温聚合产品。目前所使用的乳液聚合丁苯橡胶基本上为低温乳液聚合丁苯橡胶，约占乳液聚合丁苯橡胶的80％。随着阴离子聚合技术的发展，溶液聚合丁苯橡胶问世，它是采用阴离子型（丁基锂）催化剂，使丁二烯和苯乙烯进行溶液聚合的产物。

随着合成橡胶技术的不断发展，先后又出现了充油丁苯橡胶、充炭黑丁苯橡胶、充油充炭黑丁苯橡胶、高苯乙烯丁苯橡胶、羧基丁苯橡胶等品种。

丁苯橡胶的生胶强度低，弹性和耐寒性较差，滞后损失大，生热高，耐屈挠龟裂性和耐撕裂性均较天然橡胶差。但是丁苯橡胶的耐热性、耐老化性、耐磨性均优于天然橡胶，并且加工中不易发生焦烧和过硫现象，硫化速度较慢。

丁苯橡胶应用广泛，是消耗量最大的通用合成橡胶。在无特殊性能要求（耐油、耐热、耐特种介质）的胶管、胶带、胶鞋以及其他工业橡胶制品中均可使用。例如，运输带覆盖胶、输水胶管、胶鞋大底、胶辊、防水橡胶制品、胶布制品等。

丁苯橡胶主要应用于轮胎工业，在轿车胎、小型拖拉机胎、摩托车胎中应用比例较大，在子午线和载重胎中应用比例较小。

2. 顺丁橡胶

顺丁橡胶（BR）是顺式-1,4-聚丁二烯橡胶的简称，它是仅次于丁苯橡胶的通用合成橡胶。其单体为：1,3-丁二烯。其分子结构式为：

$$-(CH_2-CH=CH-CH_2)_n-$$

顺丁橡胶按聚合工艺分为乳液聚合顺丁橡胶和溶液聚合顺丁橡胶两种，以溶液聚合为主。溶液聚合催化剂为齐格勒-纳塔催化剂，国内采用最多的催化体系是镍系。其产品特点是顺式含量高达96%～98%，质量均匀，分子量分布较宽，易于加工，物理机械性能接近于天然橡胶，某些性能还超过了天然橡胶。因此，目前各国都以生产高顺式聚丁二烯橡胶为主。典型的镍系催化剂中的主催化剂为环烷酸镍，助催化剂为三异丁基铝，第三组分是三氟化硼乙醚配合物。有机溶剂可选用庚烷、加氢汽油、苯、甲苯、抽余油等。

顺丁橡胶的弹性和耐低温性优异，滞后损失和生热小，耐磨性和耐屈挠性优异，填充性好，模腔内流动性好。但是顺丁橡胶的拉伸强度和撕裂强度低，抗湿滑性差，冷流性大，加工性和黏合性较差。

顺丁橡胶一般很少单独使用，通过与其他通用橡胶并用，广泛应用于要求弹性、耐寒性、耐磨性较高的橡胶制品。例如，轮胎、运输带覆盖胶、胶鞋大底、电线、电缆、胶管、胶带、胶辊、高尔夫球等。

由于制造顺丁橡胶的原料来源丰富，价格低廉，以及顺丁橡胶的优异性能，所以它是合成橡胶中发展较快的一种橡胶，在全世界的产量和消耗量上仅次于丁苯橡胶，居于第二位。

3. 异戊橡胶

异戊橡胶（IR）是顺式-1,4-聚异戊二烯橡胶的简称，是世界上仅次于丁苯橡胶、顺丁橡胶而居于第三位的合成橡胶。异戊橡胶的分子结构与天然橡胶相同，性能与天然橡胶十分接近，故又称为合成天然橡胶。单体为：异戊二烯。其分子结构式为：

$$\left(CH_2-\underset{\underset{CH_3}{|}}{C}=CH-CH_2\right)_n$$

异戊橡胶是单体经定向、溶液聚合的产物。催化剂为齐格勒-纳塔催化剂中的钛系和锂系，分别为钛胶（高顺式异戊橡胶）和锂胶（中高顺式异戊橡胶）。我国则采用稀土催化体系来合成异戊橡胶，称为稀土胶，其顺式-1,4-结构含量约为94%。

由于异戊橡胶的成分、分子量分布、结构规整性与天然橡胶有差别，所以与天然橡胶相比，不仅硫化速度较慢，而且硫化胶的拉伸强度、定伸应力、撕裂强度、硬度等均较低，对填料的分散性和黏合性也比天然橡胶差。但是异戊橡胶的耐水性、电绝缘性、耐老化性比天然橡胶好，流动性优于天然橡胶。

异戊橡胶由于分子结构与天然橡胶相同，性能与天然橡胶接近，所以一切用天然橡胶的场合，几乎都可以用异戊橡胶代替。异戊橡胶在综合性能上是目前合成橡胶中最好的一种，是一种重要的通用合成橡胶。异戊橡胶广泛应用于轮胎、胶管、胶带以及各种工业橡胶制品。

4. 氯丁橡胶

氯丁橡胶（CR）是合成橡胶的主要品种之一，最早由美国杜邦公司在1931年生产。是由2-氯-1,3-丁二烯经自由基乳液聚合而得到的一种通用型特种橡胶。其分子结构式为：

$$\left(CH_2-\underset{\underset{Cl}{|}}{C}=CH-CH_2\right)_n$$

氯丁橡胶分子结构中反式-1,4-结构占88%～92%，顺式-1,4-结构占7%～12%，1,2-结构和3,4-结构约占1%～5%。

氯丁橡胶的品种牌号是合成橡胶中最多的一个。可以按外观形态分为干胶、胶乳和液体胶；按用途分为通用型［硫黄调节型（G型）和非硫黄调节型（W型）］、专用型（黏结型和其他特殊用途型）。

G型氯丁橡胶是以硫黄作分子量调节剂，秋兰姆作稳定剂，分子量约为10万，分子量分布较宽，分子结构比较规整，可供一般橡胶制品使用。

W型氯丁橡胶是以十二碳硫醇作分子量调节剂。此类橡胶分子量约为20万，分子量分布较窄，分子结构比硫黄调节型更规整。

专用型氯丁橡胶指作为黏合剂，用于耐油或耐寒等其他特殊场合的氯丁橡胶。

氯丁橡胶生胶具有较高的强度，硫化胶具有优异的耐燃性和黏合性，耐油性仅次于丁腈橡胶，耐热性、耐臭氧老化性和耐天候老化性较好。但是氯丁橡胶的耐低温性和电绝缘性较差。

氯丁橡胶主要应用在耐燃制品、耐热制品、耐油制品、耐老化制品。可用于耐热、耐燃运输带，耐油、耐化学腐蚀的胶管、容器衬里、垫圈、胶辊、胶板，汽车和拖拉机配件，电线、电缆外包皮，门窗塑封胶条，公路填缝材料和桥梁支座、垫片等。氯丁橡胶还可作胶黏剂，其粘接强度高。

5. 丁腈橡胶

丁腈橡胶（NBR）是由丁二烯和丙烯腈两种单体经乳液聚合或溶液聚合而制得的一种高分子弹性体。工业上所使用的丁腈橡胶大都是由乳液法制得的普通丁腈橡胶，于1937年实现工业化生产。乳液聚合方法又分为高温乳液聚合（25～50℃）和低温乳液聚合（5～10℃）。低温聚合，由于温度的降低，提高了反式-1,4-结构的含量，凝胶含量和歧化程度得到降低，从而使加工性能得到改善，并且还提高了物理机械性能。目前主要采用低温乳液聚合，其分子结构式为：

$$-(CH_2-CH=CH-CH_2)_x-(CH_2-\underset{\underset{CH_2}{|}}{\underset{|}{CH}})_y-(CH_2-\underset{CN}{\underset{|}{CH}})_z-$$

通常，丁腈橡胶依据丙烯腈含量可分为以下五种类型：①极高丙烯腈丁腈橡胶，丙烯腈含量43%以上；②高丙烯腈丁腈橡胶，丙烯腈含量36%～42%；③中高丙烯腈丁腈橡胶，丙烯腈含量31%～35%；④中丙烯腈丁腈橡胶，丙烯腈含量25%～30%；⑤低丙烯腈丁腈橡胶，丙烯腈含量24%以下。国产丁腈橡胶的丙烯腈含量大致有三个等级，即相当于上述的高、中、低丙烯腈含量等级。

丁腈橡胶的耐油性、耐热性、气密性好，耐磨性和耐化学腐蚀性优于天然橡胶。丁腈橡胶的硫化胶弹性、耐寒性、耐屈挠性、耐撕裂性差，变形生热大，电绝缘性为常用橡胶最差者。丁腈橡胶加工中生热高，收缩率大，自黏性较差，硫化速度较慢。

丁腈橡胶主要应用于耐油制品，如油管、油封、化学容器衬里、垫圈、印刷胶辊、耐油手套、耐油减震制品等。

丁腈橡胶由于具有半导电性，可用于需要导出静电，以免引起火灾的地方，如纺织皮辊、皮圈、阻燃运输带等。

6. 丁基橡胶

丁基橡胶（IIR）是由异丁烯与少量异戊二烯单体，经阳离子溶液聚合而得到的高分子弹性体，1943年实现工业化生产。其分子结构式为：

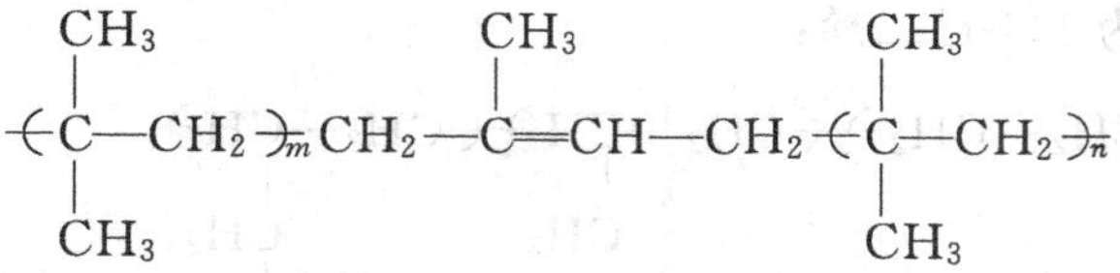

$$\pm C(CH_3)_2-CH_2\pm_m CH_2-C(CH_3)=CH-CH_2\pm C(CH_3)_2-CH_2\pm_n$$

单体聚合温度为$-100\sim -90℃$，溶剂为一氯甲烷，催化剂为三氯化铝（或三氟化硼）。但由于丁基橡胶与其他橡胶共硫化性、黏合性差，可将丁基橡胶氯化或溴化后加以改善。氯化丁基橡胶、溴化丁基橡胶分别于 1960 年和 1971 年先后实现工业化生产。

丁基橡胶具有很好的耐热性、耐天候老化性、耐臭氧老化性、化学稳定性和电绝缘性，耐水性优异。丁基橡胶的滞后损失大，吸震波能力强，硫化速度慢，自黏性和互黏性差。加工中生热高，易焦烧。

丁基橡胶由于具有突出的气密性和耐热性，最大用途是制造气密性制品，如轮胎内胎、无内胎轮胎的气密层，还用于要求化学稳定性高的轮胎工业中的水胎、风胎、胶囊。另外，丁基橡胶还可用于耐酸碱腐蚀、耐热制品，耐化学腐蚀容器衬里，耐热、耐水密封垫片、软管、防震缓冲器材，并极适宜制作各种电绝缘材料，如电缆绝缘层、包皮胶等。

### 7. 乙丙橡胶

乙丙橡胶（EPR）是以乙烯、丙烯或乙烯、丙烯及少量非共轭双烯在齐格勒-纳塔引发剂下经溶液法或悬浮法聚合而得的高分子弹性体。根据是否加入非共轭双烯单体作为第三单体，乙丙橡胶分为二元乙丙橡胶（EPM）和三元乙丙橡胶（EPDM）两大类。最先生产的是二元乙丙橡胶，但其分子链中不含双键，不能用硫黄硫化，不能与其他通用二烯烃橡胶并用，应用受到限制，后来开发了三元乙丙橡胶。三元乙丙橡胶由于加入了不饱和的第三单体，既保持了二元乙丙橡胶的各种优良特性，又实现了硫黄硫化的目的。目前使用最广泛的也是三元乙丙橡胶。

二元乙丙橡胶的分子结构式为：

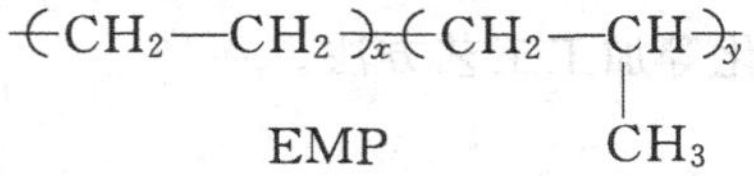

$$\pm CH_2-CH_2\pm_x \pm CH_2-CH(CH_3)\pm_y$$

EMP

三元乙丙橡胶依据第三单体的不同，又有 E 型、D 型、H 型之分，它们的分子结构式为：

E 型，第三单体为亚乙基降冰片烯：

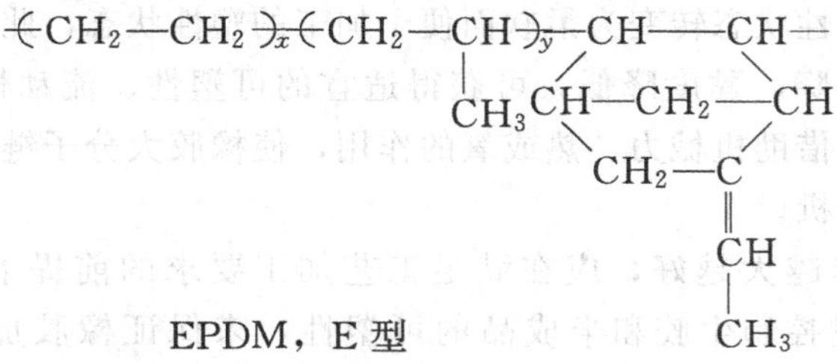

EPDM，E 型

D 型，第三单体为双环戊二烯：

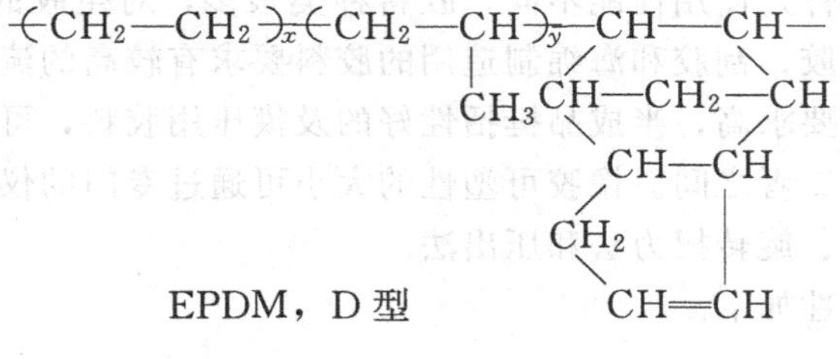

EPDM，D 型

H 型，第三单体为 1,4-己二烯：

$$\mathrm{\{CH_2-CH_2\}_x\{CH_2-CH\}_y\{CH_2-CH\}_z}$$
$$\qquad\qquad\qquad\qquad \mathrm{CH_3} \qquad \mathrm{CH_2}$$
$$\qquad\qquad\qquad\qquad\qquad\qquad \mathrm{CH=CH-CH_3}$$

EPDM，H 型

三元乙丙橡胶所用的非共轭双烯的类型、用量和分布对硫化速度和硫化胶的物理机械性能均有直接影响。

乙丙橡胶具有优异的耐水性、热稳定性和耐老化性，耐化学腐蚀性好，具有较好的弹性和耐低温性，电绝缘性优良。乙丙橡胶具有高填充性，但硫化速度慢，自黏性和互黏性较差，此外耐燃性、耐油性和气密性差。

乙丙橡胶主要应用于要求耐热老化、耐水、耐腐蚀、电气绝缘几个领域，如耐热运输带、电线、电缆、防腐衬里、密封垫圈、家用电器配件、码头缓冲器、桥梁减震器、建筑用防水材料、门窗密封胶条、医用橡胶制品等。

## 单元二　橡胶通用加工工艺

**能力目标**

能够掌握橡胶的加工方法。

**知识目标**

了解橡胶加工工艺与分子结构的关系，掌握常见橡胶的加工特点。

橡胶制品的制备过程复杂，对不同的橡胶制品，加工工艺过程不相同。一般包括塑炼、混炼、压延、压出、成型、硫化等加工工艺方法。

### 一、塑炼

生胶具有很高的弹性，不便于加工成型。橡胶塑炼是为了提高胶料塑性，增加胶料流动性，使生胶由强韧的弹性状态转变为柔软而便于加工的塑性状态，此工艺过程称为塑炼。生胶经塑炼后，分子量下降，黏度降低，可获得适宜的可塑性、流动性，满足后续加工的进行。塑炼过程的实质是借助机械力、热或氧的作用，使橡胶大分子链断链的过程。塑炼常用的设备为开炼机和密炼机。

生胶的可塑性并非越大越好，应在满足工艺加工要求的前提下，以具有最小的可塑性为宜。生产上要通过控制生胶和半成品的可塑性，来保证橡胶加工工艺顺利进行和产品质量。

各种橡胶制品（部件）使用性能不同，胶料种类很多，对生胶的可塑性要求也不一样。一般供涂胶、浸胶、擦胶、刮胶和海绵制造用的胶料要求有较高的流动性，即胶料可塑性宜较大；对物理机械性能要求高，半成品挺括性好的及模压用胶料，可塑性宜低；用于压出胶料的可塑性应介于上述二者之间。橡胶可塑性的大小可通过专门的仪器加以测定，常用的测试方法有三种：压缩法、旋转扭力法和压出法。

常用橡胶的塑炼特性如下。

1. 天然橡胶

天然橡胶有较好的塑炼效果，用开炼机和密炼机进行塑炼均能获得良好的效果。用开炼机塑炼时，常采用低温（40～50℃）、薄通（辊距0.5～1mm）塑炼法和分段塑炼法。用密炼机塑炼时，温度宜在155℃以下，时间约13min（视对可塑度的要求而定）。

2. 丁苯橡胶

软丁苯橡胶的初始门尼黏度在40～60之间，能满足加工要求，一般无须塑炼。但适当塑炼可改善压延、压出等工艺性能。在相同条件下，丁苯橡胶的塑炼效果较天然橡胶差。用开炼机塑炼时，采用薄通法比较有效。通常辊距为0.5～1mm，辊温为30～45℃。密炼机塑炼温度一般以137～139℃为宜，不应超过140℃。

3. 顺丁橡胶

目前常用顺丁橡胶的门尼黏度较低（国产顺丁橡胶门尼黏度一般为40～50），已具有符合工艺要求的可塑性，一般不必塑炼。开炼机薄通塑炼，辊温在40℃左右，辊距在1mm以下。密炼机高温塑炼，排胶温度为160～190℃，塑炼时间为8～10min，凝胶生成量极小。

4. 氯丁橡胶

国产的硫黄调节型和非硫调节型氯丁橡胶的初始门尼黏度都较低，一般能满足加工工艺要求，可不进行塑炼。但是，由于氯丁橡胶在储存期内（尤其超过半年），可塑性严重下降，因此仍需塑炼。开炼机塑炼采用薄通法对硫黄调节型氯丁橡胶效果显著。硫黄调节型氯丁橡胶的塑炼温度一般为30～40℃，非硫黄调节型氯丁橡胶的塑炼温度为40～45℃。非硫黄调节型氯丁橡胶由于分子结构比较稳定，分子量较低，薄通塑炼效果不大，故短时间塑炼（一般为4～6min）后即可进行混炼。氯丁橡胶用密炼机塑炼时，要严格控制温度，使排胶温度不高于85℃。

5. 丁腈橡胶

丁腈橡胶根据其初始门尼黏度分为软丁腈橡胶和硬丁腈橡胶。软丁腈橡胶可塑性较高（门尼黏度在65以下），一般不需要塑炼或短时间塑炼即可。硬丁腈橡胶可塑性低（门尼黏度一般为90～120），工艺性能差，必须进行充分塑炼才能进行进一步加工。丁腈橡胶塑炼较为困难，为获得较好的塑炼效果，应采用低温薄通法进行塑炼。要严格控制塑炼温度（辊温最好为30～40℃）、减小辊距（0.5～1mm）和容量（约为天然橡胶容量的1/3～1/2）。利用分段塑炼并加强冷却（如冷风循环爬架装置）才能提高塑炼效果。丁腈橡胶在高温塑炼条件下，会导致生成凝胶，不能获得塑炼效果，因此，不能使用密炼机塑炼。

6. 丁基橡胶

丁基橡胶的初始门尼黏度为37～75时，一般不需要塑炼。但对丁基橡胶进行适当塑炼，可稍许提高生胶可塑性，改善加工性能。用开炼机塑炼时，应采用低辊温（25～35℃）、小辊距操作。

## 二、混炼

为了提高橡胶制品的使用性能，改善加工工艺性能（便于压延、压出、成型等）以及节约生胶，降低成本，必须在橡胶中加入各种配合剂。在炼胶机上，将各种配合剂均匀地混入生胶中的工艺过程称为混炼。一般混炼过程中加料顺序原则是：固体软化剂较难分散，应先加；小料用量少，作用大，为提高分散效果，较先加入；液体软化剂一般在补强填充剂吃净后再加,以免补强填充剂结团,胶料打滑;硫化剂、超速促进剂一般最后加入,以防焦烧。混炼设备通常有开炼机和密炼机。密炼机混炼生产效率高、劳动强度小、操作安全、环境卫生条件好。

混炼胶的质量对半成品的工艺加工性能和成品质量具有决定性的影响。胶料混炼不好,会出现配合剂分散不均匀、胶料可塑度过低或过高以及焦烧和喷霜等现象。不仅会使压延、压出、涂胶、硫化等后续工艺难以正常进行,而且会导致成品性能下降。在生产中,每次的混炼胶都要进行快速检验,以判断混炼胶中配合剂是否分散均匀,有无漏加、错加,操作是否符合工艺要求等。通常采用的检查项目可分为分散度检查、均匀性检查、流变性检查等。

常用橡胶的混炼特性如下。

### 1. 天然橡胶

天然橡胶具有良好混炼特征。其包辊性好,对配合剂的湿润性好,吃粉快,辊炼时间短,混炼操作易于掌握。天然橡胶可采用开炼机或密炼机混炼。开炼机混炼时辊温一般控制在50～60℃,由于天然橡胶包热辊,则前辊温度较后辊温度高5℃。密炼机混炼时,多采用一段混炼法,排胶温度一般控制在140℃。

### 2. 丁苯橡胶

丁苯橡胶混炼时,生热较大,胶料升温快,因此混炼温度应比天然橡胶低。此外,丁苯橡胶对配合剂的湿润能力较差,配合剂在丁苯橡胶中较难混入,因此混炼时间要比天然橡胶长。采用开炼机混炼时,要加强辊筒冷却,装胶容量应少于天然橡胶10%～15%,辊距也宜较小(一般为4～6mm),混炼温度控制在45～55℃,前辊温度应低于后辊温度5～10℃,混炼时间应比天然橡胶长20%～40%。采用密炼机混炼时,一般采用二段混炼法。装胶容量应比天然橡胶少(容量系数一般取0.60左右),炭黑也应分批加入,排胶温度应控制在130℃以下。

### 3. 顺丁橡胶

顺丁橡胶混炼效果较差。其包辊性差,混炼时易脱辊,一般需与天然橡胶、丁苯橡胶并用。开炼机混炼时,宜采用二段混炼法。为防止脱辊,宜采用小辊距(一般为3～5mm)、低辊温(40～50℃),前辊温度低于后辊温度5～10℃的工艺条件。密炼机混炼可采用一段混炼或二段混炼方法,其效果较开炼机混炼好,排胶温度可控制在130～140℃。

### 4. 氯丁橡胶

氯丁橡胶开炼机混炼时生热大,易粘辊,易焦烧,配合剂分散较慢。因此混炼温度宜低,容量宜小,辊筒速比也不宜大。用开炼机混炼时,为避免粘辊,辊温一般控制在40～50℃以下(前辊温度比后辊温度低5～10℃),并且在生胶捏炼时,辊距要逐渐由大到小进行调节。

硫黄调节型氯丁橡胶的混炼时间一般比天然橡胶长30%～50%,非硫黄调节型氯丁橡胶混炼时间可比硫黄调节型氯丁橡胶短20%左右。由于氯丁橡胶易于焦烧,故密炼机混炼时通常采用二段混炼方法。混炼温度应较低(排料温度一般控制在100℃以下),装胶容量比天然橡胶低(容量系数一般取0.50～0.55),氧化锌在第二段混炼时的压片机上加入。

### 5. 丁腈橡胶

丁腈橡胶通常用开炼机混炼,但其混炼性能差。开炼机混炼时通常采用小辊距(3～

4mm)、低辊温（35～50℃，前辊温度低于后辊温度5～10℃）、低速比、小容量（为普通合成橡胶的70%～80%）和分批逐步加药的方法。由于丁腈橡胶的生热量大，通常不采用密炼机混炼。

### 6. 丁基橡胶

丁基橡胶用开炼机混炼时，包辊性差，高填充时胶料又易粘辊。生产上一般采用引料法（即待引胶包辊后再加生胶和配合剂）和薄通法（即将配方中的一半生胶用冷辊及小辊距反复薄通，待包辊后再加另一半生胶）。混炼温度一般控制在40～60℃（前辊温度应比后辊温度低10～15℃），速比不宜超过1:1.25，否则空气易卷入胶料中引起产品起泡。

丁基橡胶用密炼机混炼时可采用一段混炼和二段混炼以及逆混法。装胶容量可比天然橡胶稍大（5%～10%），混炼时间比天然橡胶长30%～50%左右。混炼温度一般一段混炼排胶温度在121℃以下，二段混炼排胶温度在155℃左右。

### 7. 乙丙橡胶

乙丙橡胶混炼效果差。用开炼机混炼时，先小辊距使生胶连续包辊，后逐渐调大辊距，加入配合剂。一般前辊温度为60～75℃，后辊温度为85℃。

## 三、压延

压延是指混炼胶料通过压延机两辊筒之间，利用辊筒之间的压力使胶料产生延展变形，制成具有一定规格、形状的胶片或使纺织材料、金属材料表面实现挂胶的工艺过程。它主要包括胶料的压片、压型、胶片的贴合、纺织物的挂胶。许多橡胶制品（如轮胎、胶管、胶带、胶片等）的半成品部件都是经过压延工艺来制造的。进行压延工艺的主要设备是压延机，压延机的类型根据辊筒数目和辊筒排列方式不同而异。通常使用的是三辊压延机和四辊压延机。压延机的辊筒排列形式有Ⅰ形、L形、倒L形（或F形）、Z形、斜Z形（或S形）、△形，如图3-1所示。

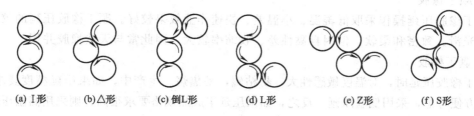

图3-1 压延机辊筒排列形式

压片是通过压延机在辊速相等的情况下，把混炼胶制成具有规定厚度和宽度，表面光滑的胶片的压延工艺。压延的胶片应表面光滑，内部无气泡或孔穴，不皱缩，厚度均匀一致。主要用于轮胎中的油皮胶、隔离胶、缓冲胶片，胶管的内胶、外胶和中间胶，输送带的上下覆盖胶，胶面胶鞋的鞋面胶等。

压型是将热炼后的胶料通过压延机制成表面有花纹并具有一定断面形状的胶片或具有一定断面形状胶片（条）的压延工艺。压型后所得半成品要求花纹清晰，尺寸规格准确，无气泡。主要用于轮胎中三角胶条、胶鞋大底和围条、V带中底胶、输送带边胶等。

贴合是通过压延机使两层未硫化薄胶片合成一层胶片的工艺过程，通常用于制造较厚，但质量要求较高的胶片，以及由两种不同胶料组成的胶片、夹布层胶片。

在纺织物上的压延分为贴胶、压力贴胶和擦胶。贴胶是使纺织物和一定厚度的胶片同时通过等速回转的辊筒间隙，在辊筒压力的作用下，贴合成为覆有一定厚度胶层的挂胶纺织物的工艺过程。三辊压延机进行贴胶工艺时，中辊与下辊辊速相等，如图 3-2 所示。压力贴胶与贴胶的差别是贴合辊距之间存在一定量的积胶，利用辊筒压力和积胶的压力将胶料挤压到布缝中去，从而提高胶料对织物的附着力。擦胶是利用压延机两个速度不同的辊筒之间产生的剪切力将胶料挤入纺织物组织的缝隙中的压延工艺。三辊压延机进行擦胶工艺时，中辊转速大于上辊、下辊辊速，如图 3-3 所示。

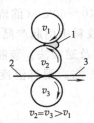

图 3-2　贴胶
1—胶料；2—纺织物；3—胶布

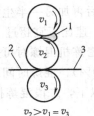

图 3-3　擦胶
1—胶料；2—纺织物；3—胶布

常用橡胶的压延特性如下。

1. 天然橡胶

天然橡胶易于压延，压延时对温度的敏感性小，压延工艺较易掌握。压延后半成品收缩率小，表面光滑，尺寸稳定性好，并与纺织物的黏着性良好。

2. 丁苯橡胶

丁苯橡胶在压延作业中应充分热炼，多次薄通。压延温度低于天然橡胶（一般低 5~10℃），压延速度也低于天然橡胶（一般低 5m/min 左右）。由于丁苯橡胶易包冷辊，故各辊筒温度应由高到低。压延后的半成品做到充分冷却及停放，这对半成品尺寸稳定十分有利。

3. 顺丁橡胶

顺丁橡胶压延操作采取低辊温、小温差、快速作业效果较好。顺丁橡胶压延的胶片较丁苯橡胶光滑、致密和柔软，但因自黏性差、收缩率较大，因此常与天然橡胶并用。

4. 氯丁橡胶

氯丁橡胶压延时，对温度敏感性大，易粘辊，易焦烧。生产中，如果压延精度要求不高，从加工方便考虑，采用低温压延。反之，如果压延半成品规格要求很高，则采用高温压延。

5. 丁腈橡胶

丁腈橡胶压延操作十分困难。压延后半成品收缩率比丁苯橡胶更大，表面粗糙。并且丁腈橡胶胶料的黏性小，也易包冷辊。因此丁腈橡胶压延前的热炼工艺宜在辊温较高、容量小、时间稍长的条件下进行，以确保压延操作的顺利进行。压延时中辊温度应低于上辊，下辊温度稍低于中辊，温差要小。

6. 丁基橡胶

丁基橡胶压延时排气困难，胶片内易出现针孔、表面不光滑、收缩率较大以及胶片表面易产生裂纹。而且丁基橡胶有包冷辊的特性，因此，包胶辊筒的温度应低些。为消除气泡、便于压延和降低收缩率，上、下辊温度都应比其他橡胶高。

7. 乙丙橡胶

乙丙橡胶自黏性极差，并有包冷辊的特点。压延时可掌握比天然橡胶慢些的压延速度以及与天然橡胶接近的压延温度，但中辊温度要低些，下辊温度可稍高于上辊温度，以便顺利包辊压延，并排除气泡。

## 四、压出

压出是胶料在压出机螺杆的挤压下，通过一定形状的口型（中空制品是口型加芯型）进行连续造型的工艺过程。压出成型生产过程是连续的，生产效率高，应用范围广。能挤出各种胎面、内胎、胶管、胶条、中空制品及异型橡胶制品等。

常用橡胶的压出特性如下。

1. 天然橡胶

天然橡胶比合成橡胶易于压出，其压出速度快，压出变形较小，半成品表面光滑，尺寸稳定性好，致密性高。

2. 丁苯橡胶

丁苯橡胶压出比较困难。压出速度较慢，压出变形较大，半成品表面较粗糙。

3. 顺丁橡胶

顺丁橡胶压出性能比天然橡胶略差，表现为压出变形稍大，压出速度较慢。

4. 氯丁橡胶

氯丁橡胶的压出变形比天然橡胶大，但比丁基橡胶小。由于氯丁橡胶对温度的敏感性强和易焦烧，因此压出时应利用其弹性状态温度范围，一般采用冷机筒（低于50℃）、热机头（60℃左右）、热口型（低于70℃）的压出工艺条件。

5. 丁腈橡胶

丁腈橡胶压出性能差，压出半成品断面膨胀率大，表面粗糙，易焦烧，故压出速度应控制得较慢。

6. 丁基橡胶

丁基橡胶压出困难，其压出速度缓慢，压出变形大，生热大。因此，需严格控制压出温度，机身温度要低，口型温度应高些。

7. 乙丙橡胶

乙丙橡胶比其他合成橡胶容易压出，压出速度较快，压出变形较小。

## 五、成型

橡胶成型工艺是把构成制品的各部件，通过粘贴、压合等方法，组合成具有一定形状的整体的工艺过程。

不同类型的橡胶制品，其成型工艺各不相同。全胶类制品，如各种模型制品，成型工艺比较简单，即将压延或压出的胶片或胶条切割成一定形状或简单造型，放入模型中硫化后即可得到相应橡胶制品。而含有一定骨架材料（纺织物或金属）的橡胶制品，如轮胎、胶管、胶带、胶鞋等，则必须借助一定的机械设备，通过粘贴或压合等方法将各零件组合而成型，再经硫化可得橡胶制品。

## 六、硫化

硫化通常是橡胶制品生产的最后一个工艺过程。硫化是指将具有一定塑性的混炼胶经过适当加工（如压延、压出、成型等）而制成的半成品在一定外部条件下通过化学因素（如硫化体系）或物理因素（如γ射线）的作用，重新转化为弹性橡胶或硬质橡胶，从而获得使用性能的工艺过程。硫化的实质是橡胶的微观结构发生了质的变化，即线型的橡胶分子结构转化为空间网状结构。在硫化过程中，外部条件（如加热或辐射）使胶料中的生胶与硫化剂，生胶与生胶之间发生化学反应，由线型橡胶大分子交联成立体网状结构的大分子，从而获得更加完善的物理性能和化学性能，满足产品的使用需要。硫化所必需的工艺条件为：温度、时间和压力。硫化方法按其使用的硫化条件不同，可分为冷硫化、室温硫化和热硫化。硫化设备有平板硫化机、硫化罐、注射硫化机、鼓式硫化机、自动定型硫化机等。

常用橡胶的硫化特性如下。

1. 天然橡胶

天然橡胶易硫化，硫化速度快，胶料的流动性好，可采用多种方法进行硫化。天然橡胶的最适宜硫化温度为143℃，最安全的硫化温度为150℃，当硫化温度超过163℃时，将会发生解聚，导致严重硫化返原现象。

2. 丁苯橡胶

丁苯橡胶硫化速度比较慢，硫化曲线平坦，流动性差。丁苯橡胶不像天然橡胶那样易发生硫化返原现象，所以，硫化时间再长些也比较安全。丁苯橡胶最适宜的硫化温度为151℃，最高一般不得超过190℃。

3. 顺丁橡胶

顺丁橡胶在模型中易流动，有利于模型硫化。硫化速度介于天然橡胶和丁苯橡胶之间，硫化平坦性较好。顺丁橡胶最适宜的硫化温度为151℃，最高一般不得超过170℃。

4. 氯丁橡胶

氯丁橡胶一般采用金属氧化物硫化，氧化锌和氧化镁都可以单独硫化氯丁橡胶，两者并用效果最佳。氯丁橡胶可与其他通用橡胶硫化方法相同，其硫化温度比天然橡胶稍高，在150℃以上，最高一般不得超过170℃。

5. 丁腈橡胶

丁腈橡胶比天然橡胶硫化速度慢，但丁腈橡胶硫化温度范围较宽（丁腈橡胶硫化温度一般为140~200℃），无硫化返原现象。

6. 丁基橡胶

丁基橡胶硫化速度很慢，需要采用超促进剂和高温、长时间才能硫化。丁基橡胶比天然橡胶、顺丁橡胶、丁苯橡胶、丁腈橡胶硫化困难。因此，丁基橡胶宜采用较高硫化温度（一般为150~180℃），最高不要超过200℃。

7. 乙丙橡胶

三元乙丙橡胶硫化速度较慢，但高温下硫化速度快，无硫化返原现象。一般硫化温度为150~180℃，最高不要超过200℃。

## 知识拓展  橡胶输送带的特点及加工方法

1. 橡胶输送带的结构

各种输送带的结构一般都由带芯、覆盖胶、边胶等构成。

带芯是输送带的骨架,承受输送带工作时的全部负荷;覆盖胶是输送带的保护层,保护带芯在工作时不受物料的冲击、磨损、腐蚀等,防止带芯发生早期损坏,延长输送带的使用寿命;边胶的作用是防止输送带磨边,一般输送带两侧加贴边胶,增加耐磨性和抗撕裂性。输送带的结构如图3-4所示。

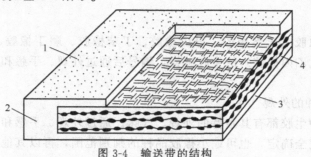

图3-4 输送带的结构
1—上覆盖胶;2—边条胶;3—下覆盖胶;4—带芯

2. 输送带的特点

输送带是带式输送机的主要部件。输送带的用途非常广泛,广泛应用于采矿、煤炭、冶金、化工、建筑、航运、铁路等各行业。既可以运送块状、粒状、粉状的物品,又可以运送各种液体或载人。与其他交通工具相比,输送带具有操作安全、使用简便、维修容易、节省人力、节省能源、运输费用低、污染小等特点。与汽车、火车相比,输送带适于大坡度,缩短输送距离,使运输生产连续化、高效化,具有重大技术经济价值。

3. 输送带的加工方法

带芯:带芯的骨架材料可以是维尼纶、尼龙、聚酯、钢丝绳、钢丝带等。加工方法是在骨架材料上挂胶,利用压延工艺进行。

覆盖胶、边胶:工艺顺序为生胶塑炼、塑炼胶与各种配合剂均匀混炼、混炼胶的压片采用压延机压片,在一定工艺条件下,制成一定厚度、宽度的胶片,用垫布隔离卷曲供成型使用。

成型:将压延卷曲的胶布挂在成型机挂料架上,按一定成型方法进行依次贴合,并经压合机压紧成带芯,然后贴上覆盖胶和边胶,用垫布隔离卷曲供硫化使用。

硫化:输送带一般采用平板硫化机硫化,也可采用鼓式硫化机。硫化时采用分段硫化,在带侧两边上放垫铁板,在带的表面放置一层特制的无纺布,作用是使输送带表面光滑,不窝气。

# 通用橡胶材料的简易鉴别

## 单元一 根据形态、燃烧特性鉴别橡胶品种

**能力目标**

能够鉴别常用橡胶品种。

## 模块三 橡胶

> **知识目标**
> 了解橡胶材料的表观特征、燃烧特征,掌握橡胶材料简易鉴别方法。

### 一、形态鉴别法

1. 试验

准备各种常用橡胶(天然橡胶、异戊橡胶、丁苯橡胶、顺丁橡胶、氯丁橡胶、丁腈橡胶、丁基橡胶、三元乙丙橡胶)的生胶试样,编号后通过外观、手感和气味,鉴别试样,确定橡胶品种。

2. 常见橡胶品种的外观

未加填料的各种生胶都有其独特的外观、气味。通过外观、手感和气味一般可以判断出橡胶品种,如不能完全确定,也可缩小橡胶品种的判别范围,再以其他试验可以确定。

天然橡胶分为烟胶片、绉胶片、颗粒胶(标准马来西亚橡胶)。烟胶片呈棕黄色,表面带有菱形花纹。绉胶片由于杂质含量不同,呈现不同颜色。杂质含量由少至多,颜色由洁白(白绉胶片)至浅黄色(乳黄绉胶片),而杂胶绉胶片一般色深,杂质多,多为褐色。颗粒胶胶质比烟胶片软。部分橡胶材料的外观、手感特征见表3-1。

表3-1 部分橡胶材料的外观、手感特征

| 橡胶品种 | 外观、手感特征 |
| --- | --- |
| 异戊橡胶 | 异戊橡胶与天然橡胶相比,质量与外观较均匀,颜色较浅,外观颜色米黄色至淡琥珀色 |
| 丁苯橡胶 | 外观颜色淡黄色至淡褐色,透明至半透明 |
| 顺丁橡胶 | 淡黄色至淡褐色,透明至半透明 |
| 氯丁橡胶 | 淡黄色至淡褐色,半透明 |
| 丁腈橡胶 | 浅黄色至棕褐色,略带臭味的弹性体 |
| 丁基橡胶 | 白色或灰白色半透明弹性体,或黄白色黏弹性固体 |

### 二、燃烧鉴别法

1. 试验

取各种常用橡胶(天然橡胶、异戊橡胶、丁苯橡胶、顺丁橡胶、氯丁橡胶、丁腈橡胶、丁基橡胶、三元乙丙橡胶)的生胶条状试样,编号,将试样用镊子夹住,然后慢慢伸向火焰,观察其可燃性、火焰色泽、烟的浓淡,或离开火焰后的燃烧特征,同时闻其气味,据此判断是何种橡胶材料。

2. 常见橡胶品种的燃烧特征

正常结构的橡胶具有不同的燃烧特征。考察橡胶的燃烧性、自燃性、火焰特征、形态、颜色和气味等可以初步判断一些胶种。主要观察以下现象。

① 试样是否易点燃。
② 火焰特征、形态、颜色。
③ 试样燃烧时发烟情况及燃烧气味。
④ 试样是否自熄。
⑤ 试样燃烧过程中变形情况及残留物的形态。

燃烧特征很明显的胶种一般不做证实试验即可确定。对于不能确定胶种的，可根据燃烧特征，确定橡胶品种范围，再进一步通过其他试验方法加以确定，将大大简化工作程序，加快工作进程。

一般丁二烯类橡胶、含苯环的橡胶以及其他不饱和的橡胶，在燃烧时产生大量黑烟，同时喷射火花与火星；含氯、溴的橡胶在燃烧过程中火焰根部呈绿色，当橡胶与铜丝同在火焰上加热时，其根部的绿色更为明显。除卤化丁基橡胶外，当燃烧后离开火焰时均有自熄性；饱和结构的橡胶，如聚异丁烯橡胶、聚氨酯橡胶、聚丙烯酸酯橡胶和含有少量不饱和双键成分的丁基橡胶易燃烧，火焰根部呈蓝色，黑烟也较少；含有非碳链结构的橡胶，其中硅橡胶燃烧时，冒白烟，火焰呈亮白色，燃烧后的残渣上留有白色的二氧化硅。聚硫橡胶易燃烧，有明显的紫色火焰，火焰最外层为砖红色，同时产生特殊的硫化氢臭味。常见橡胶的燃烧特征见表3-2。

表 3-2　常见橡胶的燃烧特征

| 橡胶名称 | 燃烧性 | 自熄性 | 火焰特征 | 残渣气味 |
|---|---|---|---|---|
| 异戊橡胶 | 易 | 无 | 橙黄色火焰，喷射火花或火星，冒浓黑烟 | 软化淌滴，起泡，残渣无黏性 |
| 丁苯橡胶 | 易 | 无 | 橙黄色火焰，喷射火花或火星，冒浓黑烟 | 略膨胀，残渣带节，无黏性 |
| 顺丁橡胶 | 易 | 无 | 橙黄色火焰，喷射火花或火星，冒浓黑烟 | 残渣无黏性 |
| 氯丁橡胶 | 难（中等） | 有（慢） | 火焰根部呈绿色，与铜丝一起加热时绿色更明显 | 膨胀 |
| 丁腈橡胶 | 易 | 无 | 橙黄色火焰，喷射火花或火星，冒黑烟 | 略膨胀，残渣带节，无黏性 |
| 丁基橡胶 | 易 | 无 | | 熔化淌滴，起泡 |
| 三元乙丙橡胶 | 易 | 无 | 火焰根部呈蓝色、冒泡 | 无烟，淌滴，烟雾具有石蜡味 |

### 知识拓展　天然橡胶与异戊橡胶的鉴别

天然橡胶中含有一种可以被丙酮抽出的 $\beta$-谷甾醇，它与磷钼酸产生特征蓝色，而异戊橡胶不含此成分，因此可以区别二者。

试验方法如下。

取1g剪碎的试样，在抽提器中用丙酮抽提4h。抽提液经浓缩后，使用硅胶薄层板进行薄层色谱分析，以石油醚-乙醚（体积比1∶1）混合液展开，用5%磷钼酸的乙醇溶液显色，如为天然橡胶，其中 $\beta$-谷甾醇立即呈现蓝色斑点，其 $R_f$ 值为0.5。如果用苯作展开剂，则 $R_f$ 值为0.11。鉴定时用已知的 $\beta$-谷甾醇做对比试验。

## 单元二　根据玻璃化转变温度、脆化温度鉴别橡胶品种

**能力目标**

能够通过橡胶材料玻璃化转变温度、脆化温度鉴别橡胶品种。

**知识目标**

了解橡胶的力学状态，掌握橡胶品种的脆化温度、玻璃化转变温度的差异。

### 一、玻璃化转变温度鉴别法

玻璃化转变温度是高聚物链段开始运动（或被冻结）的温度，用 $T_g$ 表示。它是橡胶材

料使用的耐寒温度（或最低使用温度）。玻璃化转变温度主要由大分子主链柔顺性、分子间作用力、分子量来决定。因此，不同结构的橡胶品种具有不同的玻璃化转变温度，可根据不同结构的橡胶具有相应的玻璃化转变温度来鉴别出橡胶品种。

常见橡胶的玻璃化转变温度见表 3-3。

橡胶材料的玻璃化转变温度可利用 KH-111 型温度-形变曲线仪进行测定。KH-111 型温度-形变曲线仪由制冷装置、形变测量、等速升温和联动控制四部分组成。其结构示意图如图 3-5 所示。

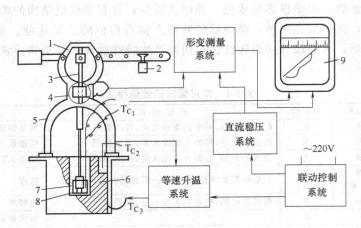

图 3-5　KH-111 型温度-形变曲线仪结构示意图
1—天平臂；2—砝码；3—压杆；4—差动变压器；5—架子；6—高低温炉；7—样品池；8—试样；
9—LC-4 型三点式记录仪；$T_{C_1}$—热电偶；$T_{C_2}$—铂电池；$T_{C_3}$—加热炉丝

## 二、脆化温度鉴别法

脆化温度是指材料在受强力作用时，从韧性断裂转为脆性断裂时的温度，用 $T_b$ 表示。表征橡胶材料发生脆性断裂时的温度。脆化温度的高低可以说明橡胶材料的耐寒性。

不同结构的橡胶品种具有不同的脆化温度，可根据不同结构的橡胶具有相应的脆化温度来鉴别出橡胶品种。常见橡胶的玻璃化转变温度、脆化温度见表 3-3。

脆化温度试验我国有两个试验标准：①单试样脆化温度试验；②多试样脆化温度试验。试验设备用 KH-111 型温度-形变曲线仪。

表 3-3　常见橡胶的玻璃化转变温度、脆化温度

| 橡胶名称 | 玻璃化转变温度/℃ | 脆化温度/℃ | 橡胶名称 | 玻璃化转变温度/℃ | 脆化温度/℃ |
| --- | --- | --- | --- | --- | --- |
| 天然橡胶 | −72 | −60～−55 | 氯丁橡胶 | −40 | −35 |
| 异戊橡胶 | −73 | | 丁腈橡胶 | −26 | −20～−10 |
| 丁苯橡胶 | −57 | −45 | 丁基橡胶 | −74 | −51～−48 |
| 顺丁橡胶 | −105～−103 | −50～−45 | 三元乙丙橡胶 | −57 | −94 |

因为橡胶的玻璃化转变温度、脆化温度，其值是一个范围，所以橡胶的玻璃化转变温度、脆化温度试验很少单独用于橡胶材料的鉴别。但由于橡胶的玻璃化转变温度、脆化温度试验易进行，可以快速缩小橡胶品种的判别范围，再利用其他试验方法加以确定，将大大加快判别过程。

## 高聚物的力学状态

高聚物在一定应力作用下,随着温度的变化,一般热运动不同,可以呈现不同的聚集状态,这种聚集状态称为高聚物的力学状态。高聚物的不同力学状态,相互转变过程中,许多物理性能会发生突变(例如膨胀系数、比热容、热导率、密度、弹性模量等)。利用物理性能-温度曲线可以研究高聚物的性能与温度的关系,并且可测定高聚物的玻璃化转变温度、黏流温度、脆化温度,对研究高聚物的耐热性、耐寒性、加工温度的制定有着重要意义。

线型非晶高聚物与结晶高聚物物理状态变化不同,而未硫化橡胶是线型非晶高聚物,在此只介绍线型非晶高聚物的力学状态。

线型非晶高聚物力学状态有三态,分别为玻璃态、高弹态、黏流态,如图3-6所示。

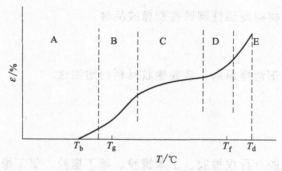

图3-6 线型非晶高聚物在一定负荷下的温度-形变曲线
A—玻璃态;B—过渡区;C—高弹态;D—过渡区;E—黏流态;$T_b$—脆化温度;
$T_g$—玻璃化转变温度;$T_f$—黏流温度;$T_d$—热分解温度

A区:橡胶在很低温度下,当施加负荷时,形变值较小,这时橡胶无弹性,质硬如玻璃,称为玻璃态。

C区:当施加负荷时,马上发生形变。此时橡胶呈高弹性,称为高弹态。高弹态时,产生形变和形变恢复能力均高,而且两者平衡,宏观上形变不随温度改变,曲线斜率为零。

E区:施加负荷时,此时橡胶有一定体积,但无固定形状像黏性液体一样,称为黏流态。

玻璃化转变温度:在橡胶由玻璃态向高弹态转变时的过渡区,用 $T_g$ 表示,是橡胶使用的最低温度。在此区间,许多物理性能,如膨胀系数、比热容、热导率、密度、弹性模量都会发生突变,可利用这些突变来测定玻璃化转变温度,因此测定玻璃化转变温度的方法很多,如差热分析法、膨胀计法、热容法、波谱法、热机械曲线法等。用不同方法测得的玻璃化转变温度所得数据不尽相同,但大体接近。所以在引用玻璃化转变温度数据时,应注明测试条件。

黏流温度:在橡胶由高弹态向黏流态转变时的过渡区,用 $T_f$ 表示,是橡胶成型加工的最低温度。黏流温度的测定采用测定玻璃化转变温度的方法。由于黏流温度是制定加工温度的重要依据,测定时的压力与加工条件越接近越好。

脆化温度：高聚物在玻璃态时，一般不会发生高弹形变。但在一定外力下，玻璃态时，高聚物也可以拉长 100%～200%，但去除外力后不能恢复，只有加热到玻璃化转变温度以上时，形变才能自动回缩。这种形变与橡胶的高弹形变不同，而且是在很大外力下才产生形变，称为强迫高弹形变，弹性为强迫高弹性。发生这种形变的最低应力称为强迫高弹形变的极限应力。当继续降至某一温度以下时，产生强迫形变之前便脆性断裂，此时所对应的温度为脆化温度，表示为 $T_b$。脆化温度试验中将材料受强力作用时，从脆性断裂转为韧性断裂时的温度称为脆化温度。

## 单元三　根据耐油性鉴别橡胶品种

**能力目标**

能够通过橡胶材料耐油性测试鉴别橡胶品种。

**知识目标**

了解橡胶的溶剂选择原则，掌握橡胶材料的耐油性。

### 一、耐油性

1. 试验

取两组各种常用橡胶（异戊橡胶、丁苯橡胶、顺丁橡胶、氯丁橡胶、丁腈橡胶、丁基橡胶、三元乙丙橡胶）的生胶条状试样，编号。各取 7 组化学试剂汽油、丙酮放于烧杯中并贴好标签，把试样分别浸于各种化学溶剂中，观察试样在溶剂中的变化情况（是否溶胀、溶解），据此判断是何种橡胶。

2. 常用橡胶的耐油性

橡胶耐油性试验很少单独用于橡胶材料的鉴别，因为橡胶的溶胀、溶解过程缓慢，一般要几天，甚至几个星期才能完成溶解过程，并且橡胶的体积膨胀率不易精确测量，其值是一个范围。但由于橡胶的耐油性试验易进行，可以快速缩小橡胶品种的判别范围，再利用其他试验方法加以确定，将大大加快判别过程。

异戊橡胶、丁苯橡胶、顺丁橡胶、丁基橡胶、三元乙丙橡胶在汽油中可以溶胀、溶解，不能溶于丙酮。异戊橡胶、顺丁橡胶在汽油中溶胀相对较快。氯丁橡胶、丁腈橡胶在丙酮中可以溶胀、溶解，不能溶于汽油。

总之，橡胶耐油性的优劣与橡胶大分子的结构有关。往往以橡胶的极性来判断其耐油性。在常用橡胶中，丁腈橡胶是一种通用的耐油橡胶，由于分子结构中含有极性的侧氰基，分子具有较强的极性，耐油性强，并且丙烯腈含量越高，分子极性越大，其耐油性越强。在通用橡胶中，氯丁橡胶也常用于耐油橡胶制品，对动物油有很好的抗耐性，对汽油有中等的抗耐性。天然橡胶、丁苯橡胶、顺丁橡胶、丁基橡胶、乙丙橡胶耐油性差。其耐油性顺序为：丁腈橡胶＞氯丁橡胶＞乙丙橡胶＞丁基橡胶＞天然橡胶、丁苯橡胶。常用橡胶的耐油性见表 3-4。

表 3-4　常用橡胶的耐油性（体积膨胀率）　　　　　单位：%

| 溶剂名称 | 天然橡胶 | 丁苯橡胶 | 丁腈橡胶 | 氯丁橡胶（G 型） |
|---|---|---|---|---|
| 汽油 | 75～200 | 75～150 | — | 10～40 |
| 煤油 | 50～150 | 60～125 | — | 10～40 |
| 苯 | 175～450 | 175～450 | 75～125 | 100～400 |
| 丙酮 | 10～40 | 10～30 | 100～200 | 15～50 |
| 酒精 | 0～10 | 0～10 | 3～10 | 5～20 |
| 四氯化碳 | 200～500 | 115～450 | 25～40 | 100～200 |
| 润滑油 | 50～400 | 50～300 | — | 0～150 |

## 二、溶剂选择原则

橡胶制品的耐油性往往也包含耐各种溶剂在内，属广义的耐油性，因此耐油性实质是橡胶耐油和有机溶剂的溶胀作用。橡胶在溶剂中的溶解或溶胀能力取决于橡胶和溶剂的化学性质。

橡胶等高聚物溶剂的选择，不仅直接影响到橡胶等高聚物能否溶解，而且对利用橡胶等高聚物的溶液，对高分子的结构、性能以及加工进行研究具有重要意义。溶解某一高聚物时，可以借用小分子溶液的某些规律，进行溶剂的选择。

1. 极性相近原则

极性相近原则是人们在长期研究小分子溶质溶解过程中总结出来的规律：极性溶质溶于极性溶剂，非极性溶质溶于非极性溶剂。这一规律在一定程度上也适用于橡胶等高聚物的溶解。例如，天然橡胶、丁苯橡胶是非极性无定形高聚物，能溶于烃类化合物等非极性溶剂中（如汽油、苯、甲苯、石油醚、己烷等及其卤素衍生物）。极性的氯丁橡胶能溶于极性的丁酮中。但是，这种极性相近原则谈得比较笼统，于是，又提出了新的判断，溶剂能否溶解高聚物的原则。

2. 溶解度参数相近原则

溶解度参数（$\delta$）的数值等于"内聚能密度"的平方根，而内聚能是指从液体中将一个分子迁移到离开周围分子很远的地方所需要的能量。由此，溶解度参数实际上也是表征分子间力大小的一种参数。溶质与溶剂的溶解度参数相近意味着溶剂与溶质分子之间的作用力同溶剂分子或溶质分子之间的作用力相近。因此，溶剂分子依靠溶质分子与溶剂分子之间的作用力能将溶质分子从其聚集体中分离，从而形成溶液。

高聚物的溶解度参数和常见溶剂的溶解度参数分别见表 3-5、表 3-6。

表 3-5　高聚物的溶解度参数

| 聚合物 | $\delta_1/(J/cm^3)^{1/2}$ | $V_1/(cm^3/mol)$ | 内聚能/(J/mol) |
|---|---|---|---|
| 聚乙烯 | 15.8～17.1 | 32.9 | 8171～9595 |
| 聚丙烯 | 16.8～18.8 | 49.1 | 13827～17430 |
| 聚异丁烯 | 16.0～16.6 | 66.8 | 17011～18352 |
| 聚氯乙烯 | 19.2～22.1 | 45.2 | 16118～22031 |
| 聚偏二氯乙烯 | 20.3～25 | 58.0 | 23799～36160 |
| 聚四氟乙烯 | 12.7 | 50.0 | 8045 |
| 聚三氟氯乙烯 | 14.7～16.2 | 61.8 | 13408～16173 |
| 聚乙烯醇 | 25.8～29.1 | 35.0 | 23296～29581 |

续表

| 聚合物 | $\delta_1/(J/cm^3)^{1/2}$ | $V_1/(cm^3/mol)$ | 内聚能/(J/mol) |
|---|---|---|---|
| 聚醋酸乙烯酯 | 19.9～22.6 | 72.2 | 26439～36956 |
| 聚苯乙烯 | 17.4～19.0 | 98.0 | 29665～35531 |
| 聚丙烯酸甲酯 | 19.9～21.3 | 70.1 | 27654～31760 |
| 聚甲基丙烯酸甲酯 | 18.6～26.2 | 86.5 | 30000～59372 |
| 聚丙烯腈 | 25.6～31.5 | 44.8 | 29330～44498 |
| 聚丁二烯 | 16.6～17.6 | 60.7 | 16676～18813 |
| 聚异戊二烯 | 16.2～20.5 | 75.7 | 20657～31718 |
| 聚对苯二甲酸乙二酯 | 19.9～21.9 | 143.2 | 56439～68674 |
| 聚己二酰己二胺 | 27.8 | 208.3 | 580315 |
| 聚甲醛 | 20.9～22.5 | 25.0 | 10894～12696 |
| 聚二甲基硅氧烷 | 14.95～15.55 | 75.6 | 16886～18017 |
| 二硝酸纤维素 | 21.5 | | |
| 硝酸纤维素 | 23.6 | | |
| 二醋酸纤维素 | 23.3 | | |
| 聚氨基甲酸酯 | 20.5 | | |
| 环氧树脂 | 19.8 | | |
| 氯丁橡胶 | 16.8～18.9 | 71.3 | 20070～25559 |
| 丁腈橡胶 | 17.8～21.1 | | |
| 丁苯橡胶 | 16.6～17.8 | | |
| 乙丙橡胶 | 16.2 | | |
| 天然橡胶 | 16.5～16.9 | | |

注：表中 $\delta$ 为溶解度参数；$V$ 为摩尔体积。

表 3-6 常见溶剂的溶解度参数

| 溶　剂 | $\delta_1/(J/cm^3)^{1/2}$ | $V_1/(cm^3/mol)$ | 溶　剂 | $\delta_1/(J/cm^3)^{1/2}$ | $V_1/(cm^3/mol)$ |
|---|---|---|---|---|---|
| 正戊烷 | 14.4 | 116 | 氯乙烷 | 17.4 | 73 |
| 异戊烷 | 14.4 | 117 | 1,1-二氯乙烷 | 18.6 | 85 |
| 正己烷 | 14.9 | 132 | 1,2-二氯乙烷 | 20 | 79 |
| 环己烷 | 16.8 | 109 | 三氯乙烯 | 18.8 | 90 |
| 正庚烷 | 15.2 | 147 | 四氯乙烯 | 19.1 | 101 |
| 正辛烷 | 15.4 | 164 | 氯乙烯 | 17.8 | 68 |
| 异辛烷 | 14.0 | 166 | 偏二氯乙烯 | 17.6 | 80 |
| 苯 | 18.7 | 89 | 氯苯 | 19.4 | 107 |
| 甲苯 | 18.2 | 107 | 水 | 47.4 | 18 |
| 邻二甲苯 | 18.4 | 121 | 苯酚 | 29.7 | 87.5 |
| 间二甲苯 | 18 | 123 | 乙二醇 | 32.1 | 56 |
| 对二甲苯 | 17.9 | 124 | 丙三醇 | 33.7 | 73 |
| 乙苯 | 18 | 123 | 环己醇 | 23.3 | 104 |
| 异丙苯 | 18.1 | 140 | 甲醇 | 29.6 | 41 |
| 苯乙烯 | 17.7 | 115 | 乙醇 | 26 | 57.5 |
| 二氯甲烷 | 19.8 | 65 | 正丙醇 | 24.3 | 76 |
| 氯仿 | 19 | 81 | 正丁醇 | 23.3 | 91 |
| 四氯化碳 | 17.6 | 97 | 异丁醇 | 21.9 | 91 |

续表

| 溶剂 | $\delta_1/(J/cm^3)^{1/2}$ | $V_1/(cm^3/mol)$ | 溶剂 | $\delta_1/(J/cm^3)^{1/2}$ | $V_1/(cm^3/mol)$ |
|---|---|---|---|---|---|
| 正戊醇 | 22.3 | 108 | 苯胺 | 16 | 168 |
| 正己醇 | 21.9 | 125 | 吡啶 | 21.9 | 81 |
| 正庚醇 | 20.4 | 142 | 丙烯腈 | 21.3 | 66.5 |
| 乙酸 | 25.7 | 57 | 硝基苯 | 20.4 | 103 |
| 乙酸乙酯 | 18.6 | 99 | 二硫化碳 | 20.4 | 61.5 |
| 甲基丙烯酸甲酯 | 17.8 | 106 | 二甲砜 | 29.8 | 75 |
| 丙酮 | 20.4 | 74 | 二甲亚砜 | 27.4 | 71 |
| 甲乙酮 | 19 | 89.5 | 硝基甲烷 | 25.7 | |
| 环己酮 | 20.2 | 109 | 二甲基甲酰胺 | 24.5 | |
| 二氧六环 | 20.4 | 86 | 间甲酚 | 24.3 | |
| 四氢呋喃 | 20.2 | | | | |

注：表中 $\delta$ 为溶解度参数；$V$ 为摩尔体积。

**3. 溶剂化原则**

利用极性相近原则与溶解度参数相近原则能判断和解释很多溶解现象，但却不能解释某些高聚物的溶解现象。例如，聚氯乙烯（$\delta=20.1$）可以溶解于环己酮（$\delta=20.2$），而不能溶解于二氯甲烷（$\delta=19.8$）。这说明高聚物的溶胀和溶解过程还存在其他影响因素，即溶剂化作用。溶剂化作用是指溶质（橡胶等高聚物）上的亲电子体（或亲核体）与溶剂中的亲核体（或亲电子体）接触时，溶剂分子对溶质分子相互产生作用，此作用大于溶质之间的分子内聚力，从而使溶质分子彼此分离而溶解在溶剂中的作用。常见的亲电子体和亲核体如下。

亲电子基团：—$SO_2OH$，—$COOH$，—$C_6H_4OH$，=$CHCN$，=$CHNO_2$，=$CHONO_2$，=$CHCl_2$，=$CHCl$

亲核基团：—$CH_2NH_2$，—$C_6H_4NH_2$，—$CON(CH_3)_2$，—$CONH$—，≡$PO_4$，—$CH_2COCH_2$—，—$CH_2COOCH$—，—$CH_2$—$O$—$CH_2$—

以上选择溶剂的三个原则是不同角度对实践的总结，由于橡胶等高聚物结构复杂，影响其溶解的因素是多方面的：溶解过程中，无定形高聚物的溶解度随分子量的增加而减小；结晶高聚物的溶解度不仅依赖于分子量，更重要的是依赖于结晶度，结晶度越高，分子间作用力越大，则越难溶解。因此，在实际应用时，还应具体分析橡胶等高聚物的分子量大小、极性、结晶性，然后利用三个原则加以判断。

# 橡胶材料的选用

## 单元一 橡胶品种的综合选用

**能力目标**

熟悉橡胶材料选用整个过程。

### 知识目标

了解橡胶材料的一般选用原则，掌握橡胶材料配方设计程序。

## 一、一般选用原则

（1）首先满足制品的主要性能，而对其他性能应取得综合平衡。例如耐寒运输带配方，应首先满足耐寒性的要求，设计阻燃配方首先满足阻燃要求。

（2）考虑橡胶材料加工性能与制品使用性能的平衡。在不影响制品使用性能前提下，应使橡胶材料易于进行塑炼、混炼、压延、压出、硫化，从而提高劳动生产率，减少加工过程中的能耗。

（3）保证制品使用性能前提下，考虑各种原料品种、用量，节约原材料、降低成本。

（4）避免使用有毒、污染原材料，应符合卫生及劳动环境要求。

## 二、配方设计程序

（1）收集资料、制定性能配方。了解同类产品或类似产品的配方优缺点，了解新技术及新型原材料的应用，了解产品加工工艺过程、设备。在广泛收集资料的基础上，依据产品性能要求制定性能配方。

（2）在实验室条件下对配方进行试验，选用最优配方。

（3）在生产条件下进行中试，确定成品性能及最宜工作条件。

（4）进行试生产，做出制品，并依照标准及技术条件进行试验。

（5）如不能满足要求，继续进行试验研究，改进配方，直至完全符合制品要求。

以上程序列于图 3-7 中，可根据实际情况进行。

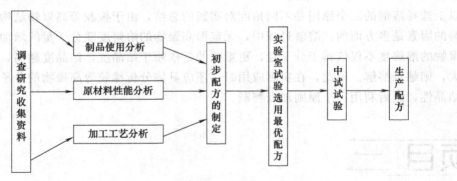

图 3-7　配方设计程序示意图

## 三、生胶品种选用

### 1. 耐热性制品的生胶选用

耐热性橡胶制品是指在高温条件下使用时，应该较长时间保持正常的物理机械性能。橡胶在高温下对氧、臭氧、高能辐射和机械疲劳有抗耐性，其拉伸强度、伸长率、弹性、硬度等性能稳定。

橡胶的耐热性取决于生胶的品种。一般有较高黏流温度、较高热分解温度、良好化学稳定性的橡胶，其耐热性好。

作为特殊耐热性橡胶制品可选用乙丙橡胶、硅橡胶、氟橡胶、氯磺化聚乙烯橡胶、聚丙烯酸酯橡胶等；一般性耐热性橡胶制品可选用丁腈橡胶、氯丁橡胶、丁基橡胶，橡胶的耐热性如下所述。

(1) 乙丙橡胶　乙丙橡胶的使用温度范围是－50～150℃，一般能在150℃下长期使用，间歇使用可耐200℃。并且乙丙橡胶的抗臭氧性、耐天候性、耐化学药品腐蚀性优异。

(2) 硅橡胶　硅橡胶的耐热性优于丁腈橡胶、氯丁橡胶、丁基橡胶、乙丙橡胶，可在200～250℃下长期使用，但其物理机械性能较低。

(3) 氟橡胶　氟橡胶在耐热老化方面可与硅橡胶媲美。其耐热性及耐介质性良好。可在200℃下接触介质及油的工作条件下连续工作。

(4) 氯磺化聚乙烯橡胶　氯磺化聚乙烯橡胶可在130～160℃下连续使用两周而性能稳定，具有良好的耐天候性、耐臭氧性、耐化学药品腐蚀性。

(5) 聚丙烯酸酯橡胶　聚丙烯酸酯橡胶分子结构具有高极性和高饱和性，所以耐热性好，可在175℃下长期使用。

(6) 丁腈橡胶　丁腈橡胶的耐热性随丙烯腈含量增加而提高。丁腈橡胶中高丙烯腈含量者耐热性最好，但工艺加工性能较差。丁腈橡胶的使用温度不超过150℃。一般用丁腈橡胶作耐热制品时，大多是要求既耐油又耐热的工作条件。

(7) 氯丁橡胶　氯丁橡胶的耐热性和丁腈橡胶相当，可在90～110℃下长时间使用，在150℃下短期使用。W型氯丁橡胶耐热性优于G型氯丁橡胶。

(8) 丁基橡胶　丁基橡胶是良好的耐热性橡胶，当采用酚醛树脂和醌肟硫化时，耐热性明显提高。卤化丁基橡胶不仅具有优越的耐热性，而且具有较好的工艺性能。

2. 耐寒性制品的生胶选用

弹性是橡胶作为工程材料最宝贵的性能之一，在很低的温度下，橡胶会逐渐丧失弹性，变硬发脆，失去使用性能。对于非结晶性橡胶，玻璃化转变温度（$T_g$）是衡量其耐寒性的温度指标。对于结晶性橡胶往往在远高于玻璃化转变温度下，就达到了最大结晶速度，很快结晶，呈结晶态，失去弹性。所以结晶性橡胶耐寒配合应抑制其在低温条件下的结晶。

各种橡胶的耐寒性与分子结构有关，具有较低玻璃化转变温度（$T_g$）的橡胶，在低温范围内仍呈现高弹性。一般来说，当主链结构具有共轭双键及醚键时的橡胶具有较高耐寒性，如顺丁橡胶、天然橡胶、丁苯橡胶、丁基橡胶、硅橡胶等。主链含有双键并具有极性侧基的橡胶耐寒性居中，如丁腈橡胶、氯丁橡胶。主链不含双键而侧链具有极性基团的橡胶耐寒性最差，如氟橡胶。所以耐寒性橡胶制品一般选用顺丁橡胶、天然橡胶、丁苯橡胶、丁基橡胶、硅橡胶。

3. 耐油性制品的生胶选用

橡胶制品在使用过程中要和各种油类接触，长期使用油类会渗透到橡胶内部使其产生溶胀，导致橡胶的物理机械性能降低，甚至丧失使用性能。因此橡胶的耐油性实质是橡胶耐油类的溶胀作用。

橡胶的耐油性，取决于橡胶和油类的极性。从高聚物溶剂的选择性原则可知，极性大的橡胶和非极性的油类接触时，两者的极性相差较大，橡胶不易溶胀。通常，橡胶的耐油性是指耐非极性油类，分子中含有极性基团的橡胶，如丁腈橡胶、氯丁橡胶、聚硫橡胶、聚醚橡胶、聚氨酯橡胶、氯磺化聚乙烯橡胶、聚丙烯酸酯橡胶、氟橡胶等对非极性的油类有良好的稳定性。而非极性橡胶，如天然橡胶、异戊橡胶、顺丁橡胶、丁苯橡胶、三元乙丙橡胶、丁基橡胶等对极性油类的稳定性好。

4. 耐化学药品腐蚀性制品的生胶选用

能引起橡胶的化学结构发生不可逆变化的介质，称为化学腐蚀性介质。橡胶与某些腐蚀性化学药品接触时，由于化学作用，使橡胶分子发生分解而失去弹性。

橡胶对化学药品的抗耐性首先取决于橡胶分子结构的饱和性及取代基的性质。如果橡胶分子结构有高度的饱和性，或者存在不活泼的取代基团，则对化学药品稳定。其次，如分子间作用力强，分子排列紧密，化学药品的渗透扩散速度慢，也能提高其耐化学药品性。所以分子结构的饱和性高，分子间作用力大，分子排列紧密的氯磺化聚乙烯橡胶、丁基橡胶可用于耐化学药品腐蚀性的橡胶制品。

5. 电绝缘性制品的生胶选用

橡胶是电的不良导体，橡胶的最大特点之一是具有高电阻率，所以橡胶通常作为比较好的绝缘材料，常被用来制造各种电绝缘制品。

橡胶在直流电场中是良好的绝缘材料，但在交流电场，不同的橡胶表现出不同的电绝缘性。在交流电场中，橡胶大分子链上某些取代基或电荷按交变频率的位移、取向而产生位移电流，即极化现象。如所产生位移电荷相对量越大，极化程度越高，电绝缘性越差。当电场频率与大分子链中某些被束缚的电荷频率不相适应时，即产生取向阻碍的滞后现象，其所消耗的电能转变为热能，称为介电损耗。介电损耗越大，橡胶生热越高，导致热老化现象，从而降低了橡胶的电绝缘性。

橡胶大分子的极性取代基是影响橡胶电绝缘性的重要因素。分子极性越大，极化程度越高，介电损耗越大，电绝缘性越差。反之，大分子结构中不含极性取代基时，则极化程度较小，电绝缘性好。所以橡胶的电绝缘性取决于分子的结构。

在常用橡胶中，丁基橡胶、乙丙橡胶、硅橡胶、天然橡胶、丁苯橡胶、顺丁橡胶等属于非极性橡胶，具有良好的电绝缘性。但应注意，对于非极性合成橡胶，聚合后的乳化剂和残余催化剂中所含的电解质，特别是水溶性离子会影响电绝缘性。

作为电绝缘性橡胶制品，最适宜的生胶品种是丁基橡胶。

6. 阻燃性制品的生胶选用

一般来说，评价材料难燃性的条件有：①靠近火焰也难燃烧（非着火性）；②离开火焰后自然熄灭（自熄性）；③火焰难以蔓延（低燃烧速度）；④燃烧中伴有火焰的材料难以滴落（非滴落性）；⑤发烟少（低发烟性）；⑥难以产生有害气体（低毒性）。

一般橡胶材料都是可燃性的。但很多部门中所使用的橡胶材料往往需要具有难燃性，即在接触火源时燃烧速度很慢，当离开火源时能很快停止燃烧而自行熄灭。为了提高橡胶制品的难燃性，选用难燃性能较好的橡胶是十分必要的。氯丁橡胶、氯磺化聚乙烯橡胶，它们在燃烧时能分解出不燃性气体，以隔绝热源和氧气，从而起到阻燃作用。所以，难燃橡胶制品应选择的生胶品种为氯丁橡胶、氯磺化聚乙烯橡胶。

## 四、相关实践选用案例

[案例1] 耐寒运输带覆盖胶配方

耐寒运输带覆盖胶配方见表3-7。

（1）制品介绍　运输带是带式运输机的主要部件。运输带主要运输各种粒状、粉状、块状和成件物品，同时还具有传递引力的作用。运输带用途非常广泛，常用于采矿、煤炭、冶

表 3-7 耐寒运输带覆盖胶配方　　　　　　　　　　　　　　　　　　　　　单位：份

| 成　　分 | 份　数 | 成　　分 | 份　数 |
|---|---|---|---|
| 天然橡胶 | 50 | 防老剂 D | 1 |
| 顺丁橡胶 | 50 | 石蜡 | 1 |
| 氧化锌 | 5 | 喷雾炭黑 | 30 |
| 硬脂酸 | 2 | 半补强炉黑 | 30 |
| 硫黄 | 2 | 机油 | 10 |
| 促进剂 CZ | 1 | 古马隆树脂 | 8 |
| 防老剂 A | 1 | 合计 | 191 |

金、化工、建筑、航运和铁路等部门。

运输带与其他运输工具相比，不仅连续化、自动化程度高、操作安全、使用方便、维修容易，而且节省人力和物力、缩短运输距离、降低工程造价、运费低、无污染、效率高。

耐寒运输带要求在低温下使用不会发生硬化而丧失高弹性，影响运输带的运输、传递功能。制品要重点满足耐寒性要求。

(2) 配方选用设计要点　耐寒性制品要求具有很好的耐低温性。制品的耐低温性与配方中很多因素有关，但从配方设计考虑，主要决定于生胶品种、硫化体系、补强剂品种等。配方设计中首先确定橡胶品种，耐低温性优良的配方宜采用耐低温性好的橡胶，如顺丁橡胶、天然橡胶、丁苯橡胶、丁基橡胶、硅橡胶等。从成本、耐寒性及制品要求考虑，前两种最为适宜，此配方选用天然橡胶与顺丁橡胶并用。制品的耐寒性除了与橡胶品种有关之外，各种配合剂对其耐寒性也有一定影响。硫化体系应采取硫黄硫化（硫黄份数为2），形成多硫交联键。多硫交联键导致拉伸强度高，伸长率大，低温性好，弹性大，热稳定性差，符合制品性能要求。为了提高制品耐低温性，补强剂选用软质炭黑——半补强炉黑、喷雾炭黑。增塑剂选用相容性好、挥发小、低温性好、难抽出的增塑剂。根据橡胶与增塑剂的相容性、耐寒性，最好选用机油系和酯类增塑剂。此配方选用的机油和古马隆树脂也符合制品要求。

[案例 2]　耐低温油密封圈胶料配方

耐低温油密封圈胶料配方见表 3-8。

表 3-8 耐低温油密封圈胶料配方　　　　　　　　　　　　　　　　　　　　　单位：份

| 成　　分 | 份　数 | 成　　分 | 份　数 |
|---|---|---|---|
| 丁腈橡胶(NBR-18) | 100 | 高耐磨炭黑 | 50 |
| 硫黄 | 2 | 癸二酸二辛酯 | 30 |
| 氧化锌 | 5 | 防老剂 A | 1 |
| 硬脂酸 | 1 | 防老剂 4010 | 1 |
| 促进剂 CZ | 1 | 合计 | 191 |

(1) 制品介绍　耐油密封圈是防止旋转轴轴承部位的润滑油（润滑剂）泄漏，并防止外界灰尘、泥沙、空气侵入而使用的部件。

耐油密封圈应用范围很广，用于汽车、拖拉机、工程机械、机床等旋转轴，也可用于低压下往复运动的动轴。

耐低温油密封圈要求制品满足对不同油有抗耐性、密封性好，并且满足在低温下制品保持弹性，不漏油的耐寒性要求。

(2) 配方选用设计要点　橡胶制品的耐油性往往也包括耐各种溶剂在内，属广义的耐油性，因此耐油性实质是橡胶耐油和有机溶剂的溶胀作用。橡胶的耐油能力取决于橡胶的化学性质，含有极性官能团的橡胶耐油性好。耐油性优良的橡胶有丁腈橡胶、氯丁橡胶、聚丙烯酸酯橡胶、氟橡胶等，其中丁腈橡胶是一种通用的耐油橡胶，并且耐油性优于氯丁橡胶，所以此配方选用丁腈橡胶。虽然丁腈橡胶的耐油性与丙烯腈含量成正比，但此配方还要求耐低温，所以选用丁腈-18。制品的耐寒性除了与橡胶品种有关之外，各种配合剂对其耐寒性也有一定影响。硫化体系应采取硫黄硫化（硫黄份数为2），形成多硫交联键。丁腈橡胶极性大，加工性能差，必须使用与其极性相近、互溶性好的增塑剂，可选用酯类增塑剂，如癸二酸二辛酯。为了提高制品的使用寿命，在耐油性制品中应选择较难被油抽出的防老剂，如防老剂A、防老剂4010。

## 单元二　根据力学特性选用橡胶品种

### 能力目标

可根据橡胶制品使用场合对力学性能的要求进行选材。

### 知识目标

了解橡胶材料的力学性能特点，掌握根据橡胶的拉伸强度、撕裂强度特点选用的一般规律。

### 一、根据拉伸强度选材

拉伸强度是橡胶硫化胶物理机械性能之一，是指试片受拉伸作用至断裂时单位面积上所承受的最大拉伸应力。拉伸强度表征橡胶制品能够抵抗拉伸破坏的极限能力。虽然橡胶制品在使用条件下，不会发生百分之百如拉伸强度试验那样大的形变，但许多制品的实际使用寿命与拉伸强度有密切相关性。例如，轮胎胎面胶、运输带覆盖胶的耐磨性与其硫化胶的拉伸强度成正比。

拉伸强度在硫化胶性能测定中较容易测定，并且它对各种加工工艺条件的变化较为敏感。由于橡胶制品使用条件复杂，拉伸强度的测定值与使用性能还存在较大差异，所以橡胶材料的拉伸强度应与其他性能一起考虑。实际上，特别是工业橡胶制品，多以拉伸强度作为产品质量的主要标准。

硫化胶的拉伸强度与许多因素有关，但从配方设计考虑，生胶品种是主要决定因素之一。一般纯胶硫化胶在外力作用下如果可以发生结晶，为结晶性橡胶，具有自补强性，拉伸强度高。天然橡胶、异戊橡胶、氯丁橡胶、丁基橡胶是结晶性橡胶，具有自补强性、较高的拉伸强度。所以要求高拉伸强度的橡胶配方宜采用天然橡胶、氯丁橡胶、丁基橡胶等具有自补强性的橡胶。丁苯橡胶和丁腈橡胶的拉伸强度最差，在拉伸强度要求不高的橡胶制品中使用。

橡胶制品在考虑拉伸强度的同时一般考虑断裂伸长率（简称伸长率）。伸长率是指试片拉断时，伸长的长度与试片原长度的百分比。它表征硫化胶网状结构变形的特性，与橡胶品种、交联密度等有关。对于要求有较高伸长率的橡胶制品可选用天然橡胶、氯丁橡胶、丁基橡胶等橡胶材料。

可根据橡胶制品对拉伸强度的要求，参照上述橡胶的拉伸性能及表3-9中各种常用橡胶的拉伸强度选择橡胶品种。各种常用橡胶的拉伸性能见表 3-9。

表 3-9 各种常用橡胶的拉伸性能

| 品　种 | 拉伸强度/MPa | | 伸长率/% | |
|---|---|---|---|---|
| | 未硫化胶 | 填充硫化胶 | 未硫化胶 | 填充硫化胶 |
| 天然橡胶 | 20~30 | 25~34 | 700~800 | 550~650 |
| 异戊橡胶 | 20~30 | 25~34 | 700~800 | 550~650 |
| 顺丁橡胶 | 2~8 | 20~30 | 700~850 | 600~700 |
| 丁苯橡胶 | 3~5 | 20~25 | 500~600 | 600~700 |
| 氯丁橡胶 | 25~30 | 22~30 | 800~1000 | 600~750 |
| 丁基橡胶 | 15~20 | 16~22 | 700~850 | 650~750 |
| 丁腈橡胶 | 3.5~4.5 | 25~30 | 500~700 | 500~600 |
| 三元乙丙橡胶 | 2~7 | 15~25 | 500~650 | 450~550 |

## 二、根据撕裂强度选材

撕裂强度是指将特殊试片（带有割口或直角形式片）撕裂时所需要的最大力，表征材料的抗撕裂性。

许多橡胶制品在使用过程中发生破坏，一般是由于制品表面受到机械损伤或老化的原因，往往是先在某处产生小裂口，撕裂在该裂口处开始并扩展，直至材料断裂。是橡胶制品最常见的破坏现象之一。因此许多橡胶制品（胶管、胶带、轮胎、橡胶手套等）的抗撕裂性的优劣直接关系到制品的使用寿命。

橡胶制品的撕裂强度与许多因素有关，单从配方考虑，生胶品种是决定因素之一。要求较高撕裂强度的配方时，宜选用天然橡胶和氯丁橡胶。天然橡胶和氯丁橡胶是结晶性橡胶，具有自补强性，不仅具有较高的拉伸强度，而且在撕裂过程中能在裂口处生成微晶结构，起着阻碍裂口扩大的作用，所以显示出较高的撕裂强度。

一般来说，合成橡胶的撕裂强度比天然橡胶差，但聚氨酯橡胶除外。天然橡胶常温下弹性好，分子链柔顺性好，撕裂强度高，经过炭黑补强后撕裂强度可以达到 95kN/m。丁苯橡胶抗撕裂性（尤其是耐热撕裂性）差；氯丁橡胶的抗撕裂性仅次于天然橡胶；丁腈橡胶由于分子链柔顺性差和非结晶性所致，抗撕裂性差；顺丁橡胶分子间力较小，撕裂强度低。几种橡胶的抗撕裂性强弱顺序为：天然橡胶＞氯丁橡胶＞丁苯橡胶＞丁腈橡胶。

可根据橡胶制品对撕裂强度的要求，参照上述橡胶的抗撕裂性及表 3-10 中各种常用橡胶的撕裂强度选择橡胶品种。各种常用橡胶的撕裂强度见表 3-10。

表 3-10 各种常用橡胶的撕裂强度

| 橡胶类型 | 未补强硫化胶撕裂强度/(kN/m) | | | | 补强硫化胶撕裂强度/(kN/m) | | | |
|---|---|---|---|---|---|---|---|---|
| | 20℃ | 50℃ | 70℃ | 100℃ | 25℃ | 30℃ | 70℃ | 100℃ |
| 天然橡胶 | 51 | 57 | 56 | 43 | 115 | 90 | 76 | 61 |
| 氯丁橡胶(GN型) | 44 | 18 | 8 | 4 | 77 | 75 | 48 | 30 |
| 丁基橡胶 | 22 | 4 | 4 | 2 | 70 | 67 | 67 | 59 |
| 丁苯橡胶 | 5 | 6 | 5 | 4 | 39 | 43 | 47 | 27 |

## 三、实践操作

**1. 橡胶的拉伸强度试验**

利用拉伸试验机测试相应试样的拉伸强度及断裂伸长率。试验步骤和要求可参照国家标准 GB 528 的规定进行。

试样为未加补强剂的硫化胶试样。试样的形状为哑铃状，目前国际上通用Ⅰ形裁刀，试样规格尺寸应符合国家标准 GB 528 的规定。试样形状如图 3-8 所示。

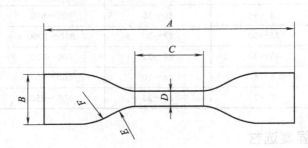

图 3-8　哑铃形试片

$C$—长（25.00±1.00）mm；$D$—宽（6.00±0.4）mm；$A$—总长（115mm）；
$B$—端头宽度（25±1）mm；$E$—小半径（14±1）mm；$F$—大半径（25±2）mm

**2. 橡胶的撕裂强度试验**

撕裂强度试验方法一般有以下两种。

（1）起始型撕裂　把直角形试样夹在拉力试验机上，以一定的速度连续拉伸到撕断为止，读取力的最大值。

（2）延续型撕裂　在圆弧形试样上割一定深度的口，将试样夹在拉力试验机上，以一定的速度连续拉伸到撕断为止，读取力的最大值。

起始型撕裂强度测定的是开始撕裂的强度，用直角形试样。延续型撕裂强度测定的是撕裂扩展的强度，用圆弧形试样。

试样为未加补强剂的硫化胶试样。试样的形状为直角形试样或圆弧形试样，分别如图 3-9 和图 3-10 所示。关于试样的裁取和圆弧形试样割口按国家标准 GB 529 和 GB 530 的规定进行。

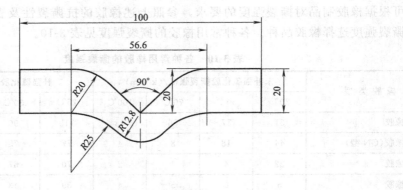

图 3-9　直角形试样

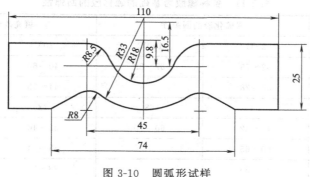

图 3-10 圆弧形试样

## 单元三 根据回弹性、耐磨特性选用橡胶品种

**能力目标**

可根据橡胶制品使用场合对弹性、耐磨性能的要求进行选材。

**知识目标**

了解橡胶材料的弹性、耐磨性能特点,掌握根据橡胶材料的弹性、耐磨性能特点选用的一般规律。

### 一、根据回弹性选材

橡胶最宝贵的特性,就是具有高弹性,即具有高的回弹性。橡胶的弹性通常以回弹率表示,回弹率是作为衡量橡胶黏弹性质的一种指标。回弹率是受冲击的试样在产生形变并回复原形的过程中,输出能与输入能的比值。当橡胶试样回复原形时,输入能又返回橡胶中储存起来,而未返回橡胶的那部分机械能以热的形式消耗了。因此,回弹率与高聚物的损耗因子有关。硫化胶的回弹率还与许多因素有关,从配方设计考虑,生胶品种是主要决定因素之一。例如,要求较高回弹率的橡胶配方宜选用分子链柔顺性大的橡胶。

天然橡胶常温下具有很强的弹性,回弹率可达50%～85%以上,在通用橡胶中仅次于顺丁橡胶。丁苯橡胶分子结构较紧密,分子间力大,弹性低于天然橡胶。顺丁橡胶分子链非常柔顺,分子量分布较窄,有很好的弹性,弹性是通用橡胶中最好的一种。氯丁橡胶硫化胶的弹性较好,略低于天然橡胶,弹性随温度下降较快,特别是15℃以下,主要是因为低温结晶造成的。丁腈橡胶由于分子链柔顺性差,其硫化胶的弹性差,弹性低于天然橡胶、丁苯橡胶。丁基橡胶分子链柔顺性差,其硫化胶在常温下弹性低,在通用橡胶中其弹性是最低的。乙丙橡胶分子链柔顺性好,硫化胶的弹性好,接近于天然橡胶。所以,要得到回弹率优异的硫化胶,可选用顺丁橡胶、异戊橡胶和天然橡胶。

可根据橡胶制品对回弹性的要求,参照上述橡胶的回弹性及表3-11中各种常用橡胶的回弹性选择橡胶品种。各种橡胶为基础的硫化胶的回弹性见表3-11。

### 二、根据耐磨性选材

许多橡胶制品(如胶鞋、输送带、汽车外胎等)是长期在与其他物体摩擦的过程中使用

表 3-11　各种橡胶为基础的硫化胶的回弹性　　　　　单位：%

| 橡胶品种 | 未硫化胶的回弹性 | | 填充硫化胶的回弹性 | |
| --- | --- | --- | --- | --- |
| | 20℃ | 100℃ | 20℃ | 100℃ |
| 天然橡胶 | 62~75 | 67~82 | 40~60 | 45~70 |
| 顺丁橡胶 | 65~78 | | 44~58 | 44~62 |
| 丁苯橡胶 | 56 | 68 | 38 | 50 |
| 氯丁橡胶 | 40~42 | 60~70 | 32~40 | 51~58 |
| 丁腈橡胶-18 | 60~65 | | 38~44 | 60~63 |
| 丁腈橡胶-26 | 50~55 | | 28~33 | 50~53 |
| 丁腈橡胶-40 | 25~30 | | 14~16 | 40~42 |
| 丁基橡胶 | 8~11 | | 8~11 | 34~40 |
| 三元乙丙橡胶 | 56~66 | 58~68 | 40~54 | 45~64 |

的。在摩擦过程中会产生发热和表面破坏，最后造成磨耗。

有的制品（如胶鞋、输送带、自动阀的衬里）需要较大的摩擦系数，有的制品（如动密封件）却需要较小的摩擦系数，摩擦系数的大小决定着摩擦的机理。汽车外胎的摩擦特性不仅影响车速、轮胎的使用寿命，而且影响车辆行驶安全。例如，汽车紧急刹车时的刹车距离、急转弯时的侧向滑动等，都受到摩擦性能的影响，特别是在高速下或雨雪天气行车时更是如此。橡胶的磨耗性能还直接关系到汽车轮胎、自行车胎、输送带、胶鞋和胶管等许多橡胶制品的使用寿命。因此，橡胶制品的耐磨性是一个非常重要的指标。

天然橡胶耐磨性较好。丁苯橡胶由于分子结构较紧密，分子间力大，其硫化胶耐磨性优于天然橡胶。耐磨性要求高的橡胶制品，不但胶种的选择很重要，而且与磨耗条件有很大关系，如天然橡胶与丁苯橡胶以 15℃ 为临界点，当低于 15℃ 时，天然橡胶的耐磨性较好，当高于 15℃ 时，丁苯橡胶的耐磨性较好。顺丁橡胶有优异的耐磨性，其耐磨性优于天然橡胶和丁苯橡胶。氯丁橡胶的耐磨性低于天然橡胶，但其制品在长期使用中的耐磨性往往优于天然橡胶（长期使用应包括老化因素，氯丁橡胶耐老化性强于天然橡胶）。丁腈橡胶由于其极性增大了分子间力，从而提高了耐磨性，其耐磨性比天然橡胶高 30%~45%。丁基橡胶的耐磨性低于天然橡胶，在 20℃ 时与异戊橡胶接近。

可根据橡胶制品对耐磨性的要求，参照上述橡胶的耐磨性及表 3-12 中各种常用橡胶的磨耗值选择橡胶品种。各种橡胶的磨耗值见表 3-12。

表 3-12　各种橡胶的磨耗值

| 橡胶品种 | 磨耗量/mg | 橡胶品种 | 磨耗量/mg |
| --- | --- | --- | --- |
| 丁腈橡胶 | 44 | 丁苯橡胶 | 177 |
| 天然橡胶 | 146 | 丁基橡胶 | 205 |

注：磨耗条件为 CS17 轮，1000g/轮，5000r/min，23℃。

## 三、实践操作

1. 橡胶的回弹性试验

橡胶回弹性试验又称为冲击弹性试验，是生产检验中广泛应用的一种动态试验方法。橡胶的回弹性试验试样为任意形状的胶板，试样面积应满足测三个点。利用橡胶材料的回弹性试验（称为冲击弹性试验）可测得各种橡胶材料的回弹率。试验符合国家标准 GB 1681，试验仪器为邵坡尔摆式回弹试验机，如图 3-11 所示。

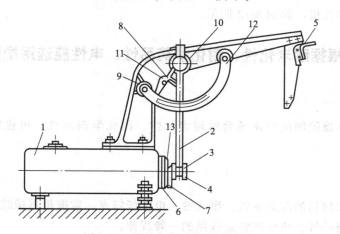

图 3-11　邵坡尔摆式回弹试验机
1—机座；2—摆杆；3—摆击锤；4—击锤半圆头；5—松脱钩；6—夹持器台；7—夹持器爪；
8—弹簧钩；9—指针；10—摆轴承；11—限制器；12—刻度盘；13—试样

**2. 橡胶的磨耗试验**

在摩擦使用过程中，橡胶制品受力状态非常复杂，有拉伸、压缩、剪切、生热等复杂因素的影响。不同的摩擦条件，橡胶的磨耗具有不同的特征。

由于橡胶制品使用条件不同，产生的磨损情况不同，因而所采用的磨耗试验机也种类繁多。不同类型的磨耗试验机得出的试验结果是不同的。用于橡胶硫化胶耐磨性试验有三大类。

（1）滑动条件下的磨耗试验　使试样在摩擦表面产生 100% 相对滑动，从而产生较强的磨损。所用设备如邵坡尔磨耗试验机。

（2）滚动条件下的磨耗试验　试验过程中能使试样受到周期负荷，试样上任何一个点和磨料的接触都是不连续的，可以减少生热的影响。所用设备如阿克隆磨耗机。

（3）金属刮刀式磨耗试验　用刀作为磨料来刮试样表面，从而产生磨损。所用设备如皮

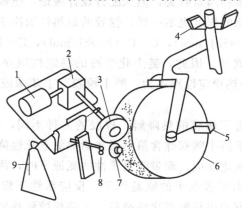

图 3-12　阿克隆磨耗机
1—电动机；2—减速箱；3—试样；4—负荷；5—计数器；6—砂轮；
7—毛刷；8—倾角调节杆；9—倾角指针

克磨耗试验机。

橡胶的磨耗试验试样为未加填充剂的硫化胶条状试样，应符合国家标准 GB 1689 要求。设备常用阿克隆磨耗机，如图 3-12 所示。

## 单元四　根据耐老化性、耐化学药品性、电性能选用橡胶品种

**能力目标**

能够根据橡胶制品使用场合对耐老化性、耐化学药品性、电性能的要求进行选材。

**知识目标**

了解橡胶材料的耐老化性、耐油性、电性能特点，掌握根据橡胶材料的耐老化性、耐化学药品性、电性能特点选用的一般规律。

### 一、根据耐老化性选材

生胶或橡胶制品在加工、储存或使用过程中，会受到光、热、氧、化学物质、机械应力等作用而发生老化，表现为外观变软、发黏、发霉、变硬、发脆、龟裂、变色等，从而物理机械性能（如拉伸强度、断裂伸长率、冲击强度、硬度、弹性等）下降，丧失使用性能。橡胶老化的实质是橡胶分子结构在化学、物理和生物等因素作用下发生了变化，变化类型有：①分子链降解；②分子链之间交联；③分子链主链或侧基发生化学反应。橡胶及其制品所受老化条件不同，发生的结构变化也不相同，从而表现出的外观老化现象也不尽相同。

橡胶制品在实际使用过程中，所受的老化因素往往不是一种，是一个或数个因素来共同作用的结果，最普遍的是热氧老化，其次是臭氧老化、疲劳老化和光氧化。由于橡胶的热氧老化是橡胶老化中最普遍而且最重要的一种老化形式，在此重点介绍橡胶的热氧老化。

硫化胶的耐老化性与多种因素有关，但从配方设计考虑，生胶品种是主要因素之一。橡胶的品种不同，耐热氧老化的程度也不一样。橡胶的耐热性取决于链离解能的大小。不同化学链的离解能为：C—F（496kJ/mol），C—C（280kJ/mol），C—H（375～384kJ/mol）。离解能较大的链，热稳定性就高。因此，链上化学键的稳定性顺序为：C—F＞C—H＞C—C＞C—Cl。常见几种橡胶的热稳定性顺序为：顺丁橡胶＞丁苯橡胶＞丁腈橡胶＞丁基橡胶＞天然橡胶、异戊橡胶。

在热氧条件下，氧促进了橡胶的热降解，橡胶的品种不同，耐热氧老化的程度也不一样。一般规律为：橡胶分子链中随双键含量的增多耐热氧老化性降低；双键碳原子上连有烷基等推电子基时，易产生氧化反应，而带吸电子性的氯原子时，耐老化性增强。例如，在饱和链段有氰基的丁腈橡胶由于吸电子的氰基作用，反应活性下降，耐热氧老化性提高。因此，丁腈橡胶比二烯类橡胶的耐热氧老化性都高。丁腈橡胶耐热氧老化性优于天然橡胶、异戊橡胶、顺丁橡胶和丁苯橡胶，甚至和氯丁橡胶相当。各种常见橡胶的耐热氧老化性顺序为：三元乙丙橡胶、丁基橡胶＞氯丁橡胶、丁腈橡胶＞丁苯橡胶、顺丁橡胶＞天然橡胶、异

戊橡胶。所以，要求耐热氧老化性高的橡胶制品应选择三元乙丙橡胶、丁基橡胶，其次选择氯丁橡胶、丁腈橡胶。

## 二、根据耐化学药品性选材

橡胶的耐化学药品性，是指橡胶在各种化学药品中的抗耐性。当橡胶制品与化学介质接触时，化学物质进入橡胶大分子中使橡胶分子裂解，或发生加成、取代等结构化反应，使橡胶失去弹性，导致橡胶制品丧失使用性能。因此，橡胶对化学介质的抗耐性与橡胶分子结构有关。当橡胶分子结构饱和性高，或者取代基不活泼，都会使橡胶分子不易与化学介质反应，从而对化学药品稳定。另外，如果橡胶分子间作用力强，分子排列紧密，分子间空隙少，则化学介质向橡胶内的扩散速度慢，也会提高其化学药品的稳定性。

在常用橡胶中，丁基橡胶耐化学药品腐蚀性强，特别是树脂硫化的丁基橡胶更为出色；氯丁橡胶是通用橡胶中耐腐蚀性最强的一种；乙丙橡胶可抗耐 70℃ 下 70% 硫酸及室温下稀盐酸、稀硝酸，耐碱性强；天然橡胶的硬质胶具有较强的耐腐蚀性，而天然橡胶和丁苯橡胶的软质胶只有在室温下耐稀酸、稀碱，但天然橡胶接触盐酸后，在橡胶表面形成较硬的橡胶膜，可延长耐酸碱寿命，但失去弹性。所以，对那些盛放化学介质（如浓硫酸、硝酸、铬酸）容器的橡胶衬里应选用氟橡胶、丁基橡胶等化学稳定性好的橡胶。现分别介绍如下。

（1）盐酸　在通用橡胶中，氯丁橡胶、丁基橡胶有较好的耐盐酸性，其中树脂硫化的丁基橡胶更为突出。但天然橡胶虽与盐酸反应，但反应后在天然橡胶表面可以形成一种坚硬的盐酸橡胶膜，这种膜有优异的耐盐酸性，但没有弹性，不能用于制作要求有弹性的制品，可以用做盐酸槽衬里。

（2）硫酸　70℃ 下，通用橡胶中对于浓度 60% 以下的硫酸都有较好的抗耐性；对于浓度 70% 左右的硫酸，只有硬质天然橡胶、丁基橡胶、三元乙丙橡胶有较好的抗耐性；在浓度 98% 以上的硫酸或 80% 以上高温下，氧化作用非常剧烈，都不稳定。

（3）硝酸　硝酸对橡胶的氧化作用非常强烈，只有在硝酸浓度低于 3% 时，几乎所有的通用橡胶对其有较好稳定性；当浓度达到 5% 时，只有树脂硫化的丁基橡胶才有较好的抗耐性。

（4）氟酸　常温下，通用橡胶中氯丁橡胶、丁基橡胶在氟酸浓度在 50% 左右时，可保持较好稳定性；但浓度超过 50% 后，所有通用橡胶的稳定性差。

（5）铬酸　铬酸的氧化能力很强，在低浓度常温条件下，通用橡胶中只有树脂硫化的丁基橡胶有较好稳定性。

（6）冰醋酸　常温下，一般的通用橡胶都会发生膨胀现象，只有硬质天然橡胶、丁基橡胶经一定的配合体系可以保持稳定性。

（7）碱　一般通用橡胶在碱性介质中（碱金属的氧化物、氢氧化物）稳定。但应注意胶料中如果含二氧化硅类配合剂，由于此类物质易与碱反应而导致制品失去使用性能。

## 三、根据电性能选材

橡胶早已在电气及电子工业中广泛应用，这与橡胶具有优良的电性能有关，橡胶是很好的电绝缘材料，以及低的介电常数和较低的介电损耗角正切值，使橡胶又是很好的有机电介质。无论是绝缘橡胶制品，还是导电橡胶制品，都与橡胶的电性能密切相关。

1. 橡胶的极化

通常情况下，分子是呈电中性的，这是因为原子核所带正电荷与电子所带负电荷总值相等。但正、负电荷中心可以重合，也可以不重合。如果正、负电荷中心不重合，那么这种分子中存在偶极矩。

倘若一个分子无电场作用时，偶极矩为零，则是非极性分子，否则为极性分子。橡胶等高分子均由许多单体聚合而成，它们的偶极矩等于每个结构单元偶极矩的向量之和。凡是偶极矩向量之和等于零者为非极性橡胶，如天然橡胶、顺丁橡胶、丁苯橡胶、乙丙橡胶、丁基橡胶等。凡是偶极矩不等于零者为极性橡胶，如丁腈橡胶、氯丁橡胶、聚氨酯橡胶等。不管是极性橡胶，还是非极性橡胶，在外电场的作用下，分子内被束缚的电荷产生弹性位移或偶极子转向排列，这种现象称为极化，橡胶的极化通常有电子极化、原子极化、取向极化、界面极化。

2. 介电常数

如图3-13所示，一个真空平板电容器加上直流电压，两个极板上便产生一定量的电荷，电容器电容为 $C_0$。若两个极板之间充满电介质，由于电介质的极化两极板便产生感应电荷，电容器电容为 $C$，则：

$$\varepsilon = \frac{C}{C_0}$$

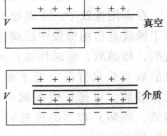

图3-13 介电感应电荷

式中　$\varepsilon$——电容器的介电常数，无量纲，其值 $\varepsilon \geqslant 1$；

　　　$C$——电介质电容器的电容，F；

　　　$C_0$——真空电容器的电容，F。

介电常数在宏观上反映出电介质的极化程度，所以凡是影响大分子极化过程的因素均能影响介电常数。由于介电常数的大小取决于电介质的极化情况，大分子极性越大，极化程度也越大，介电常数也就越大，这是因为极性分子比非极性分子多"取向极化"之故。在极性分子中若极性基团在侧基，那么比极性基团在主链上更易取向极化，介电常数值较高。对称结构的大分子其偶极矩基本上为零，所以介电常数比不对称的大分子为小，由此不难得知丁基橡胶介电常数值低，丁腈橡胶、氯丁橡胶介电常数值高，天然橡胶、丁苯橡胶、乙丙橡胶的介电常数则在上述两类橡胶之间。各种生胶及硫化胶电性能分别见表3-13和表3-14。

表3-13　各种生胶电性能

| 橡胶品种 | 介电常数 | 体积电阻率/Ω·cm | 击穿电压/(kV/mg) |
| --- | --- | --- | --- |
| 天然橡胶 | 2.4~2.6 | $(1\sim6)\times10^6$ | 20~30 |
| 丁苯橡胶 | 2.4~2.5 | $10^{14}\sim10^{15}$ | 20~30 |
| 丁腈橡胶 | 7~12 | $10^{10}\sim10^{11}$ | 20 |
| 氯丁橡胶 | 7~8 | $10^9\sim10^{12}$ | 20 |
| 丁基橡胶 | 2.1 | $>10^{15}$ | 24 |
| 乙丙橡胶 | 2.35 | $6\times10^8$ | 28~30 |
| 硅橡胶 | 3~4 | $10^{11}\sim10^{12}$ | 15~20 |

表 3-14　各种硫化胶电性能

| 胶　种 | 介电常数 | 体积电阻率/Ω·cm | 击穿电压/(kV/mg) |
|---|---|---|---|
| 天然橡胶 | 3.0～4.0 | $10^{14}～10^{15}$ | 20～30 |
| 丁苯橡胶 | 3.0～4.0 | $10^{14}～10^{15}$ | 20～30 |
| 丁腈橡胶 | 5.0～12.0 | $10^{10}～10^{11}$ | |
| 氯丁橡胶 | 5.8～8.0 | $10^{12}～10^{13}$ | 15～20 |
| 丁基橡胶 | 3.0～4.0 | $10^{15}～10^{16}$ | 25～35 |
| 乙丙橡胶 | 2.5～3.5 | $10^{15}～10^{16}$ | 35～45 |
| 硅橡胶 | 3.0～5.0 | $10^{13}～10^{16}$ | 20～30 |

通过表 3-13 和表 3-14 的对照可以发现：极性橡胶硫化之后介电常数降低，这是交联键束缚了极性基团的取向极化。非极性橡胶硫化之后，介电常数一般增加。主要原因是交联键既可在分子内形成，又可在分子间形成，而且交联键结构不完全相同，这破坏了大分子结构的规整性或对称性，分子极性增加。特别是使用可以增加大分子极性的硫化剂后，大分子极性明显增加出现偶极，如硫黄硫化天然橡胶以后，可以把在分子内或分子间形成的硫桥看成是一种硫醚键（$H_3C—S—CH_3$）的偶极，这样硫化胶在电场中就会发生偶极取向极化，介电常数增加。介电常数随硫黄用量的增加而增大，但增大至一定程度后，随硫黄用量的增加开始下降而后趋于平稳。主要由于随硫黄用量的增加硫醚键数逐渐增加，偶极取向极化程度提高，当交联键密度增至一定程度后，交联键起到了约束作用，使偶极取向极化困难。硫黄用量再增加，交联键对取向极化的约束与橡胶极性增加达平衡状态，介电常数便趋于较低的平稳值。

3. 体积电阻与表面电阻

大多数电介质通常是不导电的，但在电场作用下，也有微量的导电性，这种导电性主要由外来杂质造成，例如添加剂、水分及其他杂质等，在电场作用下产生的离子电流，称为漏导电流。漏导电流有体积电流 $I_V$ 与表面电流 $I_S$ 之分，倘若由体内杂质所形成的电流便是体积电流，当电介质的表面洁净时，几乎无电导，但当附着了其他导电的物质时，电导便迅速增大，这种通过表面所流过的泄漏电流，称为表面电流。但几乎所有电介质，通电后随着加压时间的延长，漏导电流将有所降低，所以欧姆定律不适用于固体电介质。

由上述可知，当电介质被接上电压 $V$ 后，相应的有表面电阻，即流经表面的电流 $I_S$ 所遇到的电阻；有体积电阻，即流经体内的电流 $I_V$ 所遇到的电阻。

$$R_S = \frac{V}{I_S}$$

$$R_V = \frac{V}{I_V}$$

式中　$R_S$——表面电阻，Ω；
　　　$R_V$——体积电阻，Ω；
　　　$I_S$——表面电流，A；
　　　$I_V$——体积电流，A；
　　　$V$——电压，V。

因为电阻的大小依赖于试样的形状尺寸，为了比较不同电介质的绝缘性，所以常用电阻率表示其电绝缘性，电阻率有体积电阻率 $\rho_V$ 和表面电阻率 $\rho_S$ 两种。

体积电阻率为：

$$\rho_V = R_V \frac{S}{d}$$

式中　$\rho_V$——体积电阻率，$\Omega \cdot cm$；
　　　$S$——测量电极的面积，$cm^2$；
　　　$d$——试样的厚度，$cm$。

即体积电阻率 $\rho_V$ 表示高聚物截面积为 $1cm^2$ 和厚度为 $1cm$ 的单位体积对电流的阻抗。

表面电阻率为：

$$\rho_S = R_S \frac{l}{d}$$

式中　$\rho_S$——表面电阻率，$\Omega$；
　　　$l$——平行电极有效长度，$cm$；
　　　$d$——平行电极间距离，$cm$。

即表面电阻率 $\rho_S$ 表示高聚物长 $1cm$ 和宽 $1cm$ 的单位表面对电流的阻抗。

实际工作中常用体积电阻率表示电介质的绝缘性，其值越高，说明所产生的泄漏电流越小，即漏电性越小，绝缘性越好。分子结构、杂质、温度等均对绝缘性有影响。

非极性的橡胶绝缘性最好，极性的则差。参见表3-13与表3-14，可知氯丁橡胶与丁腈橡胶体积电阻率最低，绝缘性最差，乙丙橡胶、丁基橡胶等体积电阻率高，绝缘性好，天然橡胶、丁苯橡胶等则居中。

绝缘橡胶制品应选择极化程度低、电阻大、介电常数小的橡胶品种。作为电绝缘制品，最适宜的橡胶品种是丁基橡胶。极性橡胶不宜制造电绝缘制品，但是氯醚橡胶、氟橡胶、丁腈橡胶等与聚氯乙烯并用被用做耐热、难燃、耐油的电绝缘橡胶制品。

导电橡胶制品最好选择极化程度高、电阻小、介电常数较大的橡胶品种。一般选用硅橡胶、氯丁橡胶、丁腈橡胶等。硅橡胶制作的导电橡胶制品，除具有导电、耐高温（$-70 \sim 200°C$）、耐老化的特性外，并且工艺性能好。适于制造形状复杂、结构细小的导电橡胶制品，用于电器连接器材时，能与接触面紧密贴合，准确可靠，富有弹性。并可起到减震的作用。与油接触的橡胶导电制品，最好选用耐油橡胶，如丁腈橡胶、氯醚橡胶、氯丁橡胶等。

4. 电击穿

橡胶等高聚物电介质耐电压强度是有一定范围的，当在某一高压下使用时，随着电压的增加，绝缘性下降，电压升至某一数值后，会发生局部导电，致使电介质被击穿或发生电龟裂，丧失绝缘性，这种行为被称为电击穿。常用击穿电压、击穿强度、耐电压来描述电击穿现象。

击穿电压是指将电介质放在两电极之间，在交流或直流电压作用下被击穿时的电压值。

击穿强度（介电强度）是指击穿电压与被测试样厚度之比。

耐电压是指试样在一定电压作用下，在规定时间内没有产生击穿现象的电压值。

一般情况下，电介质结构紧密，高度均匀，没有气泡和杂质，则击穿强度高。其中结构紧密与分子结构有关，均匀、杂质、气泡则与加工有关。另外厚度、温度、湿度、电板形式、电压种类均影响击穿强度。

### 四、实践操作

1. 橡胶材料的热空气老化试验

为研究和评价各种生胶和硫化橡胶在一定环境条件下的老化性能，掌握在应用条件下的老化规律，依据不同的老化条件，建立了各种老化试验，可分为两大类：①自然老化试验；

利用自然条件或自然介质进行的试验。包括天候老化试验、棚内老化试验、室内储存老化试验、浸水老化试验等。②人工老化试验：模拟和强化某些自然环境因素进行的试验。包括人工天候老化试验、臭氧老化试验、热空气老化试验、湿热老化试验等。上述老化试验方法虽然老化机理、老化效果不同，但其表示方法都基本一样。就是用老化以后的性能与老化以前的性能比值来表示。

利用在高温常压下的空气中进行耐老化试验是橡胶材料最常用的老化试验，热空气老化试验所用的装置是热空气老化试验箱（简称老化箱）。老化箱内温度可根据橡胶品种、使用条件和试验要求来调节确定。试样为哑铃形试样，共 10 个试样，其中国家标准 GB 531 规定试样应符合 5 个在老化前测拉伸性能试验，其余的经一定条件、一定时间的老化后进行测定，两组数据经过对比，可得出所测橡胶试样的老化性能。

2. 橡胶材料的耐化学药品性试验

橡胶材料的耐化学药品性试验所用液体为不同浓度的硫酸、硝酸、氟酸、磷酸、冰醋酸、苛性钠。试验按国家标准 GB 1690—82 进行。可根据不同要求在一定温度下，将试样浸入规定的液体介质中，经过一定时间后，测定试样的体积变化、质量变化、拉伸性能变化、硬度变化等，得出所测橡胶试样的耐化学药品腐蚀性。

3. 橡胶材料的电性能试验

（1）橡胶材料的体积电阻率　橡胶材料的体积电阻率测试试样一般为板状试样，应符合国家标准 GB 1695—81，依据国家标准 GB 1962—81，通过检流计法或高阻计法进行测定。将经过处理的标准试样与设备中的导线连接，加上试验电压，读取指针读数，计算出所测橡胶试样的体积电阻率。

（2）橡胶材料的介电常数　各种硫化橡胶测定介电常数和介电损耗角正切在广泛的频率范围内并不是固定不变的，由于不同频率范围不能使用相同的仪器和方法，所以国际上大都按照不同频率范围应用不同的仪器和方法。我国标准有两种方法：一种是工频下的测定方法，应符合国家标准 GB 1693—81；另一种是高频下的测定方法，应符合国家标准 GB 1694—81。在介电常数和介电损耗角正切的测试中，试样一般为板状试样，应符合国家标准 GB 1695—81，将经过处理的标准试样与设备中的导线连接，加上试验电压，读取指针读数，计算出所测橡胶试样的介电常数和介电损耗角正切值。

（3）橡胶材料的击穿电压强度　橡胶材料的击穿电压强度测试的试样一般为板状试样，应符合国家标准 GB 1695—81，可选用工频交流电压和直流电压。在测试中，将经过处理的标准试样与设备中的导线连接，加上试验电压，读取指针读数，计算出所测橡胶试样的击穿电压强度。

## 单元五　特种合成橡胶的选用

**能力目标**

能选用特种合成橡胶品种。

**知识目标**

了解特种合成橡胶的结构，掌握特种合成橡胶性能特点。

## 一、特种合成橡胶制品案例及分析

### 1. 汽车发动机密封圈配方

表 3-15 汽车发动机密封圈配方　　　　　　　　　　　　　　单位：份

| 成　分 | 份　数 | 成　分 | 份　数 |
|---|---|---|---|
| 氟橡胶 | 100 | MgO | 3 |
| N990 炭黑 | 30 | 加工助剂 | 2 |
| $Ca(OH)_2$ | 6 | 合计 | 141.0 |

分析：表 3-15 为汽车发动机密封圈配方。作为发动机中的密封圈，既要求有很好的耐油性（汽车工业密封件高耐油标准如 ASTM 3# 油的体积膨胀率＜40%），又要求密封圈橡胶有很好的耐持续高温性。氟橡胶的耐高温性在橡胶材料中是最高的，在 250℃下可长期工作，在 320℃下可短期工作；其耐油性在橡胶材料中也是最好的；耐化学药品性及耐腐蚀介质性在胶材料中还是最好的，可耐王水腐蚀；并且它具有阻燃性，属离火自熄性橡胶。氟橡胶的这些性质不但满足了作为汽车发动机密封圈的耐热性、耐油性要求，而且在汽车发生意外火灾后，不会助燃，提高了车辆的安全性。可见氟橡胶是作为汽车密封圈胶料的最好胶种。

### 2. 复印机加热胶辊配方

表 3-16 复印机加热胶辊配方　　　　　　　　　　　　　　单位：份

| 成　分 | 份　数 | 成　分 | 份　数 |
|---|---|---|---|
| 硅橡胶 | 100 | 羟基硅油 | 3 |
| DCP | 1 | 钛白粉 | 5 |
| 气相白炭黑 | 30 | 合计 | 139 |

分析：表 3-16 为复印机加热胶辊配方。复印机中使用的胶辊有加热辊、压力辊、搓纸辊三种。作为加热辊，要求在 180~200℃高温下工作，并且为了使色粉不粘辊，要对胶辊涂硅油类的隔离剂，所以胶辊的耐硅油性要好，不能变形。硅橡胶是当前耐热性最好的橡胶品种之一，耐高温性非常好（可耐 300℃高温），在 250℃下可长期使用，并且对硅油类隔离剂具有很好的抗膨胀性。可见硅橡胶作为复印机加热胶辊的胶种非常适合。

### 3. 耐酸碱胶管配方

表 3-17 耐酸碱胶管配方　　　　　　　　　　　　　　单位：份

| 成　分 | 份　数 | 成　分 | 份　数 |
|---|---|---|---|
| 氯磺化聚乙烯橡胶 | 100 | 氧化铅 | 3 |
| 半补强炉黑 | 50 | 促进剂 DM | 0.5 |
| NBC（二乙基二硫化氨基甲酸镍） | 2 | 促进剂 TT | 2.0 |
| 操作油 | 10 | 合计 | 192.5 |
| 氢化松香 | 25 | | |

分析：表 3-17 为耐酸碱胶管配方。此配方是耐酸碱胶管配方，对于耐稀酸、稀碱生胶可选用天然橡胶；浓度稍大的可选用对酸碱抗耐性较强的丁苯橡胶、氯丁橡胶；如果酸碱浓度较大，应选择对酸碱稳定性很好的氯磺化聚乙烯橡胶。氯磺化聚乙烯橡胶的耐腐蚀性仅次

于氟橡胶，70℃条件下可抗耐70%左右的硫酸及室温下50%的硝酸，并在室温下有较强的耐浓盐酸及强碱的作用。可见氯磺化聚乙烯橡胶能作为耐酸碱胶管的橡胶品种。

## 二、特种合成橡胶

1. 硅橡胶

硅橡胶（Q）是由各种二氯硅烷经水解、缩聚而得到的一种元素有机弹性体。其分子结构式如下：

$$\left(\begin{array}{c} R \\ | \\ Si-O \\ | \\ R \end{array} \begin{array}{c} R \\ | \\ Si-O \\ | \\ R \end{array}\right)_n$$

式中，R可是相同的烷基，也可是不同的、不饱和的烃基，或是含有其他元素（如F、CN、B等）的基团。

硅橡胶分子主链是由硅、氧原子交替组成的，硅氧键的键能高，所以结构的稳定性极强。

硅橡胶既耐高温又耐严寒，可在－100～300℃范围内保持弹性，耐臭氧性、耐天候老化性优异，电绝缘性优良，具有疏水表面特性和生理惰性，对人体无害，具有高透气性。

但是硅橡胶的纯胶硫化胶强度极低，需用白炭黑补强。硅橡胶不易硫化，必须使用过氧化物作交联剂，而且硫化过程需分两段进行。硅橡胶价格十分昂贵，因而限制了它的使用。

硅橡胶制品广泛应用于航空、航天领域，如飞机、人造卫星、火箭等配件。在汽车、造船、仪表、电气及电子等各工业部门以及医疗卫生方面也都有应用。

2. 氟橡胶

氟橡胶（FPM）是由含氟单体经过聚合或缩聚而得到的分子主链或侧链的碳原子上连有氟原子的弹性聚合物。最常用的氟橡胶是偏二氟乙烯与六氟丙烯的乳液共聚物，我国称这类氟橡胶为26型氟橡胶。其分子结构式如下：

$$\left(CH_2-CF_2\right)_x \left(CF_2-CF\atop{|\atop CF_3}\right)_y$$

氟橡胶有优异的耐高温性。但是氟橡胶弹性、耐寒性较差，拉伸强度随温度升高下降幅度大，加工较困难，密度大，价格昂贵。

氟橡胶可用于耐高温、耐油、耐强腐蚀及耐高真空、耐燃等特性的橡胶制品。广泛用于现代航空、导弹、火箭、宇宙航行、舰艇、原子能等尖端技术领域以及汽车、造船、化学、石油、电信、仪表、机械等工业部门。

3. 聚氨酯橡胶

聚氨酯橡胶（U）是聚氨基甲酸酯橡胶的简称。它是在催化剂存在下，由二元醇（聚醚二醇、聚酯二醇或聚烯烃二醇，含磷、氯、氟的聚醚二醇等）、二异氰酸酯和扩链剂的反应产物。其分子结构式如下：

$$OCN\left(A-NH-\overset{O}{\overset{\|}{C}}-O-R-O-\overset{O}{\overset{\|}{C}}-NH-A\right)_n NCO$$

二异氰酸酯过量时

$$\text{或} \quad HO\!-\!\!\!\left(\!R\!-\!O\!-\!\!\overset{\overset{\displaystyle O}{\|}}{C}\!-\!NH\!-\!A\!-\!NH\!-\!\overset{\overset{\displaystyle O}{\|}}{C}\!-\!O\!\right)_{\!\!n}\!\!ROH$$

二元醇过量时

式中，R 为聚醚、聚酯或聚烯烃、含其他元素的聚醚等；A 为苯核、萘核、联苯核等。

聚氨酯橡胶具有很高的拉伸强度和撕裂强度，断裂伸长率大，弹性好，耐油性良好，耐磨性极好，气密性好，耐氧、臭氧及紫外线辐射作用性能佳，耐寒性较好。

但是聚氨酯橡胶拉伸强度、撕裂强度、耐油性等都随温度的升高而明显下降。其长时间连续使用的温度界限一般只为 80～90℃，短时间使用的温度可达 120℃。聚氨酯橡胶滞后损失较大，多次变形下生热量高。聚氨酯橡胶的耐水性差，也不耐酸碱。

聚氨酯橡胶一般都用于一些性能需求高的制品，如耐磨制品、高强度耐油制品和高硬度、高模量制品等。如实心轮胎、胶辊、胶带、各种模型制品、鞋底、后跟、耐油及缓冲作用密封垫圈、联轴节等。

此外，利用聚氨酯橡胶中的异氰酸酯基与水作用放出 $CO_2$ 的特点，可制得密度是水的 1/30 的泡沫橡胶，用于绝缘、隔热、隔声、防震制品。

4. 氯醚橡胶

氯醚橡胶（CO 和 ECO）是指侧基上含有氯的聚醚型橡胶。它是由含有环氧基的环状醚开环聚合而得到的高分子弹性体。这种橡胶有均聚物和共聚物两种类型：前者是均聚型氯醚橡胶（CO）；后者是共聚型氯醚橡胶（ECO）。它们的分子结构式如下：

$$\left(\!CH_2\!-\!\underset{\underset{\displaystyle CH_2Cl}{|}}{CH}\!-\!O\!\right)_{\!\!n}$$

均聚型氯醚橡胶

$$\left(\!CH_2\!-\!\underset{\underset{\displaystyle CH_2Cl}{|}}{CH}\!-\!O\!-\!CH_2\!\right)_{\!\!n}\!\!\left(\!CH_2\!-\!O\!\right)_{\!\!m}$$

共聚型氯醚橡胶

氯醚橡胶具有耐热老化性、耐臭氧性，优异的耐油性和耐透气性。均聚型氯醚橡胶的低温性并不理想，仅相当于高丙烯腈含量的丁腈橡胶，但耐热性、耐候性、耐油性、耐透气性良好。而共聚型氯醚橡胶具有较好的低温性、耐寒性、耐油性、耐候性、耐热性良好。

此外，氯醚橡胶还具有良好的黏着力和自熄性。但是这种橡胶在常温下的强度较低，耐磨性较差。

氯醚橡胶可用做汽车、飞机、各种机械以及仪器、仪表等的橡胶配件，也可用做耐油胶管、印刷胶辊、胶板、衬里、充气房屋及其他充气制品等，还可用做黏合材料。

5. 丙烯酸酯橡胶

丙烯酸酯橡胶（ACM）是由丙烯酸烷基酯（$CH_2=CH-COOR$）为主要单体，与少量带有可提供交联反应活性基团的单体共聚而成的一类弹性体。

丙烯酸酯橡胶根据其分子结构中所含的不同交联单体，可分为含氯多胺交联型、不含氯多胺交联型、自交联型、羧酸铵盐交联型、皂交联型五类。此外，还有特种丙烯酸酯橡胶，如含氟型及热塑性丙烯酸酯橡胶等。

我国研制的丙烯酸酯橡胶属不含氯多胺交联型的丙烯酸酯橡胶。其分子结构式为：

$$\text{+CH}_2\text{—CH+}_m\text{+CH}_2\text{—CH+}_n$$
$$\quad\quad\quad\quad | \quad\quad\quad\quad\quad |$$
$$\quad\quad\quad\text{COOC}_4\text{H}_9 \quad\quad\text{CN}$$

丙烯酸酯橡胶的性能受其主要单体丙烯酸烷基酯中烷基碳原子数目的影响。以丙烯酸乙酯为基础的橡胶，耐油性、耐热性较好。丙烯酸酯橡胶具有优越的耐矿物油性和耐高温氧化性。其耐热性介于通用橡胶和硅橡胶、氟橡胶之间，比丁腈橡胶的使用温度可高出30～60℃，最高使用温度为180℃，断续和短时间使用可达200℃，在150℃热空气中老化数年性能无明显变化。丙烯酸酯橡胶还具有优良的耐臭氧性、气密性、耐屈挠性和耐裂口增长性以及耐紫外线变色性等。

丙烯酸酯橡胶加工性能差，胶料易粘辊，硫化速度慢，耐寒性差，不耐水、水蒸气、酸、碱、盐溶液以及有机极性溶剂，室温下的弹性差，耐磨性差，电性能差。

丙烯酸酯橡胶可制造180℃高温下使用的橡胶油封、O形圈、垫片和胶管、各类汽车密封配件。此外还可制造胶带、容器衬里、深井勘探用橡胶制品、海绵耐油密封垫以及耐油的石棉-橡胶制品等。丙烯酸酯橡胶在航空、火箭、导弹等尖端科学部门也有应用。

6. 氯磺化聚乙烯橡胶

氯磺化聚乙烯橡胶（CSM）是聚乙烯的衍生物。它是聚乙烯经氯化和磺化处理而得到的一种高分子弹性体，其中含氯22%～45%，含硫1.5%以下。其分子结构式如下：

$$\text{+(CH}_2\text{—CH}_2\text{—CH}_2\text{—CH—CH}_2\text{—CH}_2\text{)}_x\text{CH+}_n$$
$$\quad\quad\quad\quad\quad\quad\quad\quad\quad |$$
$$\quad\quad\quad\quad\quad\quad\quad\quad\text{SO}_2\text{Cl}$$

式中，$x\approx 12$；$n\approx 17$。

氯磺化聚乙烯橡胶加工性能良好，机械强度较高，耐臭氧性、耐天候老化性优越，耐热老化性优良，耐化学腐蚀性、耐油性和耐延燃性良好，耐磨性优越，耐低温性较好。

但氯磺化聚乙烯橡胶压缩永久变形大，耐油性不如丁腈橡胶和氯丁橡胶，自黏性和互黏性较差。

氯磺化聚乙烯橡胶可用来制造白胎侧、胶带、胶管、胶辊、胶板、电线、电缆包皮胶、密封垫圈、化工衬里以及着色效果良好的胶布制品和屋顶铺设材料的涂料覆层等。

7. 聚硫橡胶

聚硫橡胶（T）通常是由甲醛或有机二卤化物和碱金属的多硫化物经缩聚反应而制得的一类在分子主链上含有硫原子的饱和弹性体。其分子结构式如下：

$$\text{+R—S}_x\text{+}_n$$

式中，$x=2\sim 4$；R通常可以是亚乙基、亚丙基、二亚乙基缩甲醛、二亚丁基缩甲醛、二亚丁基醚等。

聚硫橡胶具有优异的耐油性、耐非极性溶剂性、耐化学药品性，很好的耐氧性、耐天候性、耐臭氧老化性、气密性和不透水性。

聚硫橡胶的压缩永久变形（尤其在较高温度下）大，使用温度范围较窄，物理机械性能较差，冷流性大，密度大，成本高，并具有令人不愉快的多硫化物气味。

聚硫橡胶主要用于密封材料和防腐蚀涂层等。

## 思 考 题

1. 简述橡胶材料燃烧特性。

2. 试通过简单方法区别氯丁橡胶和丁腈橡胶。
3. 橡胶使用时应处于何种力学状态？温度范围是什么？试描述其力学特征。
4. 橡胶的加工温度的制定依据是哪个温度？解释原因。
5. 玻璃化转变温度测试的意义是什么？
6. 耐寒性橡胶制品宜选用哪种橡胶？此种橡胶具有哪些性能特点？
7. 极性橡胶与非极性橡胶的耐油性有何区别？
8. 简述橡胶配方设计程序。
9. 耐热、耐寒、耐油、耐化学药品腐蚀、电绝缘、阻燃橡胶制品宜选用哪种橡胶？试描述其性能特点。
10. 橡胶的加工工艺有哪些？简述各种橡胶的加工性能。
11. 塑炼的目的是什么？使用何种设备？
12. 橡胶半成品为什么要硫化？硫化的三要素是什么？
13. 哪些胶种的拉伸强度高？解释原因。
14. 弹性优良的橡胶制品应选用哪种橡胶？说明原因。
15. 减震橡胶制品应选用哪种橡胶？说明原因。
16. 简述常用橡胶的耐磨性。说明原因。
17. 哪种橡胶的耐老化性能好？如何进行老化性能测试？
18. 简述各种橡胶的耐酸、碱腐蚀性。
19. 电绝缘性橡胶制品宜选用何种橡胶？依据哪些橡胶的性能参数？
20. 简述各种特种橡胶的性能。
21. 人造器官应选用哪种橡胶？说明原因。

# 模块四 纤维

### 能力目标
能正确认识和鉴别典型纤维品种。

### 知识目标
掌握纤维的定义及分类和常见纤维的特性，了解化学纤维的主要纺丝工艺。

## 单元一 纤维的基本知识

### 知识目标
熟悉纤维的分类及纤维的常用质量指标。

### 一、纤维的定义与分类

人们把长径比为 100 倍以上的均匀条状或丝状的材料称为纤维。如棉花、羊毛、麻之类的天然纤维的长度约为其直径的 1000～3000 倍，对于供纺织用的纤维，其长度与直径之比一般都大于 1000 倍。纺织纤维可分为两大类：一类是天然纤维，如棉花、麻、羊毛、蚕丝等；另一类是化学纤维，即用天然或合成高分子化合物经化学加工制得的纤维。化学纤维又可分为再生纤维和合成纤维两大类。再生纤维是以天然的高分子化合物为原料，经化学处理和机械加工而制得的纤维，其纤维的化学组成与原高聚物基本相同。合成纤维是以石油、煤、天然气及一些农副产品等为原料，经一系列化学反应，合成高分子化合物，再经加工而制得的纤维。纺织纤维的分类如图 4-1 所示。

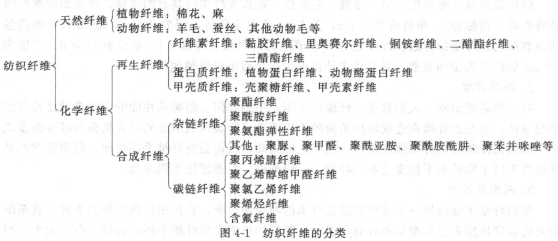

图 4-1 纺织纤维的分类

化学纤维的问世使纺织工业出现了突飞猛进的发展,经过一个世纪的发展,化学纤维无论是品种还是总产量都已经超过了天然纤维。按照化学纤维天然化、功能化和绿色环保化的发展思路,化学纤维的新品种、差别化纤维和功能化纤维层出不穷,大大改善了化学纤维的使用性能,并扩大了化学纤维的应用领域,为纺织工业的发展开创了广阔的前景。

目前世界上生产的化学纤维品种很多,不下几十种,但得到重点发展的只有几大品种,如再生纤维中的黏胶纤维,合成纤维中的聚酯纤维、聚酰胺纤维、聚丙烯腈纤维、聚丙烯纤维以及聚乙烯醇纤维、聚氯乙烯纤维、聚氨酯弹性纤维等。特种用途的纤维,如功能纤维、高性能纤维等,生产量虽然不大,但在国民经济中却占有相当重要的地位。表 4-1 为化学纤维的主要品种。

表 4-1 化学纤维的主要品种

| 学　　名 | 商　品　名 |
| --- | --- |
| 聚对苯二甲酸乙二酯纤维(PET) | 涤纶、Terylene、Dacron |
| 聚己内酰胺纤维(PA6) | 锦纶 6、尼龙 6、Kapron、Perlon |
| 聚己二酰己二胺纤维(PA66) | 锦纶 66、尼龙 66、Nylon |
| 聚对苯二甲酰对苯二胺纤维 | 芳纶 1414、Kelvar |
| 丙烯腈-丙烯酸酯共聚物 | 腈纶、Cashmilan、Orlon、Courtelle |
| 聚丙烯纤维(PP) | 丙纶、Pylen、Meraklon |
| 超高分子量聚乙烯纤维(UHMW-PE) | Spectra 900、Dyneema |
| 聚乙烯醇缩甲醛纤维 | 维纶、维尼纶、Kuralon、Mewlon |
| 聚氯乙烯纤维(PVC) | 氯纶、Leavil、Rhovyl |
| 聚氨酯弹性纤维(PU) | 氨纶、Lycra、Dorlustan、Vairin |

## 二、纤维的常用质量指标

1. 纤维的细度

在针织内衣和衬衣等上面人们常可看到有 32 支、60 支的字样,这表示的是纤维细度的单位,称为支数,它是指 1g 原料所纺出的纤维的长度。这个单位主要适用于棉纤维。如果用 1g 棉花纺出 32m 长的纤维就是 32 支,纺出 60m 就是 60 支,60m 以上的织物称为高支棉。显然纤维的支数越高,纤维越细,高支棉不仅细轻,做成衣料薄,而且强度也好。

纤度是衡量纤维细度的另一参数,它是指一定长度纤维所具有的重量。纤度的标准单位是特克斯(简称特),单位符号为 tex,其 1/10 简称为分特,记为 dtex。1000m 长纤维重量的克数即为该纤维的特数。纤度还有一个单位为旦尼尔(简称旦),单位符号为 d。长度为 9000m 的纤维重量的克数,是非法定计量单位,今后不再单独使用。

2. 断裂强度

对于穿着类织物,人们常关心纤维牢不牢、手感如何。影响其性能的主要参数是纤维的断裂强度,它是指纤维在连续增加负荷的作用下直至断裂所能承受的最大负荷与纤维细度之比。断裂强度越高,纤维强度越好、越牢,但太高,反而会使纤维手感变硬。值得注意的是纤维在不同干燥状态下强度是不一样的,一般来讲,湿强度比干强度低。

3. 断裂伸长率

影响纤维手感的另一个重要参数是纤维的断裂伸长率,它是用纤维在外力下伸长直至断裂时的长度比原来长度增加的百分数表示。断裂伸长率大的纤维手感比较软,但若太大,织物容易变形。

4. 初始模量

对于一些外套用面料织物,其挺括性也是相当重要的。反映纤维挺括性好坏的参数主要有初始模量,它是指纤维受拉伸而伸长为原长的1%时所需要的应力。纤维的初始模量越大,越不易变形,即在纤维的使用过程中形变的改变量小,亦即挺括性越好。在主要的合成纤维品种中,以涤纶的初始模量最大,其次是腈纶,锦纶则较小,因而涤纶织物挺括,不易起皱,而锦纶织物则易起皱,保型性差。

## 单元二 纤维的主要品种

> 知识目标

掌握常见纤维的结构及其特性,了解其主要的应用领域。

### 一、聚酯纤维

聚酯(PET)纤维是由大分子链中的各链节通过酯基连成成纤聚合物纺制的合成纤维。我国将聚对苯二甲酸乙二酯纤维含量大于85%以上的纤维简称涤纶。聚酯纤维是由二元酸和二元醇经过缩聚而制成的聚酯树脂,再经熔融纺丝和后处理制得的一种合成纤维。现在为我国合成纤维中的第一大品种,发展最快,产量居于首位。

聚酯纤维的抗皱性和挺括性比羊毛好,一次熨烫后可以保持很长时间,是所有天然纤维和其他合成纤维所不能及的。因而可作衣着织物或装饰用织物的材料。

聚酯纤维的强度非常大,比棉花高1倍,比羊毛高3倍,且湿强度不低于干强度,因而广泛用于制备绳索、汽车安全带等。聚酯纤维有很高的冲击强度和耐疲劳性,它的冲击强度比尼龙高4倍,是制造轮胎帘子线的很好材料。

聚酯纤维也存在一系列的缺点,如透气性差,吸湿率低,手感硬等。与天然纤维混纺,可以克服这一缺点。聚酯纤维和天然纤维混纺交织,得到的毛涤或棉涤织物,同时具有聚酯纤维强度好、挺括的特点和棉毛纤维吸湿性好、柔软、染色性好的特点,是制备高级衣服面料的重要材料。

### 二、聚酰胺纤维

聚酰胺(PA)纤维是指其分子主链由酰胺键连接起来的合成纤维,俗称尼龙(Nylon),在中国称为锦纶。是以聚酰胺为原料,经熔融纺丝等方法制得的。已工业化的有全脂肪族聚酰胺纤维、含脂肪环的脂肪族聚酰胺纤维和含芳香环的脂肪族聚酰胺纤维。以全脂肪族聚酰胺纤维产量最大,主要品种有聚酰胺6纤维和聚酰胺66纤维。

聚酰胺纤维最突出的特点是其耐磨性在所有的纺织纤维中是最好的,为棉花的10倍,羊毛的20倍,黏胶纤维的50倍。同时还具有强度高、回弹性好、耐疲劳性、可染性和耐腐蚀性、耐虫蛀性等优良性能,密度低于大多数纤维品种。因而在衣料上可用于制作袜子、紧身衣、妇女内衣等,在产业上可用于制作渔网、绳索、安全网、轮胎帘子线等,同时还可用于制作大面积覆盖式地毯。

聚酰胺纤维的耐光性和保型性都较差,制成的衣料不挺括,容易变形,虽是制造运动服和休闲服的好材料，但不适于做高级服装面料。同时其耐热性也较差，加热到 160～170℃ 就开始软化收缩，所以不宜用开水洗涤尼龙织物，熨烫的温度也不能很高。

### 三、聚丙烯腈纤维

聚丙烯腈（PAN）纤维是由以丙烯腈（AN）为主要链结构单元的聚合物纺制的合成纤维。而由 AN 含量占 35%～85% 的共聚物制成的纤维称为改性聚丙烯腈纤维。在国内聚丙烯腈纤维或改性聚丙烯腈纤维，商品名为腈纶。腈纶是日常生活中最常见的化学合成纤维之一。它的性质（外观与手感）与羊毛极为相似，所以也称"人造羊毛"。除吸湿性、染色性外，它的许多性能都超过羊毛。其主要缺点是易起球，耐磨性差。

纯的聚丙烯腈纤维，质脆，手感很差，染色困难，没有实用价值。为了改善纤维的物理性能，需在聚合时加入一定量的第二单体（如丙烯酸甲酯、甲基丙烯酸甲酯等）和第三单体（如丙烯磺酸钠、甲基丙烯磺酸钠等）。加入第二单体主要是为了改善纤维凝固成型过程及手感，加入第三单体，可以改善纤维的染色性及亲水性。

目前，聚丙烯腈纤维大部分为民用，且聚丙烯腈纤维短纤维应用以服装为主，可纺制成哔叽、华达呢，也可与涤纶、黏胶纤维混纺制成薄呢。

### 四、聚丙烯纤维

聚丙烯（PP）纤维是以丙烯聚合得到的等规聚丙烯为原料纺制而成的合成纤维，在我国的商品名为丙纶，它是聚烯烃类纤维的一个品种。聚丙烯纤维是在 20 世纪 50 年代才开始生产的一种新的合成纤维，1953 年意大利首先采用齐格勒催化剂合成聚丙烯（它是分子排列具有高度立体规整性和结晶性的成纤高聚物），为聚丙烯纤维的生产创立了基础。1957 年意大利进一步应用齐格勒-纳塔（Ziegler-Natta）催化剂，开始了聚丙烯的工业生产，为聚丙烯纤维的工业生产提供了基本原料。

聚丙烯纤维具有质轻、强度高、弹性好、耐磨损、耐腐蚀、不起球等优点，而且原料丙烯的来源丰富、易于取得，生产过程也较其他合成纤维简单，生产成本较低，用途也比较广泛。但它在性能上也存在一些比较突出的缺点，主要是耐热性、耐光性较差，易于老化及染色性较差。

聚丙烯纤维的主要用途是制作地毯（包括地毯底布和面）、装饰布，可与多种纤维纺制成不同类型的混纺织物，经过针织加工后可以制成衬衣、外衣、运动衣、袜子等。由聚丙烯中空纤维制成的絮被，质轻、保暖、弹性良好。聚丙烯纤维无纺布用于卫生制品、医用手术帽、床上用品等；聚丙烯纤维丝束可用于香烟过滤嘴填料。

### 五、聚乙烯醇纤维

聚乙烯醇（PVA）纤维是把聚乙烯醇溶解于水中，经纺丝、甲醛处理制成的合成纤维，也称为聚乙烯醇缩甲醛纤维，商品名为维尼纶或维尼，俗称人造棉。聚乙烯醇是维尼纶纤维的原料，但乙烯醇极不稳定，无法游离存在，将迅速异构化成乙醛。因此聚乙烯醇只能通过聚醋酸乙烯酯的醇解（水解）来制备。

聚乙烯醇短纤维外观形状接近棉，但强度、耐磨性都优于棉。50/50 的棉/维混纺织物，其强度比纯棉织物高 60%，耐磨性可以提高 50%～100%。聚乙烯醇纤维的密度约比棉小 20%，用同样重量的纤维可以纺织成较多相同厚度的织物。

聚乙烯醇纤维在标准条件下的吸湿率为4.5%～5.0%，在几大合成纤维品种中名列前茅。由于导热性差，聚乙烯醇纤维具有良好的保暖性。另外，聚乙烯醇纤维还具有很好的耐腐蚀性和耐日光性。

聚乙烯醇纤维的主要缺点是染色性差，染着量较低，色泽也不鲜艳，这是由于纤维具有皮芯结构和经过缩醛化使部分羟基被封闭的缘故。另外，聚乙烯醇纤维的耐热水性较差，弹性也不如聚酯等其他合成纤维，其织物不够挺括，在服用过程中易发生褶皱。

聚乙烯醇纤维性质与棉花相似，因此常大量与棉、黏胶纤维或其他纤维混纺，也可纯纺，可制作外衣、汗衫、棉毛衫裤和运动衫以及工作服，也可制作帆布、渔网、包装材料和过滤材料；可作为塑料、水泥、陶瓷的增强材料，也可作为石棉代用品制成石棉板。

### 六、特种合成纤维

特种合成纤维具有独特的性能，产量虽小，但起着重要的作用。特种合成纤维品种很多，按其性能可分为耐高温纤维、耐腐蚀纤维、阻燃纤维、弹性纤维和导电纤维等。

1. 耐高温纤维

（1）芳香族聚酰胺纤维　是大分子由酰氨基和芳基连接的一类合成纤维。我国商品名为芳纶。主要的芳香族聚酰胺纤维有聚间苯二甲酰间苯二胺纤维（芳纶1313）、聚对苯二甲酰对苯二胺纤维（芳纶1414）、聚对氨基苯甲酰纤维（芳纶14）和聚对苯二甲酸己二胺纤维（尼龙-6T）等。芳香族聚酰胺高分子中含有芳香环，链的刚性大，特别是全芳基的芳纶1313和芳纶1414，具有高强度、高模量、耐高温、耐辐射等特点。主要用于宇航、航空部门，如用做飞机轮胎帘子线、宇航服等制造。芳纶14是专为航空及宇宙飞船设计的高性能纤维，主要用做结构材料的增强组分。

（2）碳纤维　是主要的耐高温纤维之一，是用再生纤维素或聚丙烯腈纤维高温炭化而制得的。碳纤维包括碳素纤维和石墨纤维两种，前者含碳量为80%～95%，后者含碳量在99%以上。碳素纤维可耐1000℃高温，石墨纤维可耐3000℃高温。并具有高强度、高模量，高温下持久不变形，很高的化学稳定性，良好的导电性和导热性，是宇宙航行、飞机制造、原子能工业的优良材料。

2. 耐腐蚀纤维

主要是聚四氟乙烯纤维，此外还有四氟乙烯-六氟丙烯共聚纤维、聚偏氟乙烯纤维等含氟共聚纤维。

聚四氟乙烯纤维是由聚四氟乙烯乳液直接进行乳液纺丝，通过高温烧结而制成的。商品名为氟纶。聚四氟乙烯纤维有突出的耐化学腐蚀性，对酸、碱、有机溶剂以及氧化剂、还原剂都有极好的抗耐性。还具有高度的耐候性、润滑性和电绝缘性。此外还耐高温、低温，可在-180～260℃下长期使用。因此，可作耐高温、低温、耐腐蚀的轴承材料及密封填料、过滤材料等。

3. 阻燃纤维

是指纤维在中、小型火源点燃下会发生小火焰燃烧，而火源撤走又能较快地自行熄灭的一类纤维。阻燃纤维又称为难燃纤维。

阻燃纤维主要品种有聚偏二氯乙烯纤维（偏氯纶）、聚氯乙烯纤维（氯纶）、维氯纶、腈氯纶等。其中以偏氯纶阻燃性最好。偏氯纶是80%～90%的偏氯乙烯和10%～20%的氯乙烯共聚物经熔融纺丝制成的纤维。具有突出的难燃性和耐腐蚀性，弹性较好，但强度低。主要用做工业用布及防火织物。

**4. 弹性纤维**

是指具有类似橡胶丝的高伸长性（>400%）和回弹力的一类纤维。通常用于制作各种紧身衣、运动衣、游泳衣及各种弹性织物。目前，最主要品种是聚氨酯弹性纤维，在我国的商品名为氨纶。它是由柔性的聚醚或聚酯链段和刚性的芳香族二异氰酸酯链段组成的嵌段共聚物，又用脂肪族二胺进行了交联。因而获得了类似橡胶的高伸长性和回弹力。当聚氨酯弹性纤维伸长600%～750%时，其回弹率可达95%以上。

**5. 导电纤维**

是指通过特定手段赋予纤维良好的导电性的纤维。常规高分子材料的介电常数和导电性都很低，属于绝缘体，而导电纤维甚至可以使其导电性达到半导体级别，因此它具有很好的抗静电性和抗辐射性。其种类有金属导电纤维、碳纤维和有机导电纤维。导电纤维主要用做高质量无尘无菌服织物、防辐射织物及一些传感或智能织物。

## 单元三 纤维的鉴别

**能力目标**

能用简易方法鉴别一些典型纤维。

**知识目标**

掌握纤维的横截面和纵面形态特征及燃烧特征。

随着化学纤维工业和纺织技术的进步，化学纤维纯纺、混纺产品日益增多，品种也更加多样，因此在分析织物的纤维组成、配比以及对未知纤维进行剖析、研究和仿制时，纤维鉴别工作显得十分重要。纤维鉴别就是利用各种纤维的外观形态和内在性质的差异，采用物理、化学等方法将其区分开来。纤维鉴别通常采用的方法有显微镜法、燃烧法、溶解法、着色法和熔点法等。对一般纤维，用上述方法就可以比较准确、方便地进行鉴别，但对组成、结构比较复杂的纤维，如接枝共聚、共混纤维等，则需借助适当的仪器进行鉴别，如差热分析仪、红外光谱仪、气相色谱仪、X射线衍射仪和电子显微镜等。下面介绍两种较为简单的鉴别方法。

### 一、用显微镜法鉴别纤维品种

显微镜法是利用显微镜观察纤维的横截面形态和纵面形态特征来鉴别纤维的方法。这种方法可方便地鉴别出天然纤维和再生纤维，尤其是对异形纤维和复合纤维的观察、分析，不仅方便而且直观。但对外观特征相近的纤维，如聚酯纤维、聚丙烯纤维、聚酰胺纤维等就必须借助其他鉴别方法。常见纤维的横截面形态及纵面形态特征见表4-2。

### 二、用燃烧法鉴别纤维品种

1. 试验试样

准备棉、羊毛、蚕丝、涤纶、锦纶、腈纶、维纶样品。

2. 试验步骤

(1) 任取数量若干的三种试样并将试样编号，然后用镊子夹持试样，在煤气灯小火焰下燃烧。

表 4-2  常见纤维的横截面形态和纵面形态特征

| 纤　　维 | 横截面形态 | 纵面形态 |
| --- | --- | --- |
| 棉 | 不规则腰子形,有中腔 | 扭曲的扁平带状 |
| 麻(苎麻、亚麻) | 多角形或扁圆形,有中腔 | 有竹节状横节及条纹 |
| 羊毛 | 不规则圆形 | 表面粗糙,有鳞片状横纹 |
| 蚕丝 | 三角形、角是圆角 | 透明、光滑,纵向有条纹 |
| 黏胶纤维 | 有圆形、椭圆形、锯齿形、叶状等 | 表面光滑,有清晰条纹 |
| 醋酯纤维 | 三叶形或豆形 | 表面有1~2根纵向条纹 |
| 聚酯纤维 | 圆形、近似圆形 | 表面光滑,有的有不清晰长形条纹 |
| 聚丙烯腈纤维 | 圆形、哑铃形或叶状 | 表面光滑,有条纹 |
| 聚酰胺纤维 | 圆形、三叶形 | 表面光滑,有点 |
| 聚乙烯醇纤维 | 腰子形 | 长形,纵向有槽 |
| 聚丙烯纤维 | 圆形 | 表面光滑 |

（2）观察其燃烧速度、火焰的颜色和形状、燃烧时散发的气味、燃烧后灰烬的颜色和形状及硬度等,并将鉴定结论归纳总结。

燃烧法是根据纤维在燃烧时所表现出来的特性来鉴别纤维的方法。燃烧特性包括燃烧速度、火焰的颜色和形状、燃烧时散发的气味、燃烧后灰烬的颜色和形状及硬度等。纤维的燃烧鉴别法简便易行,不需要特殊设备和试剂,但只能区别大类纤维,对混纺纤维、复合纤维和经阻燃处理的纤维等不能用此法鉴别。表4-3列举了常见纤维的燃烧特性。

表 4-3  常见纤维的燃烧特性

| 纤　　维 | 燃烧情况 | 气　味 | 灰烬颜色和形状 |
| --- | --- | --- | --- |
| 棉 | 易燃,黄色火焰 | 有烧纸气味 | 灰烬少,灰末细软,浅灰色 |
| 麻 | 易燃,黄色火焰 | 有烧纸气味 | 灰烬少,灰末细软,浅灰色 |
| 羊毛 | 徐徐冒烟,起泡并燃烧 | 有烧毛发臭味 | 灰烬少,黑色块状,质脆 |
| 蚕丝 | 燃烧慢 | 有烧毛发臭味 | 易碎的黑褐色小球 |
| 黏胶纤维 | 易燃,黄色火焰 | 有烧纸气味 | 灰烬少,灰末细软,浅灰色 |
| 醋酯纤维 | 缓缓燃烧 | 有醋酸刺激味 | 黑色硬块或小球 |
| 聚酯纤维 | 一边熔化,一边缓慢燃烧 | 有芳香气味 | 易碎,黑色硬块 |
| 聚丙烯腈纤维 | 一边熔化,一边燃烧 | 有鱼腥臭味 | 易碎,黑色硬块 |
| 聚酰胺纤维 | 一边熔化,一边缓慢燃烧 | 有特殊臭味 | 坚硬褐色小球 |
| 聚乙烯醇纤维 | 缓慢燃烧 | 有特殊臭味 | 易碎,褐色硬块 |
| 聚丙烯纤维 | 一边收缩,一边熔化燃烧 | 有烧蜡臭味 | 黄褐色硬块 |

## 单元四　纤维的纺丝

**能力目标**

能初步选择合适的纤维纺丝方法。

**知识目标**

了解熔融纺丝、湿法纺丝和干法纺丝的工艺流程,了解主要的后加工工序过程及其目的。

化学纤维加工的过程一般包括纺丝液的制备、纺丝及初生纤维的后加工等过程。一般是先将成纤高聚物溶解或熔融成黏稠的液体（纺丝液），然后将这种液体用纺丝泵（或称计量泵）连续、定量且均匀地从喷丝头或喷丝板的毛细孔中挤出，成为液态细流，再在空气、水或特定凝固浴中固化成为初生纤维的过程，称为纤维成型，或称纺丝，这是化学纤维生产过程的核心工序。最后根据不同的要求进行后加工。

## 一、化学纤维的纺丝

工业上常用的纺丝方法主要是熔融纺丝法和溶液纺丝法。此外还有一些改进的新方法。

1. 熔融纺丝法

熔融纺丝是将高聚物加热熔融制成熔体，并经喷丝头喷成细流，在空气或水中冷却并凝固成纤维的方法。熔融纺丝法用于工业生产有两种实施方法：一种是直接用聚合所得到的高聚物熔体进行纺丝，这种方法称为直接纺丝法；另一种是将聚合得到的高聚物熔体经铸带、切粒等工序制成"切片"，然后在纺丝机上将切片重新熔融成熔体并进行纺丝，这种方法称为切片纺丝法。如图 4-2 所示为熔融（切片）纺丝示意图，切片在螺杆挤出机中熔融后或由连续聚合制成的熔体，送至纺丝箱中的各个纺丝部位，再经纺丝泵定量压送至纺丝组件，过滤后从喷丝板的毛细孔中压出而成为细流，并在纺丝甬道中冷却成型的工艺过程。初生纤维被卷绕成一定形状的卷装（对于长丝）或均匀落入盛丝桶中（对于短纤维）。

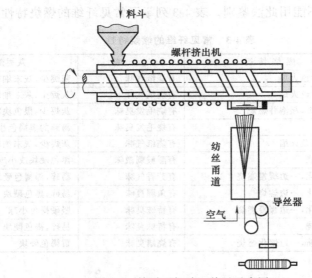

图 4-2　熔融（切片）纺丝示意图

采用直接纺丝法可简化生产流程，有利于生产过程的连续化，并可降低成本。但存留在熔体中的单体和低聚物难以去除，因而产品质量较差。熔融纺丝法工艺过程比较简单，但其首要条件是聚合物在熔融温度下不分解，并具有足够的稳定性。

2. 溶液纺丝法

将高聚物溶解于溶剂中以制得黏稠的纺丝液，由喷丝头喷成细流，通过凝固介质使之凝固而形成纤维，这种方法称为溶液纺丝法。根据凝固介质的不同又可分为两种。

（1）湿法纺丝　凝固介质为液体，故称湿法纺丝。纺丝溶液经混合、过滤和脱泡等纺前准备后，送至纺丝机，通过纺丝泵计量进入喷丝头，从喷丝头毛细孔中挤出的溶液细流进入凝固浴,这时细流中的成纤高聚物便被凝固成细丝,如图 4-3 所示。湿法纺丝时,由于纺丝液中的溶剂需向凝固浴扩散而脱除,而凝固浴中的凝固剂则又借渗透作用才能进入黏液细流,因此它的凝固过程远比熔融纺丝法慢。所以湿法纺丝速度较低,每分钟出丝几米至几十米,而熔融纺丝法可达每分钟几百米甚至几千米。为了弥补这一缺点,常采用多孔的喷丝

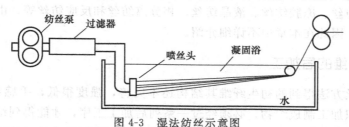

图 4-3　湿法纺丝示意图

头。目前生产上所用的喷丝头的孔数最多可达 10 万孔以上。宜用于生产短纤维。

采用湿法纺丝时,必须配备凝固浴的配制、循环用回收设备,工艺流程复杂,厂房建筑和设备投资费用都较大,纺丝速度低,成本高,对环境污染严重。目前,腈纶、维纶、氯纶、黏胶纤维以及某些由刚性大分子构成的成纤聚合物都需要采用湿法纺丝。

(2) 干法纺丝　干法纺丝凝固介质为干态的气相介质。它是从喷丝头毛细孔中挤出的纺丝溶液不进入凝固浴,而进入纺丝甬道;通过甬道中热空气的作用,使溶液细流中的溶剂快速挥发,并被热空气流带走;溶液细流在逐渐脱去溶剂的同时发生浓缩和固化,并在卷绕张力的作用下伸长变细而成为初生纤维的工艺过程。图 4-4 所示为干法纺丝示意图。

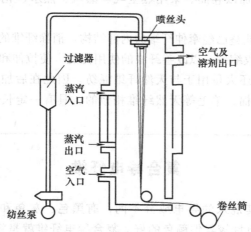

图 4-4　干法纺丝示意图

采用干法纺丝时,首要的问题是选择溶剂,因为纺丝速度主要取决于溶剂的挥发速度。选择的溶剂应使溶液中聚合物的浓度尽可能高,而溶剂的沸点和蒸发潜热应尽可能低,这样就可减少在纺丝溶液转化为纤维过程中所需挥发的溶剂量,降低热能消耗,并提高纺丝速度。除技术经济要求外,还应考虑溶剂的可燃性,以保证达到安全防护要求。最常用的干法纺丝溶剂为丙酮、二甲基甲酰胺等。

目前,干法纺丝速度一般为 200~500m/min,高者可达 1000~1500m/min,但受溶剂挥发速度的限制,纺丝速度还是比熔融纺丝低,而且还需要设置溶剂回收等工序,故辅助设备比熔融纺丝多。干法纺丝一般适宜纺制化学纤维长丝,主要生产品种有腈纶、醋酯纤维、氯纶和氨纶等。

### 3. 其他纺丝方法

合成纤维的主要纺丝方法除熔融纺丝、溶液纺丝等常规纺丝法外，随着航空、空间技术、国防等工业的发展，对合成纤维的性能提出了新的要求，合成了许多新的成纤高聚物，它们往往不能用常规纺丝方法进行加工。因此出现了一系列新的纺丝方法，如乳液纺丝、悬浮纺丝、干湿法纺丝、冻胶纺丝、液晶纺丝、相分离纺丝和反应纺丝等。由于用这些方法生产的纤维量很少，因此在本章中不详细介绍。

## 二、化学纤维的后加工

通过以上纺丝方法得到的初生纤维其结构还不完善，强度很低，手感粗硬，甚至发脆，不能直接用于纺织加工制成织物，必须经过一系列后加工工序，才能得到结构稳定、性能优良、可以进行纺织加工的纤维。后加工的具体过程，根据所纺纤维的品种和纺织加工的具体要求而有所不同。但一般包括上油、拉伸、卷曲、热定型、切断、加捻和绕丝等多道工序，其中拉伸和热定型对所有化学纤维都是必不可少的。

上油是使纤维表面覆上一层油膜，赋予纤维平滑柔软的手感，改善纤维的抗静电性。上油后可降低纤维与纤维之间及纤维与金属之间的摩擦，使加工过程顺利进行。

拉伸是使大分子沿纤维轴向取向排列，以提高纤维的强度，降低断裂伸长率，提高耐磨性和对各种形变的疲劳强度。一般拉伸倍数为4～10倍。

为了使化学纤维具有与天然纤维相似的皱褶表面，增加短纤维与棉、羊毛混纺时的抱合力，拉伸后的丝束一般都加以卷曲。采用热空气、蒸汽、热水、化学药品或机械方法都能使纤维进行卷曲。

热定型是为了进一步调整已经牵伸纤维的内部结构，消除纤维的内应力，提高纤维的尺寸稳定性，降低纤维的沸水收缩率，以改善纤维的使用性能，使拉伸和卷曲的效果得以保持。

另外，目前化学纤维还大量用于与天然纤维混纺，因此在后加工过程中有时需将连续不断的丝条切断，而得到与棉、羊毛等天然纤维相似的、具有一定长度和卷曲度的纤维，以适应纺织加工的要求。

### 知识拓展  复合导电纤维

复合导电纤维由于其混入的导电成分不同，有黑色、灰色和白色几种颜色。一般来说，黑色导电纤维的导电性较其他颜色的好。复合导电纤维就是纤维中复合入导电材料的成分，导电材料有炭黑、金属及其氧化物等。导电纤维有许多复合方法，不同的复合方法，其导电性或耐久性都有所不同。复合导电纤维的性能随复合结构的不同而有所差异，以中空放射型及"海岛"微裂型导电纤维为例，其体积电阻率约为 $10^5 \sim 10^6 \Omega \cdot cm$。加入 $0.5\% \sim 2\%$ 混纺，可用来生产抗静电、防爆、防尘服面料，该面料洗涤 100 次后，表面电阻率基本不变，一般在 $10^8 \Omega$ 左右，摩擦静电压约为 $100 \sim 200V$。另外，用该复合导电纤维生产的抗静电织物抗静电性基本不受环境温湿度的影响。目前，国产的导电纤维有涤纶、腈纶导电纤维，主要生产厂家有江苏纺织研究所、天津石油化工厂等；日本、美国、英国都有生产涤纶、腈纶、锦纶、丙纶导电纤维。日本主要生产厂家有东丽、钟纺、可乐丽，美国主要生产厂家有杜邦、孟山都。

## 思 考 题

1. 什么是合成纤维、再生纤维？它们主要有哪些产品？
2. 纤维的粗细是用什么表示的？单位是什么？
3. 涤纶与锦纶相比谁更挺括？为什么？
4. 涤纶、尼龙、腈纶等纤维性能上各有哪些优缺点？
5. 简述熔融纺丝、湿法纺丝工艺。
6. 为什么初生纤维还需进行后加工？后加工主要有哪些工序？

# 模块五

# 涂料与胶黏剂

**能力目标**

能通过简单实验调配一些常用的涂料及胶黏剂；初步具备选用、使用涂料和胶黏剂的能力。

**知识目标**

了解涂料及胶黏剂的应用领域；理解常用涂料和胶黏剂的组成与性能的关系；掌握常用涂料和胶黏剂的选用和使用方法。

## 涂料

### 单元一　涂料的组成及配方原理

**能力目标**

能通过合成树脂特点的研究确定其主要用途；初步具备涂料配色的能力。

**知识目标**

了解常用合成树脂的特点及用途；理解涂料的作用及组成；掌握涂料配方的基本原理及涂料的配方设计。

#### 一、典型涂料配方举例

根据下列涂料配方了解涂料的概念、涂料的组成及涂料各组成的作用。
热固性丙烯酸酯磁漆（轿车漆）的配方（kg）：

| | | |
|---|---|---|
| 含羟基的丙烯酸酯树脂（50%） | 55 | （主要成膜物质） |
| 低密度三聚氰胺甲醛树脂（60%） | 19 | （主要成膜物质） |
| 钛白粉及配色颜料 | 15 | （次要成膜物质） |

二甲苯　　　　　　　　　　　　　　4.8　（辅助成膜物质）
　　硅油　　　　　　　　　　　　　　　0.2　（辅助成膜物质）
　　环己酮　　　　　　　　　　　　　　6.0　（辅助成膜物质）
　　热固性丙烯酸酯树脂涂料的突出特点是光泽和保光性好，户外耐久性好，耐汽油和酸、碱等化学药品，突出的耐候性、三防性（防湿、防霉、防盐雾）。主要用于装饰性较高的轿车，施工方法主要是喷涂，也可以采用刷涂的方法。

## 二、涂料的作用及组成

　　1. 涂料的作用
　　涂料是指涂覆于物体表面，能与被涂刷的物体黏结在一起，形成连续性涂膜，从而对物体起到装饰、保护或使物体具有某种特殊功能的材料。
　　涂料可广泛应用于化工生产、建筑、汽车制造、日用品生产等行业。根据全球涂料业务中通用的名称，有机涂料分为建筑涂料、工业涂料、特种涂料三大类。涂料的作用表现在以下三个方面。
　　（1）装饰作用　物体涂刷涂料的目的首先在于遮盖物体表面的各种缺陷，使其显得美观大方、明快舒畅；同时又能与周围的环境协调配合。随着社会的不断发展，涂料的装饰作用越来越受到人们的重视。从日常生活中的家具、家电产品，到现代化的建筑材料和大型的化工生产过程，无不需要涂料来装饰和保护。
　　（2）保护作用　涂料涂刷于物体表面上形成涂膜，能够阻止或延迟空气中的氧气、水分、紫外线以及腐蚀性气体和化学药品对物体的破坏，延长物体的使用寿命。不同类型的被保护体，要求不同性能的涂料。例如：化工厂的各种设备、管道、储罐和塔釜最重要的是选用防腐蚀性的涂料；对于塑料制品来说则主要是防止塑料的光老化和氧化，降低增塑剂的挥发，延长塑料制品的使用寿命等。
　　（3）标志作用　在交通道路上，通过涂料醒目的颜色制备各种标示牌和道路分离线；在工厂中，各种管道、设备、容器常用不同颜色的涂料来区分其作用和所储存物质的性质。另外，有些涂料对外界条件的变化具有明显的响应性质，如光致变色、温致变色涂料可起到警示作用。
　　（4）特殊作用　涂料还可以赋予物体一些特殊功能。如电子工业中用的导电涂料；国防军事用的迷彩涂料；信息材料用的磁性涂料。这些特殊功能的涂料对于高科技的发展具有重要的意义。

　　2. 涂料的组成
　　组成涂料的物质，按其在涂料中的作用可以分为主要成膜物质、次要成膜物质和辅助成膜物质三大类。
　　（1）主要成膜物质　又称基料、胶黏剂或固化剂，主要由一种或多种高分子树脂组成，是涂料中最重要的组分，是构成涂料的基础，决定着涂料的基本性能。它的作用是将涂料中的其他组分黏结在一起，并能牢固地附着在基层表面，形成连续、均匀、坚韧的保护膜。具有较高的化学稳定性和一定的机械强度。
　　（2）次要成膜物质　是指涂料中所用的颜料和填料，它们是构成涂膜的组成部分，并以微细粉状均匀地分散于涂料介质中，赋予涂膜以色彩、质感，使涂膜具有一定的遮盖力，减少收缩，还能增加膜层的机械强度，防止紫外线的穿透作用，提高涂膜的抗老化性、耐候性。

颜料的品种很多,可分为人造颜料与天然颜料;按其作用又可分为着色颜料、防锈颜料与体质颜料（即填料）。着色颜料是涂料中使用最多的一种。它的主要作用是使涂料具有一定的遮盖力和所需要的色彩。着色颜料的颜色有红、黄、蓝、白、黑、金属光泽及中间色等;防锈颜料用在涂料中涂覆于金属表面上,防止金属锈蚀;体质颜料多为惰性物质,添加到涂料中可降低涂料的成本。

(3) 辅助成膜物质 又称助剂,是为进一步改善或增加涂料的某些性能,在配制涂料时加入的物质,其添加量较少,一般只占涂料总量的百分之几到万分之几,但效果显著。常用的助剂有成膜助剂、分散剂、消泡剂、增稠剂、防腐防霉剂、防冻剂等。此外还有增塑剂、抗老化剂、pH调节剂、防锈剂、消光剂等。

### 三、涂料用合成树脂

以高分子合成树脂为主要成膜物质的涂料,称为合成树脂涂料。常用的合成树脂有醇酸树脂、酚醛树脂、环氧树脂、聚氨酯树脂、丙烯酸树脂五大系列。

#### 1. 醇酸树脂

醇酸树脂是产量最大、品种最多、用途最广的涂料用合成树脂。醇酸树脂是由多元醇、多元羧酸和脂肪酸缩聚而得的高分子化合物。其分子链中具有酯基、羧基、羟基以及脂肪酸基。其中羧基、羟基使树脂涂膜具有良好的附着力,羧基还能提高树脂对颜料的润湿能力。

生产醇酸树脂的油脂多数是含较多不饱和双键的天然油脂。根据所含双键数目分为干性油、半干性油和不干性油。干性油如桐油、亚麻仁油等;半干性油如豆油、棉子油等;不干性油如蓖麻油、椰子油等。工业上用碘值表示油脂的不饱和度,不同植物油的碘值见表5-1。

表 5-1 不同植物油的碘值　　　　　　　　　　　单位：mg/g

| 油脂 | 碘值 | 油脂 | 碘值 | 油脂 | 碘值 |
| --- | --- | --- | --- | --- | --- |
| 桐油 | 155～167 | 豆油 | 114～137 | 蓖麻油 | 81～91 |
| 亚麻仁油 | 170～190 | 棉子油 | 98～115 | 椰子油 | 8 |

醇酸树脂根据所用油脂的不同分为干性油醇酸树脂、不干性油醇酸树脂。干性油醇酸树脂涂布后可在室温和空气、氧作用下干燥成膜;不干性油醇酸树脂在空气中不能干燥成膜,不能单独用做成膜物质,但可与其他成膜物质混合使用,改善涂膜性质。

醇酸树脂的性质取决于油脂种类、油度、醇酸树脂分子中残留的羟基和羧基等。油度长则涂膜富有弹性、比较柔韧耐久,适用于室外用品的涂装;油度短其涂膜较硬脆,光泽、保色性、抗摩擦性好,易打磨,耐久性差,适用于室内用品的涂装。

#### 2. 酚醛树脂

在涂料工业中,酚醛树脂是发展最早、价格低廉的合成树脂之一。主要用于代替天然树脂和干性油配制涂料,具有硬度高、快干、光泽好、耐水、耐油、耐碱和电器绝缘等特点,广泛用于建筑、木器家具、船舶、机械、电器及化工防腐蚀等方面。但是,酚醛树脂因其颜色较深,使用过程中涂膜易泛黄,所以不宜用于制造白色和浅色涂料。

酚醛树脂是由酚类与醛类在酸或碱催化作用下缩聚而得。纯酚醛树脂因性脆、机械强度低、耐热性及抗氧化性不高、易吸水、高频绝缘性和耐电弧性不好等原因,很少单独加工成制品，需对酚醛树脂进行改性后再使用。

生产涂料的酚醛树脂包括松香改性的酚醛树脂和油溶性的酚醛树脂两类。松香改性的酚醛树脂是用碱催化的酚醛树脂与松香反应，然后与甘油等多元醇酯化而得的红棕色透明固体。它具有软化点较高、油溶性好、酚醛树脂含量高等特点。油溶性酚醛树脂无须改性即可溶于热油。在涂膜干燥、硬度、耐水、耐化学药品等方面，油溶性的酚醛树脂优于松香改性的酚醛树脂，用酚醛树脂配制的涂料适用于水下、室外、防腐蚀等方面。

3. 环氧树脂

环氧树脂以其独特的附着力、涂膜保色性、耐化学腐蚀性、耐溶剂性、热稳定性和电绝缘性等特点，成为涂料用合成树脂之一。

环氧树脂是含有一个以上环氧基团的高分子化合物。工业上产量最大、用途最广的是双酚 A 型环氧树脂。它是由环氧氯丙烷与双酚 A 在碱催化下缩聚而得。

$$CH_2-CH-CH_2-O-\left[\underset{CH_3}{\underset{|}{\overset{CH_3}{\overset{|}{C}}}}\text{—}\bigcirc\text{—}\underset{CH_3}{\underset{|}{\overset{CH_3}{\overset{|}{C}}}}-\bigcirc-O-CH_2-CH(OH)-CH_2-O\right]_n\bigcirc-\underset{CH_3}{\underset{|}{\overset{CH_3}{\overset{|}{C}}}}-\bigcirc-O-CH_2-CH-CH_2$$

环氧树脂按其分子量的高低分为高分子量环氧树脂、中分子量环氧树脂和低分子量环氧树脂三种。常用双酚 A 型环氧树脂见表 5-2。

表 5-2 常用双酚 A 型环氧树脂

| 型号 | 软化点/℃ | 环氧值 | 平均分子量 |
| --- | --- | --- | --- |
| E-12 | 85～95 | 0.09～0.15 | 1500 |
| E-20 | 64～76 | 0.18～0.22 | 900～1000 |
| E-42 | 20～28 | 0.38～0.45 | 450～500 |
| E-44 | 14～22 | 0.40～0.47 | 400～450 |

由于环氧树脂分子链中含有许多羟基和醚键，对金属、玻璃、木材等具有优良的附着力；分子链中含苯环可使涂膜坚硬，含醚键使分子具有一定的韧性；分子链不含酯基，故耐碱性突出。

环氧树脂固化前属于线型结构，具有热塑性的中、低分子量的环氧树脂多用于涂料和胶黏剂。用于塑料必须加入固化剂，交联固化后形成网状结构才可以。高分子量的环氧树脂可以直接加工成塑料制品。

4. 聚氨酯树脂

聚氨酯为大分子链上含有多个重复的氨基甲酸酯的一类聚合物，全称为聚氨基甲酸酯，简称为聚氨酯。它是由多异氰酸酯与聚醚型或聚酯型多羟基化合物在一定比例下反应的产物。一般分为热塑性和热固性两大类，或分为弹性体和泡沫塑料两大类。

聚氨酯分子中极性很强的异氰酸酯基、酯键、醚键等，可使聚氨酯涂膜具有良好的附着力；分子结构中羰基的氧原子还可与氨基上的氢原子形成环状或非环状氢键，使聚氨酯树脂的断裂伸长率、耐磨性和韧性均优于其他树脂；涂膜光亮、坚硬、耐磨、耐化学腐蚀性、耐热性优异，弹性从极坚硬到极柔韧。由于异氰酸酯基活性较高，因此聚氨酯可在高温下烘干，也可在低温下固化，具有常温固化速度快、施工季节长等优点。

聚氨酯的性能与多元醇的结构有关，聚醚多元醇制备的聚氨酯，其涂膜的弹性高、耐水性好、黏度低，但户外耐久性差；聚酯多元醇制备的聚氨酯户外耐久性好，但由于其分子结构中含有酯键,所以耐水性较差。聚氨酯可与多种合成树脂并用,制备不同要求的涂料。

5. 丙烯酸酯树脂

丙烯酸酯树脂是丙烯酸酯涂料的主要成膜物质,它是丙烯酸酯类或甲基丙烯酸酯类的均聚物或与其他烯烃的共聚物。

丙烯酸酯树脂以其无色、透明、耐候性、耐化学药品性、耐高温性、耐低温性及良好的柔韧性等,在汽车、家电、仪器仪表、建筑、塑料制品等行业具有广泛的用途。

丙烯酸酯树脂有热塑性和热固性两种。热塑性丙烯酸酯树脂,依靠溶剂挥发干燥成膜,其涂膜可溶、可熔,用于制备丙烯酸酯树脂清漆、磁漆和底漆。热固性丙烯酸酯树脂分子侧链上具有羟基、羧基、环氧基等官能团,在一定温度下,侧链的官能团可相互反应而交联固化成膜,也可与交联剂或其他树脂交联固化成膜。使用不同的交联剂,丙烯酸酯树脂的性能不同。

### 四、涂料配方基本原理及配方设计

1. 涂料配方基本原理

随着涂料工业的飞速发展,涂料的品种成千上万。由于底材使用环境的不同,对于涂膜性能提出了不同要求(如防锈、耐酸碱、装饰等)。而涂料配方中各组分的用量及相对比例对涂料的使用性能和涂膜性能会产生很大的影响。所以,建立一个符合使用要求的涂料配方是一个复杂的过程。既要考虑组成涂料的基本原料,又要考虑涂料的颜料体积浓度、颜料吸油值、涂料配色等。

(1) 颜料体积浓度　涂料的颜料体积浓度是涂料最重要、最基本的表征。它是涂料固体总体积中颜料所占的体积分数。用 $PVC$ 表示。即:

$$PVC = \frac{V_p}{V_p + V_b} \tag{5-1}$$

式中　$V_p$——颜料固体体积;

$V_b$——基料固体体积。

当基料逐渐加入颜料体系中时,颜料粒子堆砌空隙中的空气将逐渐被基料所取代。这时,整个体系由颜料、基料和未被取代的空隙中的空气组成。随着基料用量的增加,颜料粒子堆砌空隙将不断减少。把基料恰好填满全部空隙时的颜料体积浓度定义为临界颜料体积浓度,用 $CPVC$ 表示。

当 $PVC > CPVC$ 时,没有足够的基料使颜料粒子得到充分的润湿,在颜料与基料的混合体系中存在缝隙。当 $PVC < CPVC$ 时,颜料以分离形式存在于基料相中。因此,颜料体积浓度在 $CPVC$ 附近变化时,涂膜的性质将发生很大的变化。涂膜的物理机械性能、渗透性、光学性、导电性、介电常数在 $CPVC$ 处发生突变。所以,$CPVC$ 是涂料性能的一项重要表征。一般来说,高性能或户外使用的涂料,不能制定超过 $CPVC$ 的涂料配方。相反,对于在温和条件下使用的涂料,可以制定超过 $CPVC$ 的涂料配方。

(2) 颜料吸油值　一定质量的干颜料形成颜料糊时所需的精亚麻仁油的量称为颜料吸油值。常用 $100g$ 颜料形成颜料糊时所吸收的亚麻仁油的质量 (g) 表示,用 $OA$ 表示。

目前,测定颜料吸油值的方法有两种:一是标准刮刀混合法,即将称取的一定质量的颜料放在玻璃板或大理石板上,逐滴加入精亚麻仁油,用标准刮刀调配成连续的糊状物;二是在烧杯中称取一定质量的颜料,缓慢搅拌下加入精亚麻仁油,直到得到糊状物为止,所需的精亚麻仁油的量即为颜料的吸油值。

从理论上看,颜料吸油值与颜料对亚麻仁油的吸附、润湿、毛细作用及颜料的粒度、形状、表面积、粒子堆砌方式、粒子的结构等性质有关。但从实践上看,颜料的吸油值仅为实验条件下,亚麻仁油充满颜料粒子间空隙所需的量。因此,颜料的吸油值与临界颜料体积浓度有关。即:

$$CPVC = \frac{\frac{100}{\rho}}{\frac{OA}{0.935} + \frac{100}{\rho}} = \frac{1}{1 + \frac{OA\rho}{93.5}} \tag{5-2}$$

式中 $\rho$——颜料的密度,$g/cm^3$;
　0.935——亚麻仁油的密度,$g/cm^3$;
　$OA$——吸油值,$g/100g$;
　$CPVC$——临界颜料体积浓度,%。

利用式(5-2)可以用标准刮刀混合法得到的颜料吸油值,求得临界颜料体积浓度。主要适用于溶剂型涂料。

(3)涂料配色　涂料配色是制备色漆的一项十分重要的工序。配色是一件非常细致的工作。首先根据需要的颜色,利用标准色卡、色板或漆样了解颜色的组成,通常有以下配色原则。

一是调节颜色的色相,将红、黄、蓝三色按一定比例混合,便可得到不同的中间色。中间色与中间色混合,或中间色与红、黄、蓝中的一种颜色混合,又可得到复色。

二是调节颜色的彩度(饱和度),在某色的基础上加入白色,将原来的颜色冲淡,就可得到彩度不同(即深浅不同)的复色。

三是调节颜色的亮度(明度),在某色的基础上加入不等量的黑色,就可得到亮度不同的各种颜色。

综合运用上述原则,可同时改变某种颜色的色相、亮度和彩度,就能得到千差万别的颜色。涂料调色过程中有以下技巧。

① 调色时需小心谨慎,一般先试小样,然后根据小样结果再配制大样。先在小容器中将副色和次色分别调好。

② 先加入主色,再将染色力大的深色慢慢、间断地加入,并不断搅拌,随时观察颜色的变化。

③ "由浅入深",尤其是加入着色力强的颜料时,切忌过量。

④ 在配色时,涂料和干燥后的涂膜颜色会存在细微的差异。各种涂料颜色在湿膜时一般较浅,当涂料干燥后,颜色加深。

⑤ 事先应了解原色在复色涂料中的漂浮程度以及漆料的变化情况。

⑥ 调配复色涂料时,要选择性质相同的涂料相互调配,溶剂系统也应互溶,否则由于涂料的混溶性不好会影响质量,甚至发生分层、析出或胶化现象而无法使用。

⑦ 要注意在调色过程中,还要添加哪些辅助材料,如催干剂、固化剂、稀释剂等的颜色,以免影响色泽。

表5-3列出了常用颜料的品种,虽然同为一种颜色的颜料,但颜色的色调、明度和饱和度上都有极大的差别,使用者应注意选择。表5-4列出了部分复色涂料的颜料配比,具体颜色的配制,还需按上述原则及技巧多次实验。

表 5-3  常用颜料的品种

| 颜色 | 颜料品名 | 颜色 | 颜料品名 |
|---|---|---|---|
| 红色颜料 | 无机颜料：铁红、镉红、钼红等 | 绿色颜料 | 无机颜料：铬绿、锌绿、铁绿等 |
| | 有机颜料：甲苯胺红、大红等 | | 有机颜料：酞菁绿 |
| 黄色颜料 | 无机颜料：锌铬黄、铁黄等 | 紫色颜料 | 无机颜料：群青紫、钴紫、锰紫等 |
| | 有机颜料：耐晒黄、联苯胺黄等 | | 有机颜料：甲基紫、苄基紫等 |
| 蓝色颜料 | 无机颜料：铁蓝、群青等 | 黑色颜料 | 无机颜料：炭黑、石墨等 |
| | 有机颜料：酞菁蓝、孔雀蓝等 | | 有机颜料：苯胺黑等 |
| 金属颜料 | 铝粉（银粉）、铜粉（金粉）等 | 白色颜料 | 无机颜料：钛白、氧化锌、锌钡白（立德粉）等 |

表 5-4  部分复色涂料颜料配比                                         单位：份

| 颜色 | 钛白粉 | 铁蓝 | 中铬黄 | 炭黑 | 浅铬黄 | 铁红 | 甲苯胺红 |
|---|---|---|---|---|---|---|---|
| 红色 | | | | | | | 100.00 |
| 铁红 | | | | | | 100.00 | |
| 黄色 | | | 100.00 | | | | |
| 奶油白 | 93.77 | | 5.88 | | | 0.35 | |
| 绿色 | | 15.9 | 10.57 | | 73.53 | | |
| 海蓝 | 60.00 | 27.94 | 12.06 | | | | |
| 银灰 | 95.37 | 0.75 | 2.75 | 1.13 | | | |
| 棕色 | | | 9.76 | 1.48 | | 88.76 | |

**2. 涂料的配方设计**

涂料的配方设计是一项很有挑战性的技术工作，完成一个涂料配方的优秀设计，需要高度重视基础性知识的积累和经验总结，同时又要密切关注施工条件和施工对象的具体情况。即涂料的成膜物质与颜填料组分之间最终要达到良好的结合使得涂膜牢固，经得起时间和各种环境因素综合作用的考验；同时涂料体系有良好的储存稳定性和施工性。如溶剂型涂料黏度要适宜利于流平，乳液型涂料要求乳胶粒稳定以防止沉降分层，粉末涂料不至于结块；更重要的是涂膜要对基材有良好的润湿与附着力，保证涂膜牢固地结合到基材表面并长期发挥其保护和装饰作用，只有这样的涂料配方设计才能达到最佳的技术经济性。

（1）溶剂型涂料的配方设计　溶剂型涂料主要由成膜高聚物、溶剂、颜填料和助剂组成。其中，溶剂用于溶解成膜高聚物，调节成膜物质和颜填料组成的复合体系的黏度和流变性，使制得的涂料体系能够适用于涂装施工的要求。溶剂型涂料用高聚物适合的溶剂和共溶剂见表 5-5。

（2）乳胶涂料的配方设计　乳胶涂料实际上是成膜高聚物的水分散体系和颜料的水分散

表 5-5  溶剂型涂料用高聚物适合的溶剂和共溶剂

| 高聚物 | 适合的溶剂和共溶剂 |
|---|---|
| 无油醇酸树脂 | 芳香族溶剂加适量醇醚溶剂 |
| 短油度醇酸树脂 | 二甲苯并加适量正丁醇 |
| 长油度醇酸树脂 | 石油溶剂 |
| 热塑性丙烯酸类树脂 | 酮类为主，配合少量醇类和芳香烃化合物 |
| 热固性丙烯酸类树脂 | 脂肪族溶剂、酮和醇醚 |
| 环氧树脂 | 酮、酯和醇醚 |
| 氨基树脂 | 芳香烃类和醇的混合物 |

体系的混合物。高聚物乳液是烯类单体通过乳液聚合得到的。

乳液聚合反应体系一般由单体、引发剂、乳化剂和水组成。单体通常占配料量的40%～50%。乳液聚合选用水溶性的氧化还原引发体系，选用阴离子型表面活性剂配以少量非离子型表面活性剂为乳化剂，乳化剂的用量为2%～3%。由于水中的钙、镁离子会影响乳化剂作用的发挥，所以乳液聚合选用去离子水。

乳液制备好之后与颜料的水分散体系混合才能得到乳胶涂料。

## 单元二　涂料的选用原则及涂装技术

**能力目标**

能够熟练地选择涂料并能正确地使用涂料。

**知识目标**

了解涂料各涂层的性能和作用；理解涂料的选用原则；掌握涂料的涂装技术。

### 一、典型涂料涂装操作

利用所学涂料的涂装方法，选择一块30cm×30cm的普通木板，选用水性聚氨酯木器涂料完成整个涂装过程。其涂饰工艺如下。

(1) 底材180#砂纸打磨修整。
(2) 刷水性封闭底漆，干燥30min，240#砂纸干打磨。
(3) 刮涂水性腻子，干燥1h，240#砂纸干打磨。
(4) 水性色浆着色，干燥30min。
(5) 刷水性中涂漆，干燥40min，240#砂纸干打磨。
(6) 刷水性清漆（或水性面漆），干燥2h。
(7) 600#～800#水砂纸打磨修整。

经过涂料涂刷之后，木板表面具有良好的耐水性、耐磨性、耐腐蚀性及良好的保光性、保色性。

### 二、涂料的选用原则

涂料的选用要考虑以下两种情况。

**1. 涂料与被涂物材质的配套**

根据被涂物的材质选择合适的涂料品种，对底漆尤为重要，因为各种底漆对被涂物材质的适应性各不相同。

例如钢铁类适应性较强，一般底漆对其附着力较好，可选用酚醛、醇酸、环氧、丙烯酸、硝基等各类涂料；铝或铝合金表面，一般底漆涂装后会产生附着力不良的毛病，应采用锌黄类底漆如锌黄醇酸底漆；水泥材料需考虑到所涂底漆要有一定的耐碱性和透气性，一般选用乳胶漆、聚氨酯漆等品种。不同被涂物基材常用底漆品种见表5-6。

**2. 各涂层即从底漆、腻子、二道底漆、中间层漆到面漆的相互配套**

各涂层涂料的性能和作用见表5-7。

表 5-6　不同被涂物基材常用底漆品种

| 被涂物(基材) | | 底漆品种 |
|---|---|---|
| 木材 | | 醇酸类、聚酯类、聚氨酯类、丙烯酸类 |
| 水泥 | | 醇酸类、酚醛类、丙烯酸酯类、乙烯类、有机硅类 |
| 塑料 | | 氯化聚烯烃类、丙烯酸酯类、聚氨酯类、聚乙烯醇缩丁醛类、醇酸类 |
| 橡胶 | | 氯化聚烯烃类、丙烯酸酯类、聚氨酯类、醇酸类 |
| 金属 | 黑色金属(铁、铸铁、钢) | 醇酸类、沥青类、酚醛类、聚氨酯类、醇酸类 |
| | 铝及铝镁合金 | 锌黄或钙黄等作颜填料的醇酸类、酚醛类、丙烯酸类 |
| | 锌 | 锌黄或钙黄等作颜填料的醇酸类、酚醛类、丙烯酸类 |
| | 铜及合金 | 醇酸类、环氧类、氨基类 |
| | 铬 | 铁红醇酸类、环氧类 |
| | 铅 | 铁红醇酸类、环氧类 |
| | 锡 | 铁红醇酸类、环氧类 |

表 5-7　各涂层涂料的性能和作用

| 涂层 | 性能和作用 |
|---|---|
| 底漆 | 提供对被涂物表面的附着力和对面漆涂膜的容忍性,对金属表面的阻蚀作用,具有足够的弹性 |
| 腻子 | 填平陷坑,有良好的附着力、填坑性和刮涂性 |
| 二道底漆 | 要求有较高的硬度和打磨性,以便打磨成平整光滑的膜面,提高面漆涂层效果 |
| 中间层漆 | 作为底涂层和面涂层之间的媒介层,具有和上下两种涂层良好的容忍性 |
| 面漆 | 根据涂装目的和要求,或者有优异的装饰性,或者有其他特殊功能 |

施工时选用几种各有特长的涂料相互配套构成复合涂层,可以显示出更加优越的涂层性能。

### 三、涂装技术

涂料对被涂物体表面的装饰、保护以及功能性作用是通过它在物体表面所形成的涂膜来体现的。使涂料在被涂物体表面形成所需要的涂膜的过程通称为涂料施工,也称涂装。现代化的涂装技术包括以下三个方面。

**1. 被涂物体底材表面处理**

它的目的是为被涂物体表面(底材)和涂膜的黏结创造一个良好的条件,同时还能提高和改善涂膜的性能。

表面处理的方法很多,要根据所要得到的涂层标准类型,同时依据被涂物件表面加工后的清洁和光洁程度、污垢的种类等来选择适宜的表面处理方法。如金属表面要除油、除锈、化学转变(氧化、磷化、钝化);木材表面要干燥、刨平、打磨等;塑料表面要清洗、脱脂、打磨;橡胶表面要清洗;玻璃表面要清洗、打毛等。

(1) 金属表面除油的目的　主要是利用各种化学物质的溶解、皂化、乳化、润湿、渗透和机械等作用除去物体表面的油污。常用的金属表面除油方法及特点见表 5-8。

表 5-8　常用的金属表面除油方法及特点

| 清洗方法 | 作用原理 | 清洗材料 | 特　点 |
|---|---|---|---|
| 碱液除油 | 皂化反应 | 氢氧化钠、碳酸钠、硅酸盐类、磷酸盐类 | 操作简单,价廉,广泛使用 |
| 表面活性剂除油 | 乳化作用 | 阴离子表面活性剂、阳离子表面活性剂 | 室温使用,高效、安全 |
| 有机溶剂除油 | 溶解作用 | 汽油、煤油、松节油、甲苯、二甲苯 | 除油效率高,适合于各种油污 |

(2) 金属表面除锈的目的　是除去金属表面的所有氧化物和锈蚀物，为进一步涂装工作提供良好的基础，延长金属使用寿命。常用的金属表面除锈方法及优缺点见表 5-9。

表 5-9　常用的金属表面除锈方法及优缺点

| 除锈方式 | 优点 | 缺点 | 注意事项 |
| --- | --- | --- | --- |
| 喷丸 | 除锈彻底,处理效率高,磨料可回收 | 对环境有污染,需室温进行,投资较大 | 操作时,应遮蔽其他相邻物体 |
| 喷砂 | 除锈彻底,处理效率高,可处理各种形状的表面,磨料价廉 | 对环境污染极大,磨料不可回收 | 操作时,应遮蔽其他相邻物体,采用必要措施减少粉尘污染 |
| 高压水磨料 | 除锈彻底,处理效率高,可处理各种形状的表面,环境污染小,可在高湿条件下使用 | 处理后表面易返锈,通常需添加缓蚀剂,增加成本 | 可采用与缓蚀剂相适应的底漆,现场安排好排水设施,防止下水道堵塞 |
| 真空喷丸 | 除锈彻底,不污染环境 | 不能处理形状复杂的物件,除锈效率低 | 与其他小型工具配合使用 |
| 小型机械 | 除锈彻底,污染较小,机动性好 | 除锈效率低,劳动强度大,表面粗糙度值小 | 用于对旧漆面进行打毛处理 |
| 纯手工 | 机动性好,工具简便 | 除锈效率低,劳动强度大,表面粗糙度值小 | 用于小面积除锈 |
| 酸洗 | 除锈彻底,价格低,适用于各种零部件 | 环境污染大,不适用于现场大型物件处理,易返锈 | 做好劳动保护和"三废"处理 |

(3) 橡胶表面处理的目的　是消除表面静电、除去表面灰尘、清除脱模剂、修理缺陷、增加表面积、提高表面粗糙度等。橡胶常用的表面处理方法及特点见表 5-10。

表 5-10　橡胶常用的表面处理方法及特点

| 处理方法 | 处理效果 | 试剂、工具 | 特点 |
| --- | --- | --- | --- |
| 溶剂清洗 | 除去油污和增塑剂 | 采用混合溶剂 | 自动化 |
| 偶联剂处理 | 引入极性基团 | 烷氧基硅烷、烷基硅烷 | 成本高 |
| 氧化处理 | 引入极性基团 | 火焰或强氧化剂 | 处理简单 |
| 表面机械打磨 | 增加表面粗糙度 | 砂布 | 处理简单 |
| 等离子体处理(电处理) | 引入极性基团 | 低压下于密封腔中用射频能量的离子化气体 | 时间短、效果好 |

2. 涂布

涂布是用不同的方法、工具和设备将涂料均匀地涂覆在被涂物件表面。是涂料施工的核心工序，它对涂料性能的发挥有重要的影响。常用的涂布方法有刷涂、擦涂、刮涂、喷涂、浸涂、辊涂等。对不同的被涂物件和不同的涂料应采用最适宜的涂布方法和设备。常用涂布方法的特点见表 5-11。

3. 涂膜干燥

将涂覆在被涂物件表面的涂料固化成为固体的、连续的干涂膜，以达到涂饰的目的。涂膜干燥分为自然干燥、加热干燥和特种方式干燥（光照、电子辐射等）。常用涂料干燥时间和涂装间隔见表 5-12。

表 5-11　常用涂布方法的特点

| 涂布方式 | 原理 | 设备 | 所用涂料 | 特点 | 用途 |
|---|---|---|---|---|---|
| 刷涂法 | 漆刷蘸取涂料进行涂漆 | 漆刷 | 各种涂料 | 投资低,使用简单,适应性强,但效率低 | 使用广泛,建筑和维修中应用多 |
| 辊涂法 | 用蘸取涂料的辊筒在工件表面上滚动涂刷 | 辊筒 | 各种涂料 | 投资低,使用简单,比刷涂效率高,但涂膜表面不光滑 | 使用广泛,建筑和维修中应用多 |
| 刮涂法 | 采用刮刀对厚层涂料进行施工 | 刮刀 | 各种厚浆型涂料 | 施工方法简单,投资低 | 比较平整的表面或厚涂层的涂装 |
| 有气喷涂法 | 利用压缩空气将涂料雾化并射向基底 | 喷枪,空气压缩机 | 黏度小的涂料 | 施工效率高,涂膜均匀 | 适用于间断生产的小型器件 |
| 高压无气喷涂法 | 利用动力使涂料增压,迅速膨胀达到雾化和涂装 | 高压无气喷涂设备 | 各种涂料 | 施工效率高,适用于大量涂漆;获得涂层厚而致密 | 各种物件,广泛应用于造船、桥梁等行业 |
| 浸涂法 | 将工件浸没于料中,取出,除去过量涂料的涂装 | 浸漆槽、传送设备、干燥设备 | 挥发性和快干性涂料 | 可自动化生产,操作方便 | 各种小型零件、设备 |

表 5-12　常用涂料干燥时间和涂装间隔

| 涂料类型 | 干燥时间(23℃±2℃) | | 涂装间隔(23℃±2℃) | |
|---|---|---|---|---|
| | 表干/h | 实干/h | 最短/h | 最长/h |
| 沥青漆 | 2 | 24 | 14~24 | 5 |
| 醇酸树脂类 | 4 | 24 | 14 | 7 |
| 环氧树脂类 | 4 | 24 | 9 | 5 |
| 酚醛树脂类 | 5 | 24 | 9 | 3 |
| 聚氨酯树脂类 | 2 | 6 | 14 | 5 |
| 丙烯酸树脂类 | 0.5 | 4 | 6 | 5 |

通常被涂物件表面涂层由多层作用不同的涂膜组成。在被涂物件表面经过表面处理后,根据用途需要选用涂料品种和制定施工程序。通常的施工程序为涂底漆、刮腻子、涂中间涂层、打磨、涂面漆和清漆以及抛光上蜡、维护保养、质量控制与检验。

## 单元三　专用涂料

### 能力目标

初步具备对塑料及其制品进行涂装的能力。

### 知识目标

了解常见专用涂料的特点及用途;理解塑料涂料的性质及涂装技术;掌握防腐涂料的特点、类型及性能。

### 一、典型专用涂料举例

通过对环氧防腐涂料的配方、配制工艺、特点及用途的学习,了解专用涂料的特点及用途的特殊性。

1. 配方

| 组分 A | 份数/份 | 组分 B | 份数/份 |
|---|---|---|---|
| 环氧树脂 E-12 | 100 | 已二胺（＞90%） | 6～8 |
| 邻苯二甲酸二丁酯（工业） | 15 | 石墨粉（120目） | 5～10 |
| 95%乙醇 | 30～50 | | |

2. 配制工艺

先将环氧树脂同溶剂在充分搅拌下溶解，然后加入邻苯二甲酸二丁酯混匀，最后加入填料和固化剂。固化成膜时间：室温下 12～24h。

3. 性能特点

涂膜坚硬，具有良好的三防性（防潮、防霉、防盐雾或防腐），有一定的耐强溶剂的能力。

4. 用途

该配方可适用于大型化工设备、储罐和管道的内外壁的防化学腐蚀，也可适用于饮用水系统及水处理设备，其防腐蚀效果极佳。

## 二、防腐涂料

腐蚀是指金属和合金由于外部介质的化学作用或电化学作用而引起的破坏。腐蚀是一个自然过程，几乎所有暴露在自然界的材料都会随着时间的流逝而变质。涂料防腐蚀作用是防止电化学反应发生的过程。

1. 防腐涂料的特点

防腐涂料是涂料中的一类品种，除了具备涂料的基本物理性能、力学性能外，还应具备下列特点。

(1) 高耐腐蚀性　不能被腐蚀介质溶胀、溶解、破坏、分解，处于稳定状态。

(2) 高耐候性　适应户外环境温度的变化和具有较好的抗紫外线能力。

(3) 高耐久性　涂层使用寿命长。

(4) 涂膜层较厚　涂层透气性和渗水性小。膜层厚度一般为：通用型涂料 150～200$\mu m$，重防腐型涂料 200～300$\mu m$，超重防腐型涂料 300～500$\mu m$。

(5) 施工性能和配套性能　较好的施工性能和配套性能。

2. 防腐涂料的主要类型

(1) 环氧树脂防腐涂料　环氧树脂涂料附着力好，对金属、混凝土、木材、玻璃等均有优良的附着力；耐碱、油和水，电绝缘性优良，但抗老化性差。环氧树脂防腐涂料通常由环氧树脂和固化剂两个组分组成，固化剂的性质也影响到涂膜的性能。环氧防腐涂料常用固化剂及特点见表 5-13。

表 5-13　环氧防腐涂料常用固化剂及特点

| 固化剂 | 特点 |
|---|---|
| 脂肪胺及其改性物 | 可常温固化，未改性的脂肪胺毒性较大 |
| 芳香胺及其改性物 | 反应慢，常须加热固化，毒性较弱 |
| 聚酰胺树脂 | 耐候性较好，毒性较小，弹性好，耐腐蚀性稍差 |
| 其他合成树脂 | 与环氧树脂并用，涂膜具有突出的耐腐蚀性，并有良好的力学性能及装饰性 |

环氧树脂防腐涂料是以环氧树脂作为成膜物质的一种单组分涂料体系。常用做各种金属底漆和化工厂室外设备防腐蚀漆。

(2) 聚氨酯防腐涂料　用于防腐涂料的聚氨酯树脂常含有两个基团：异氰酸酯基—NCO和羟基。使用时将双组分混合而反应固化生成聚氨基甲酸酯（聚氨酯）。聚氨酯防腐涂料的特点如下。

① 物理机械性能好，涂膜坚硬、柔韧、光亮、丰满、耐磨、附着力强。
② 耐腐蚀性优异，耐油、酸、化学药品和工业废气。
③ 耐老化性优于环氧树脂涂料，常用做面漆，也可用做底漆。
④ 聚氨酯树脂能和多种树脂混溶，可在广泛的范围内调整配方，以满足各种使用要求。
⑤ 可室温固化或加热固化，温度较低时（0℃）也能固化。
⑥ 多异氰酸酯组分的储存稳定性较差，必须隔绝潮气，以免胶冻。聚氨酯涂料价格高，但使用寿命长。

(3) 橡胶类防腐涂料　橡胶类防腐涂料是以经过化学处理或机械加工的天然橡胶或合成橡胶为成膜物质，添加溶剂、填料、颜料、催化剂等加工而成的一种涂料，其主要包括以下两类。

① 氯化橡胶防腐涂料。该涂料耐水性好，耐盐水和盐雾；有一定的耐酸、碱腐蚀性，50℃以下能耐10% $HCl$、$H_2SO_4$、$HNO_3$、不同浓度的$NaOH$及湿$Cl_2$。但不耐有机溶剂，耐老化性和耐热性差。该涂料广泛用于船舶、港湾、化工等场合。

② 氯丁橡胶防腐涂料。该涂料耐臭氧、化学药品，耐碱性突出，耐候性好；耐油和耐热，可制成可剥涂层。缺点是储存稳定性差；涂层易变色，不易制成白色或浅色涂料。

### 三、塑料涂料

塑料因其密度小、价格低廉、制造方便等优点在工业生产中的应用越来越广泛，如汽车挡泥板、摩托车部件、手机、计算机、电视机外壳、工艺品、仪器仪表外壳等都使用塑料。但塑料制品模压时会产生颜色不均匀、色泽单调、废品率高、回收后应用困难等弊端。若用涂料涂装，按色泽、光泽、图案等要求加工，可掩盖其颜色不均匀、色泽单调、花斑疵点、日晒老化变脆、划痕等缺点，使不合格变为合格；通过涂装也可大大改进塑料制品的防污、防静电吸尘、改善手感及美观性。

1. 塑料表面用涂料应具备的性质

塑料表面用涂料应具备以下性质。
(1) 涂料对塑料底材必须有良好的结合力。
(2) 涂料不能过分溶蚀塑料表面。
(3) 涂料应具有一定的硬度和韧性，以克服涂料的日常磨损。
(4) 根据塑料底材的需要配制性能各异、色彩鲜艳、丰满光亮、耐候性强的涂料。
(5) 施工方便，常温自干，干燥速率要适宜，且能掩盖塑料制品成型过程中所产生的小缺陷。

要使涂膜与塑料底材有良好的附着力，涂料充分润湿底材的同时，涂料中的溶剂对塑料要有轻微的溶解，使涂料与塑料表面有一个互溶层，这样就使涂料与底材结合在一起，产生良好的附着力。但涂料也不能过分溶蚀塑料底材表面，否则塑料底材表面会凹凸不平，涂膜起皱，流平性不好，外观难看。常用塑料适用涂料品种见表5-14。

表 5-14 常用塑料适用涂料品种

| 塑料品种 | 适用涂料 |
|---|---|
| PS | 丙烯酸、硝基、乙烯基、环氧、2KPU（双组分聚氨酯） |
| ABS | 丙烯酸、环氧、氨基、2KPU |
| PMMA | 丙烯酸、有机硅（改性） |
| PVC | 乙烯基、丙烯酸、2KPU |
| PP | 乙烯基、氯化聚丙烯 |
| PC | 有机硅（改性） |
| PA | 丙烯酸、2KPU |
| PPO | 丙烯酸、2KPU |
| PF(热固性) | 丙烯酸、环氧、氨基、2KPU |
| PUR | 丙烯酸、环氧、氨基、2KPU |

2. 塑料涂料的涂装方法

鉴于塑料及其制品的特殊性，塑料及其制品的涂装除了工业上通用的刷涂、辊涂、淋涂、浸涂、空气喷涂、高压无气喷涂外，塑料工业还采用下列较特殊的涂装方法。

（1）转筒涂装法　将形状简单的塑料玩具、日用品和涂料一起放入圆形、六角形、八角形等转筒中，一起旋转一定时间（一般几分钟至几十分钟），使塑料表面全部浸润，用丝网捞出，沥干，烘烤即可。涂料的黏度要稍小，控制在涂-4 杯 16～20s，根据转筒的直径，其转速一般为 20～40r/min，转速过快，制品被抛向筒壁，缺少自身转动；转速过慢，制品难以滚动，涂膜不均匀。

（2）丝网印刷　一般用于商标的印刷，对于塑料薄膜多采用高速辊筒印刷法。

（3）静电喷涂　以接地的被涂物为阳极，涂料喷口为阴极，并施以负电压，雾化后的涂料液滴，带着负电荷飞向带正电荷的塑料制品进行涂装。由于塑料容易产生静电，所以首先必须除静电，才能进行正常的涂装，一般采用电晕放电式除静电器，产生与塑料表面相反的电荷，中和由于摩擦等原因产生的不均匀电荷。然后用导电剂对塑料表面进行浸、喷、淋等导电处理，降低表面电阻，使塑料的表面电阻小于 $10^8\Omega$。涂料的电阻也要控制在 $10^7\Omega$ 以内。

3. 塑料涂漆工艺

塑料涂漆工艺包括脱脂、水洗、干燥、喷涂、冷却等。部分塑料的涂漆工艺工序、材质见表 5-15。

表 5-15 部分塑料的涂漆工艺工序、材质

| 工序 | ABS | PVC | TPO(聚烯烃类弹性体) |
|---|---|---|---|
| 1 | 脱脂:60℃中性清洗剂喷洗 | 脱脂:清洗 | 脱脂:碱性清洗剂,60℃喷 30s |
| 2 | 水洗:喷洗 | 水洗 | 水喷洗,30s |
| 3 | 水洗:喷洗 | 去离子水洗 | 水喷洗,30s |
| 4 | 干燥:60℃热风 | 干燥 | 干燥:60℃热风,5min |
| 5 | 冷却 | 擦附着力促进剂 | 表调:专用表面活性剂溶液喷洒,保留 30s |
| 6 | 除尘:离子化压缩空气 | 空气喷涂 | 马上擦干,离子化空气除尘 |
| 7 | 喷漆:空气喷涂 | 闪干 3min | 喷附着力促进剂(溶剂或水性) |
| 8 | 干燥:60～80℃,15～30min | 空气喷涂 | 闪干 5～10min |
| 9 | 冷却 | 闪干 5min | 喷底漆、中涂、面漆等 |
| 10 | 检查 | 强制干燥:60℃,30min | 强制干燥:60℃,30min |
| 11 |  | 冷却 | 冷却 |

# 涂料的生产

## 一、色漆的生产过程

涂料制造包括树脂合成和色漆生产两大部分,所以颜料的分散和调配是涂料生产的关键。色漆生产的过程如下。

### 1. 配料

配料分两次来完成。首先按一定的颜料-基料-溶剂比例配制研磨颜料浆(即色浆),使之有最佳的研磨效率;在分散以后,再根据色漆配方补足其余非颜料组分。

### 2. 混合

常采用高速分散机,在低速搅拌下,逐渐将颜料加入基料中混合均匀(即预分散)。

### 3. 研磨分散

通常采用砂磨。砂磨分散是一种精细研磨,对中、小附聚粒子的破碎很有效,但对大的附聚粒子不起作用。所以送入砂磨的色浆必须经高速分散机预分散。砂磨珠粒直径一般在1mm左右。砂磨时,珠粒与研磨料的体积比为1:1时,分散效果最好。

### 4. 调制色漆

在搅拌下,将色漆剩余组分加入色浆中,并调色和调整至合适黏度。在色浆兑稀过程中,一定要防止局部过稀现象的产生,以免颜料返粗。

### 5. 过滤、包装

大量、多颜色色漆的生产,通常采用单色浆研磨,然后利用计算机自动控制完成色漆的调制和配色。对于颜色品种少的色漆生产,首先将多种颜料一起研磨分散,制得接近标准色的色漆,最后用少量调色浆仔细调至标准色。显然,浅色漆非常适合用这种方式生产,只要事先准备好调色浆,平时只需研磨白色为主的颜料浆。

底漆、中涂及产量较小的色漆生产,通常采用所有颜料同时混合、研磨分散的方法制取颜料浆,然后调制成成品漆。

## 二、乳胶涂料的生产技术

乳胶涂料又称乳胶漆、合成树脂乳液涂料。它是由合成树脂借助乳化剂的作用,以0.1~0.5μm的极细微粒子分散于水中构成乳液,并以乳液为主要成膜物质,加入适量的颜料、填料及辅助材料经研磨而成的涂料。

乳胶涂料的生产过程主要是颜料在水中的分散及各种助剂的加入。常用的助剂有杀微生物剂、增稠剂、消泡剂、成膜溶剂及颜料分散剂等。

乳胶涂料的操作步骤是:将水先放入高速搅拌机中,在低速下依次加入杀微生物剂、成膜溶剂、增稠剂、颜料分散剂、消泡剂。混合均匀后,将颜料、填料用筛慢慢地筛入叶轮搅起的旋涡中。加入颜料、填料后,提高叶轮转速,为防止温度上升过多,应停止冷却,停车时刮下桶边黏附的颜料、填料。随时测定刮板上料细度,当细度合格即分散完毕。

分散完毕后,在低速下逐渐加入乳液、pH调整剂,再加入其他助剂,然后用水或增稠剂溶液调整黏度,过筛出料。

乳胶涂料在储存及使用过程中可以用水稀释、清洗,一旦成膜干燥以后,就不能用水溶解,即像普通漆一样不怕水洗。常用的品种有聚醋酸乙烯酯乳液、乙烯-醋酸乙烯、醋酸乙烯-丙烯酸酯、苯乙烯-丙烯酸酯等共聚乳液。

# 项目二

# 胶黏剂

## 单元一 胶黏剂的组成及类型

**能力目标**

具备判断胶黏剂类型的能力和熟练运用胶黏剂的能力。

**知识目标**

了解胶黏剂的组成；理解合成树脂、合成橡胶胶黏剂的配方及各原料的特点；掌握主要合成树脂、合成橡胶胶黏剂的用途。

### 一、橡胶与玻璃的黏合操作

利用常见的瞬干胶 502 胶，选取少量的废弃橡胶和玻璃进行黏合，观察胶黏剂的固化速度、固化强度。黏合过程如下。

（1）将废弃玻璃和橡胶表面经过清洗处理，使其干燥。

（2）用剪刀或大头针破开瓶嘴，将胶液滴涂在处理好的物件上，迅速定位复合，稍施指压，数秒或数十秒内即可粘牢。放置 24h 即可达到特性强度。

（3）一滴胶液可粘接 $3\sim5cm^2$，胶层厚度超过 0.1mm，强度会下降。

（4）用毕，将瓶口擦干。立即盖严。

通过实验引导大家观察周围常见的胶黏剂、各种黏合现象、黏合强度，建立对胶黏剂的基本认识，为学好胶黏剂理论知识奠定基础。

### 二、胶黏剂的组成

胶黏剂是一类能将同种或不同种材料粘接在一起的精细化学品。广泛用于化工、建筑、交通运输、文教用品及航空航天等领域。胶黏剂是由基料、固化剂、填料、溶剂或稀释剂、增塑剂、偶联剂、稳定剂和防霉剂等组成的。

1. 基料

基料是在胶黏剂中起黏合作用，要求有良好的黏附性和润湿性，决定胶接接头的主要物理化学性能、力学性能的材料。大部分为天然或合成高分子材料。例如环氧树脂和酚醛树脂等。

2. 固化剂

固化剂是一类直接参与化学反应，使单体发生聚合反应，使低分子量的聚合物交联反应而固化的物质。常用的固化剂有乙二胺、顺丁烯二酸酐等。

3. 填料

填料是固体成分，不与基料发生反应，但能改善胶黏剂性能、降低成本的一类物质。常用的填料有铁粉、铝粉、铜粉等金属粉、金属氧化物、滑石粉、云母粉及玻璃纤维等。

4. 溶剂（稀释剂）

溶剂可调节胶黏剂体系的黏度，提高其流平性，增加其润湿性和扩散能力，避免胶层薄厚不均匀，便于施工，延长适用期。常用的溶剂有脂肪烃、芳香烃、酮、醇等。

5. 增塑剂

增塑剂可增加胶黏剂的流动性和浸润扩散力，提高基材柔韧性和耐低温性，改善抗冲击性，改善胶层脆性，增进熔体流动性。常用的增塑剂有邻苯二甲酸酯类、磷酸酯类等。

6. 偶联剂

偶联剂为分子两端含有性质不同基团的化合物，两端基团可分别与胶黏剂分子和被粘物反应，提高难粘或不粘的两个表面的黏合能力，增加胶层与胶接表面抗脱落和抗剥离能力，提高接头的耐环境性。常用的偶联剂有钛酸酯偶联剂、有机硅烷偶联剂等。

### 三、合成树脂胶黏剂

以合成树脂为基料制得的胶黏剂为合成树脂胶黏剂。合成树脂胶黏剂中，除主要组分合成树脂外，还需加入改善韧性的增韧剂，降低硬度的增塑剂，改善工艺性能的稀释剂，提高使用寿命的防老剂，降低成本或改善导电性、导热性的填料，降低黏度的溶剂等配合剂。特别是热固性树脂胶黏剂和反应型热塑性树脂胶黏剂，还必须配有固化剂，通常为了保证储存稳定，将树脂和固化剂分别包装，成为双组分胶黏剂。合成树脂胶黏剂按基料所用合成树脂分为热塑性树脂胶黏剂、热固性树脂胶黏剂、改性的热固性树脂胶黏剂三类。

1. 热塑性树脂胶黏剂

热塑性树脂胶黏剂是一种以线型聚合物为基料的液态胶黏剂，它可通过溶剂挥发、熔体冷却，有时也通过聚合反应使其变成热塑性固体而达到粘接的目的。其特点是加热时会熔化、溶解和软化，压力下会蠕变。它有较好的柔韧性，使用方便，但力学性能、耐热性和耐化学药品性比较差。主要包括聚乙烯醇缩醛、聚醋酸乙烯酯、聚氯乙烯、聚酰胺等类胶黏剂。

（1）聚乙烯醇缩醛胶黏剂　聚乙烯醇缩醛胶黏剂为聚乙烯醇在酸性条件下与醛类反应而得，属于水溶性聚合物。聚乙烯醇缩醛树脂外观为白色或微黄易流动的颗粒或粉末，不溶于水，可溶于醇类、酯类、酮类等多种有机溶剂中，具有良好的绝缘性、耐候性、耐水性、耐老化性，并耐无机酸和脂肪烃的作用。此外，聚乙烯醇缩醛无毒、无嗅、无腐蚀性。

由于聚乙烯醇缩醛树脂中含有羟基、乙酰基和醛基，具有很高的粘接性能，因此可以制成各种胶黏剂。同时聚乙烯醇缩醛树脂具有粘接强度高、耐寒性、耐油性、耐磨性、防腐蚀性好等特点，也被广泛应用于涂料领域。最常用的是低聚合度的聚乙烯醇缩甲醛，为市售107胶的主要成分。107胶在水中的溶解度很大，且成本低，目前是在建筑装修工程中广泛使用的胶黏剂，可用于粘贴塑料壁纸、配制黏结力较高的砂浆等。

（2）聚醋酸乙烯酯乳液胶黏剂　聚醋酸乙烯酯乳液胶黏剂俗称白乳胶，是一种使用方便、价格便宜、应用广泛的非结构胶。它是以醋酸乙烯为单体，水为分散介质，通过乳液聚合制得的。合成聚醋酸乙烯酯乳液胶黏剂的主要原料及成分见表5-16。

聚醋酸乙烯酯乳液胶黏剂因其是水基胶黏剂，无污染，不燃烧，具有粘接强度较高、固化速度较快、使用方便、无毒、价格低廉、耐稀酸、耐稀碱、耐油、储存期较长等特点，对多孔材料如木材、纸张、棉布、皮革、陶瓷等有很强的黏合力，初始粘接强度较高，因而被

表 5-16　合成聚醋酸乙烯酯乳液胶黏剂的主要原料及成分

| 主要原料 | 成　　分 |
| --- | --- |
| 单体 | 醋酸乙烯酯(VAc)，结构式为 $CH_3COOCH=CH_2$ |
| 乳化剂 | 非离子型乳化剂：壬基酚聚氧乙烯醚(OP-10)和聚乙烯醇(PVA) |
| 引发剂 | 过硫酸盐：过硫酸铵(APS)、过硫酸钾 |
| 水 | 去离子水 |
| 其他助剂 | 增塑剂邻苯二甲酸二丁酯(DBP)，防腐剂亚硝酸钠、苯甲酸钠，消泡剂辛醇，分散剂甲醇，防冻剂乙二醇 |

广泛应用于木材加工、家具制造、建筑装修、书籍装订、织物处理、卷烟接嘴、汽车内装饰、工艺品制造、皮革加工、瓷砖粘贴、标签固定等很多领域。聚醋酸乙烯酯乳液胶黏剂也存在一些缺点，如耐水性差，尤其是不耐沸水；耐潮湿性差，易吸湿，潮湿环境易开胶；耐热性差，固化后的胶层具有热塑性；软化点低（40～80℃），随着温度升高，强度急剧下降，也易出现蠕变现象，不能用于使用温度较高的场合，耐冻融性差，-5℃以下冻结，会产生破乳现象，所以在冬季储存、运输中需特别注意保温。

聚醋酸乙烯酯乳液既可以直接作为胶黏剂，也可以通过在聚醋酸乙烯酯乳液中加入其他添加剂，如增塑剂、抗氧剂、消泡剂、防腐剂、防冻剂、填料等以改进其性能，配制成所需要的胶黏剂。

(3) 丙烯酸酯类胶黏剂　丙烯酸酯类胶黏剂性能独特、应用广泛，几乎可以粘接所有的金属、非金属材料。按其形态和应用特点，可分为溶剂型、乳液型、反应型、压敏型、瞬干型、厌氧型、光敏型和热熔型。合成丙烯酸酯类胶黏剂常用的单体有丙烯酸酯、甲基丙烯酸酯、α-氰基丙烯酸酯等。

① 丙烯酸酯乳液胶黏剂。丙烯酸酯乳液胶黏剂是由乳液聚合获得的。主要原料有丙烯酸酯、水、引发剂、乳化剂、缓冲剂和保护胶体等。常用的引发剂为有机过氧化物、氧化还原引发体系；乳化剂包括阴离子型和非离子型表面活性剂；缓冲剂为碳酸氢钠等非酸性盐；保护胶体常用聚乙烯醇、甲基纤维素等。

丙烯酸酯乳液胶黏剂主要用于无纺布、织物、聚氨酯泡沫材料、地毯背衬等，还可作为砖石胶黏剂、装饰胶黏剂密封剂等。

② α-氰基丙烯酸酯胶黏剂。α-氰基丙烯酸酯胶黏剂的主要成分是 α-氰基丙烯酸酯，其分子结构中含有强的吸电子基氰基和酯基，对金属、陶瓷、玻璃等具有很高的黏合强度，无须固化剂即可固化，在弱碱或水存在下，迅速进行阴离子聚合反应，其固化速度很快，是一种室温快速固化的单组分胶黏剂。其粘接只需几秒，故称为瞬干胶。

α-氰基丙烯酸酯为优良溶剂，可溶解多种热塑性塑料，对于塑料、橡胶具有良好的黏合力，具有单组分、低黏度、黏合范围广、固化速度快、使用方便、胶层色泽浅、黏合面无色透明、拉伸强度高等优点，但其韧性较差，冲击强度和剥离强度较低，不耐水，不耐潮湿。主要用于机械、电器、电子元件的粘接和修补，常用的品种有 501（α-氰基丙烯酸甲酯）胶、502（α-氰基丙烯酸乙酯）胶等。

2. 热固性树脂胶黏剂

热固性树脂胶黏剂的基料在加入固化剂或加热时，液态树脂经聚合反应交联成网状结构，形成不溶、不熔的固体而达到粘接目的。热固性树脂胶黏剂的黏附性较好，其固化物具有较好的机械强度、耐热性和耐化学药品性；但耐冲击性和耐弯曲性差。热固性树脂胶黏剂是产量最大、应用最广的一类合成胶黏剂,主要包括环氧树脂、聚氨酯树脂、酚醛树脂、脲醛树脂等类的胶黏剂。

(1) 环氧树脂胶黏剂　环氧树脂胶黏剂是由环氧树脂、固化剂、填料、稀释剂、增韧剂等组成的液态或固态胶黏剂。环氧树脂胶黏剂的耐酸、耐碱侵蚀性好,可在常温、低温和高温等条件下固化,并对金属、陶瓷、木材、混凝土、硬塑料等均有很高的黏附力。广泛用于混凝土结构裂缝的修补和混凝土结构的补强与加固。

环氧树脂胶黏剂的黏合过程是一个复杂的物理和化学过程,包括浸润、黏附、固化等步骤,最后生成三维交联结构的固化物,把被粘物结合成一个整体。其胶接性能不仅与胶黏剂的结构和性能、被粘物表面的结构和胶黏特性、粘接接头设计、胶黏剂的制备工艺及胶接工艺等密切相关,同时还受周围环境的制约。因此环氧树脂胶黏剂的应用是一个系统工程。环氧树脂胶黏剂的性能必须与上述影响胶接性能的诸多因素相适应,才能获得最佳效果。

由于环氧树脂胶黏剂的粘接强度高、通用性强,因此有"万能胶"之称。已在航空航天、汽车制造、机械设备、建筑、化工以及日常生活等领域得到广泛的应用。环氧树脂胶黏剂常用固化剂见表5-17。

表5-17　环氧树脂胶黏剂常用固化剂

| 名　称 | 缩写 | 状　态 | 用量/(g/100g) | 固化条件 |
|---|---|---|---|---|
| 乙二胺 | EDA | 有刺激性臭味,淡黄色液体 | 6～8 | 室温1d,或80℃,3h |
| 二亚乙基三胺 | DTA | 有刺激性臭味,淡黄色液体 | 8～11 | 室温1d,或100℃,2h |
| 邻苯二甲酸酐 | PA | 白色结晶 | 30～45 | 130℃,2h,再150℃,4h |
| 顺丁烯二酸酐 | MA | 白色结晶 | 30～40 | 160～200℃,2～4h |

环氧树脂胶黏剂与其他类型胶黏剂相比较,环氧树脂胶黏剂具有以下优点。

① 环氧树脂含有多种极性基团和活性很大的环氧基团,因而与金属、玻璃、水泥、木材、塑料等多种极性材料,尤其是表面活性高的材料具有很强的粘接力,同时环氧固化物的内聚强度也很大,所以其胶接强度很高。

② 环氧树脂固化时基本上无低分子挥发物产生。胶层的体积收缩率小,约1%～2%,是热固性树脂中固化收缩率最小的品种之一。加入填料后可降到0.2%以下。环氧固化物的线膨胀系数也很小。因此内应力小,对胶接强度影响小。环氧固化物的蠕变小,所以胶层的尺寸稳定性好。

③ 环氧树脂、固化剂及改性剂的品种很多,可通过合理而巧妙的配方设计,使胶黏剂具有所需要的工艺性能和使用性能。

④ 与多种有机物和无机物具有很好的相容性和反应性,易于进行共聚、交联、共混、填充等改性,以提高胶层的性能。

⑤ 耐腐蚀性及介电性能好。能耐酸、碱、盐、溶剂等多种介质的腐蚀。

⑥ 通用型环氧树脂、固化剂及添加剂的产地多、产量大,配制简便,可接触压成型,能大规模应用。

同时环氧树脂胶黏剂还具有以下缺点。

① 不增韧时,固化物一般偏脆,抗剥离性、抗开裂性、抗冲击性差。

② 对极性小的材料粘接力小。必须先进行表面活化处理。

③ 有些原材料如活性稀释剂、固化剂等有不同程度的毒性和刺激性。设计配方时应尽量避免选用，施工操作时应加强通风和防护。

(2) 聚氨酯胶黏剂　聚氨酯胶黏剂是指在分子链中含有氨基甲酸酯基（—NHCOO—）或异氰酸酯基（—NCO）的胶黏剂。聚氨酯胶黏剂是目前正在迅猛发展的聚氨酯树脂中的一个重要组成部分，具有优异的性能，在许多方面都得到了广泛的应用，是八大合成胶黏剂中的重要品种之一。

聚氨酯胶黏剂分为多异氰酸酯和聚氨酯两大类，由于其分子中含有极性很强、化学活泼性很高的异氰酸酯基和氨基甲酸酯基，与含有活泼氢的材料，如泡沫塑料、木材、皮革、织物、纸张、陶瓷等多孔材料和金属、玻璃、橡胶、塑料等表面光洁的材料都有着优良的化学黏合力。而聚氨酯与被黏合材料之间产生的氢键作用会使分子内聚力增强，从而使粘接更加牢固。此外，聚氨酯胶黏剂还具有韧性可调节、黏合工艺简便、极佳的耐低温性以及优良的稳定性等特性。

正是由于聚氨酯胶黏剂这种优良的粘接性能和对多种基材的粘接适应性，使其应用领域不断扩大，在国内外近年来成为发展最快的胶黏剂。聚氨酯胶黏剂的多样性为许多粘接难题都提供了解决的方法，特别适用于其他类型胶黏剂不能粘接或粘接有困难的地方。

3. 改性的热固性树脂胶黏剂

热固性树脂胶黏剂比较脆，其冲击强度和剥离强度比较低，若用于粘接受力结构件，必须经过改性。改性的方法就是在热固性树脂胶黏剂中加入足够量的热塑性树脂或合成橡胶，以增加其韧性，提高抗冲击性和抗剥离性，达到结构胶的综合性能指标。例如：在航空工业中得到广泛应用的酚醛-缩醛、环氧-尼龙、环氧-聚砜等结构胶黏剂就是热塑性树脂改性的热固性树脂胶黏剂；酚醛-丁腈、环氧-丁腈等结构胶黏剂则是合成橡胶改性的热固性树脂胶黏剂。

## 四、合成橡胶胶黏剂

合成橡胶胶黏剂是以合成橡胶为基料与适当的助剂和溶剂配制而成的胶黏剂。它具有优异的弹性，使用方便，初黏力强，可用于橡胶、塑料、织物、皮革、木材等柔软材料的粘接，或金属-橡胶等线膨胀系数相差比较大的两种材料的粘接，是机械、交通、建筑、纺织、塑料、橡胶等部门不可缺少的材料。

合成橡胶胶黏剂有非硫化型和硫化型两类。非硫化型合成橡胶胶黏剂是将生胶与防老剂、补强剂等混炼后溶于有机溶剂中制得的。它价廉，使用方便，但耐热性和耐化学介质性较差。硫化型合成橡胶胶黏剂是将生胶与硫化剂、促进剂、补强剂、增黏剂等配合剂混炼后，再溶于有机溶剂制得的。硫化型合成橡胶胶黏剂又有室温硫化型和加热硫化型两种。室温硫化型合成橡胶胶黏剂制造工艺简便，不需要加热设备，节省能量，所以发展更快。常用的合成橡胶胶黏剂有氯丁橡胶胶黏剂和丁腈橡胶胶黏剂。

1. 氯丁橡胶胶黏剂

氯丁橡胶胶黏剂是合成橡胶胶黏剂中产量最大、应用最广的一种。氯丁橡胶的结晶性强，有较高的内聚强度和较好的粘接性能，经塑炼后，依次加入硫化剂、促进剂、增黏树脂、防老剂和填料等配合剂进行混炼，混炼胶片溶于溶剂中即成氯丁橡胶胶黏剂。若加入乙烯硫脲、多异氰酸酯等强促进剂，可制成室温硫化氯丁橡胶胶黏剂，在室温下可快速硫化。这种胶黏剂通常采用双包装型，即主胶液与含强促进剂的硫化体系分别包装储存。纯氯丁橡胶胶黏剂的耐热性尚不够理想，常加入叔丁基酚醛树脂来改性，以提高胶黏剂的耐热性和粘接力；也可用甲基丙烯酸甲酯接枝氯丁橡胶以提高粘接强度。改性氯丁橡胶胶黏剂对金属的粘接强度可提高 2～3 倍，耐热性也明显提高，在 100℃ 下也有足够的粘接强度。考虑到有机溶剂对环境的污染，目前迅速发展的氯丁胶种是直接在乳液聚合产物中，加入各种配合剂而制成的乳液型胶黏剂。合成氯丁橡胶胶黏剂的主要原料见表 5-18。

表 5-18　合成氯丁橡胶胶黏剂的主要原料

| 主要原料 | 组成、性能及用途 |
| --- | --- |
| 氯丁橡胶 | 氯丁二烯橡胶，是氯丁二烯的 α-聚合体，溶于苯和氯仿等溶剂，作黏料用 |
| 甲基丙烯酸甲酯 | 无色易挥发液体，微溶于水，溶于多种有机溶剂，用做黏料和胶黏剂的改性剂 |
| 过氧化二苯甲酰（BPO） | 白色结晶粉末，微溶于水及乙醇，溶于苯、氯仿等有机溶剂。常用做烯类单体聚合反应及光化学反应的引发剂 |
| 甲苯 | 无色易挥发液体，有芳香气味，不溶于水，溶于乙醇、乙醚和丙酮，作溶剂用 |
| 环己酮 | 无色油状液体，有丙酮的气味，微溶于水，较易溶于乙醇和乙醚，作稀释剂用 |
| 酚醛树脂 | 由苯酚和甲醛作用而得的液态和固态产品，采用纯酚醛树脂作黏料 |

氯丁橡胶胶黏剂主要用于人造革、合成革、塑料（如尼龙）及有机玻璃等的黏合，也适用于制鞋行业。

2. 丁腈橡胶胶黏剂

由丁二烯和丙烯腈经乳液聚合可制得丁腈胶乳或丁腈橡胶，根据其共聚物中丙烯腈的含量，有各种不同的商品牌号，如丁腈-18、丁腈-26、丁腈-40 等。通用型的丁腈橡胶胶黏剂是由 100 份丁腈橡胶和 50～100 份酚醛树脂配制而成的，总固形物含量为 20%～30%。

在丁腈橡胶中，丙烯腈含量低者为 30%～35%，含量高者为 38%～40%，增加丙烯腈含量，可以进一步提高其耐油性，但耐寒性却随之下降。另外，丁腈橡胶对亲水物质的粘接性能很强，其薄膜及胶黏物有较高的机械强度，非常适用于作胶黏剂。丁腈橡胶胶黏剂以丁腈橡胶为主要原料，加入酚醛树脂、古马隆树脂、过氯乙烯树脂及其他助剂配制而成，常用的助剂有硫化剂、填充剂、增塑剂、软化剂、防老剂、增黏剂及溶剂等。

(1) 丁腈橡胶胶黏剂的制备及使用方法　甲组分：将丁腈橡胶、古马隆树脂、过氯乙烯树脂溶解在甲苯和二氯乙烷的混合溶剂中，充分搅拌，使树脂完全溶解，待树脂溶解后再加入硫黄、炭黑及二硫化碳，继续搅拌至均匀体系。

乙组分：将丁腈橡胶、酚醛树脂溶解在环己胺和二氯乙烷的混合溶剂中，搅拌至固体物全溶。然后加入其余的物料，并继续充分搅拌至均匀体系。

使用前，将甲组分与乙组分以 3:1 的质量比混合配成胶黏剂，立即使用。粘接时，可采用涂刷法，将胶黏剂在打磨的被粘物表面均匀地涂刷两次后进行粘接。丁腈橡胶胶黏剂在 38℃ 下经过 3d 后的剪切强度达 10.0MPa。

(2) 丁腈橡胶胶黏剂的特点与用途　丁腈橡胶胶黏剂粘接强度高，应用面广，具有优良的耐热性、耐油性和耐溶剂性，对金属等极性物质有良好的粘接性能。主要用于丁腈橡胶、帆布、玻璃纤维织物等及其与金属器件间的黏合。丁腈橡胶与酚醛树脂等极性材料并用，可用于飞机结构部件的黏合、汽车刹车带的黏合及制鞋工业的黏合。常用胶黏剂的性能见表 5-19。

表 5-19 常用胶黏剂的性能

| 胶黏剂类型 | 状态 | 固化条件 | | | 强度 | | 耐环境能力 | | | | | | | | | |
|---|---|---|---|---|---|---|---|---|---|---|---|---|---|---|---|---|
| | | 热 | 压力 | 时间 | 抗剪 | 抗剥 | 高温 | 低温 | 水 | 酸 | 碱 | 石油 | 醇 | 酮 | 酯 | 芳香烃 |
| 聚醋酸乙烯酯 | 乳液 | × | × | × | + | - | - | - | ○ | ○ | + | - | - | - | - | - |
| 聚乙烯醇 | 乳液 | △ | × | × | + | ○ | - - | - | - | - | ++ | ○ | ++ | ++ | ++ | |
| 聚丙烯酸酯 | 乳液 | △ | × | × | + | - | ○ | - | + | - | ○ | + | - | - | - | - |
| 氯丁橡胶 | 溶液 | △ | △ | △ | + | + | - | + | + | + | + | - | - | - | - | ○ |
| 丁腈橡胶 | 溶液 | △ | △ | △ | + | × | - | + | + | + | + | - | - | - | - | - |
| 环氧树脂 | 流体 | △ | △ | △ | + | + | ○ | - | + | + | ○ | - | - | - | + | |
| 无机胶黏剂 | 粉体 | × | × | × | ○ | - | + | + | - | ○ | - | - | - | + | | |

注: △表示不需要; ×表示需要; ++表示很好; +表示好; ○表示尚好; -表示差; - -表示很差。

## 五、特种胶黏剂

这是一类具有特殊性能或需要特殊条件粘接的胶黏剂，如热熔胶，压敏胶、厌氧胶等。

### 1. 热熔胶

热熔胶黏剂简称为热熔胶，受热时熔化流动可涂布，冷却时凝固定型而黏合。热熔胶主要由热塑性聚合物组成，配以各种改性剂，如增黏剂、增塑剂、抗氧剂、填充剂等。热熔胶根据原料不同，可分为 EVA 热熔胶、聚酰胺热熔胶、聚酯热熔胶、聚烯烃热熔胶等。

目前国内主要生产和使用的是 EVA 热熔胶。EVA 热熔胶是一种不需溶剂、不含水分 100% 的固体可熔性的聚合物，在常温下为固体，加热熔融到一定程度变为能流动且有一定黏性的液体胶黏剂。EVA 热熔胶的主要成分，即基本树脂是乙烯与醋酸乙烯在高压下共聚而成的，再配以增黏剂、黏度调节剂、抗氧剂等制成热熔胶。热熔胶的一般配比为：

| | | | |
|---|---|---|---|
| EVA（VAc 20%～35%） | 30%～40%（质量） | 增塑剂 | 0～10% |
| 增黏树脂 | 30%～40% | 填充剂 | 0～20% |
| 石蜡 | 10%～20% | 抗氧剂 | 0.1%～1.5% |

EVA 热熔胶有以下特点。

（1）在室温下通常为固体，加热到一定程度时熔融为液体，一旦冷却到熔点以下，又迅速成为固体（即又固化）。

（2）固化快、公害低、黏着力强，胶层既有一定柔性、硬度，又有一定的韧性。

（3）胶液涂抹在被粘物上冷却固化后的胶层，还可以再加热熔融，重新变为胶黏体再与被粘物粘接，具有一定的再黏性。

（4）使用时，只要将热熔胶加热熔融成所需的液态，并涂抹在被粘物上，经压合后在几秒内就可完成黏结固化，几分钟内就可达到硬化冷却干燥的程度。

EVA 热熔胶可用于胶黏塑料、木材、纺织品、金属等，尤其是难粘的聚烯烃塑料。

### 2. 压敏胶

压敏胶是对压力很敏感，无须加热或溶剂活化，只要轻度加压，就能实现轻度粘贴的一种胶黏剂。大多数情况下将其涂布于各种基材上，加工成胶黏带、标签或其他胶黏制品。因此，压敏胶黏剂是一种长期处于黏弹状态半干性的特殊胶黏剂，在胶黏剂领域里已成为一个重要的独立分支。

压敏胶黏剂的特点是粘之容易、揭之不难、剥而不损，在较长时间内胶层不会干涸，因而压敏胶黏剂也称为不干胶。正是由于压敏胶的上述特点，压敏胶制品具有非常广泛的用途。如办公、包装用的胶带，涂装、刻蚀用的遮蔽胶带，电工、电器用的绝缘胶带，各种镜面的保护胶带以及各种压敏标签等，压敏胶及其制品已经形成了一个非常庞大的产业。压敏胶带具有以下特性。

（1）通过短时间的施加压力（非水、溶剂、加热）能达到粘接效果。
（2）克服了结构胶操作时的溶剂挥发和所需的干燥时间，能改善作业环境。
（3）剥离后不污染被粘物，贴错时能重新修正，并且能多次重复使用。
（4）操作方便，能大幅度提高生产效率和产品美观性。
（5）部分替代传统的螺钉、铆钉、焊接等机械固定。
（6）对产品轻量化、降低成本等方面有显著效果。

### 3. 厌氧胶

厌氧胶是一类在隔绝氧气条件下自行固化的胶黏剂，厌氧胶是由丙烯酸酯类聚合性单体或低聚物、引发剂、促进剂、稳定剂及填料等按一定的比例配制而成的。厌氧胶的一般组成是树脂70%～90%、交联剂（丙烯酸）30%左右、催化剂（异丙苯过氧化氢）2%～5%、促进剂（二甲基苯胺）2%左右、稳定剂（对苯醌）0.1%左右。

厌氧胶的粘接过程就是其聚合的过程。在引发剂及促进剂的作用下，含丙烯酸酯基的单体进行自由基聚合反应，在隔绝氧气的条件下，反应可一直进行下去，直到生成高分子量的聚合物，将两个被粘物体的表面粘接起来。厌氧胶具有以下特点。

（1）大多数为单体型，黏度变化范围广，品种多，便于选择。
（2）不需称量、混合、配胶，使用极其方便，容易实现自动化作业。
（3）室温固化，速度快，强度高，节省能源，收缩率小，密封性好。固化后可拆卸。
（4）性能优异，耐热、耐压、耐低温、耐药品、耐冲击、减震、防腐、防雾等性能良好。
（5）胶缝外溢胶不固化，易于清除。
（6）无溶剂，毒性低，危害小，无污染。
（7）用途广泛，密封、锁紧、固持、粘接、堵漏等均可使用。
（8）储存稳定，胶液储存期一般为3年。

厌氧胶因其具有独特的厌氧胶固化特性，可应用于锁紧、密封、粘接、堵漏等方面。在航空航天、军工、汽车、机械、电子、电气等行业有着很广泛的应用。

（1）锁紧防松　金属螺钉受冲击震动作用很容易产生松动或脱机，传统的机械锁固方法都不够理想，而化学锁固方法廉价有效。如果将螺钉涂上厌氧胶后进行装配，固化后在螺纹间隙中形成强韧塑性胶膜，使螺钉锁紧不会松动。现在已经有预涂型厌氧胶，预先涂在螺钉上，放置待用（有效期4年），只要将螺钉拧入旋紧，即可达到预期的防松效果。

（2）密封防漏　任何平面都不可能完全紧密接触，需防漏密封，传统方法是用橡胶、石棉、金属等垫片，但因老化或腐蚀很快就会泄漏。而以厌氧胶来代替固体垫片，固化后可实现紧密接触，使密封性更耐久。厌氧胶用于螺纹管接头和螺纹插塞的密封、法兰盘配合面的密封、机械箱体结合面的密封等，都有良好的防漏效果。

（3）填充堵漏　对于有微孔的铸件、压铸件、粉末冶金件和焊接件等，可将低黏度的厌氧胶涂在有缺陷处，使胶液渗入微孔内，在室温隔绝氧气的情况下就能完成固化，充满孔内而起到密封效果。如果采用真空浸渗，则成功率更高，已成为铸造行业的新技术。

# 单元二 胶黏剂的粘接原理及粘接接头设计

**能力目标**

具备设计各种胶黏剂粘接接头的能力。

**知识目标**

了解胶黏剂的粘接原理,理解粘接接头设计的原则,掌握粘接接头的设计。

## 一、橡胶制品黏合用胶黏剂初选

设计一个斜接的橡胶粘接接头,一般斜接角不大于45°,斜接长度不小于被粘物厚度的5倍。参考表5-20可知,聚氨酯胶黏剂、丙烯酸酯类胶黏剂、氯丁橡胶胶黏剂、丁腈橡胶胶黏剂均可适用于橡胶制品之间的黏合,根据实际选择的橡胶制品的主要成分选择一种合适的胶黏剂。然后实现斜接接头的黏合。

## 二、胶黏剂的粘接原理

聚合物之间、聚合物与非金属或金属之间、金属与金属之间和金属与非金属之间的胶接都存在着聚合物基料与不同材料之间的界面胶接问题。粘接是不同材料界面间接触后相互作用的结果。因此,界面层的作用是胶黏科学中研究的基本问题。如被粘物与黏料的界面张力、表面自由能、官能团性质、界面间反应等都影响胶接。胶接是综合性强、影响因素复杂的一类技术,最早陈述它的原理是吸附理论,后来相继又提出了扩散理论、机械理论、静电理论及弱边界层理论等。

1. 吸附理论

吸附理论认为,粘接是由两材料间分子接触和界面力产生所引起的。粘接力的主要来源是分子间作用力,包括氢键和范德华力。胶黏剂与被粘物连续接触的过程称为润湿,要使胶黏剂润湿固体表面,胶黏剂的表面张力应小于固体的临界表面张力,胶黏剂浸入固体表面的凹陷与空隙就形成良好润湿。如果胶黏剂在表面的凹陷处被架空,便减少了胶黏剂与被粘物的实际接触面积,从而降低了接头的粘接强度。

许多合成胶黏剂都容易润湿金属被粘物,而多数固体被粘物的表面张力都小于胶黏剂的表面张力。实际上获得良好润湿的条件是胶黏剂比被粘物的表面张力低。通过润湿使胶黏剂与被粘物紧密接触,主要是靠分子间作用力产生永久的粘接。也可以通过主价键形式,如离子键、共价键、配位键等化学键来完成粘接。

2. 机械理论

机械理论认为,胶黏剂必须渗入被粘物表面的空隙内,并排除其界面上吸附的空气,使胶黏剂与被粘物结合在一起。在粘接如泡沫塑料等多孔性被粘物时,机械嵌定是重要因素。胶黏剂粘接时经表面打磨的致密材料效果要比表面光滑的致密材料好,这是因为机械镶嵌;形成清洁表面;生成反应性表面;表面积增加。由于打磨使表面变得比较粗糙,可以认为表面层物理和化学性质发生了改变,从而提高了粘接强度。

3. 扩散理论

扩散理论认为，粘接是通过胶黏剂与被粘物界面上分子扩散产生的。当胶黏剂和被粘物都是具有能够运动的长链大分子聚合物时，扩散理论基本是适用的。热塑性塑料的溶剂粘接和热焊接可以认为是分子扩散的结果。

4. 静电理论

由于在胶黏剂与被粘物界面上形成双电层而产生了静电引力，即相互分离的阻力。当胶黏剂从被粘物上剥离时有明显的电荷存在，则是对该理论有力的证实。

5. 弱边界层理论

弱边界层理论认为，当粘接破坏被认为是界面破坏时，实际上往往是内聚破坏或弱边界层破坏。弱边界层来自胶黏剂、被粘物、环境，或三者之间的任意组合。如果杂质集中在粘接界面附近，并与被粘物结合不牢，在胶黏剂和被粘物内部都可出现弱边界层。当发生破坏时，尽管多数发生在胶黏剂和被粘物界面，但实际上是弱边界层的破坏。

总之，现有的几种理论都有不完善的地方，完善的粘接理论有待于在胶黏剂的应用、开发和研究中去完善。

## 三、粘接接头的设计

1. 接头及受力情况

黏合是胶黏剂与被粘物体之间的接触现象，两个被粘物体由胶黏剂黏合所构成的接头，称为粘接接头。

设计一个好的粘接接头和获得性能优异的粘接工艺，都与粘接强度密切相关。在设计粘接接头之前，首先应了解受力的方向和接头之间的关系，也就是由于受力的方向和接头的类型不同，粘接面上所受的应力是不同的。粘接接头在实际的工作状态中其受力情况很复杂，分析起来有剪切、均匀扯离、不均匀扯离和剥离四种基本类型，如图5-1所示。

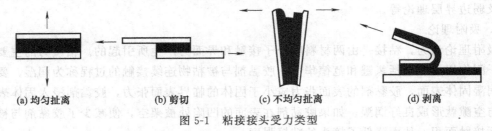

图 5-1 粘接接头受力类型

实验证明，不同类型的胶黏剂，对各种不同形式作用力的承受能力是不同的。在一般情况下，胶黏剂承受剪切和均匀扯离作用的能力比承受不均匀扯离和剥离作用的能力大得多。

（1）剪切  比较理想的情况，是使粘接面承受剪切力，当外力平行于粘接面时，胶层所受的力就是剪切力。这种受力形式的接头最常用，因为它不但粘接效果好，而且简单易行，易于推广应用。

（2）不均匀扯离  不均匀扯离是指粘接接头经受着扯离的作用，应力虽然配置在整个粘接面上，但应力的分配是极不均匀的。应力集中比较严重，主要集中在边缘的一个小区域内，这种类型的接头，一般只有理想的均匀扯离强度的1/10左右。

（3）均匀扯离  均匀扯离有时也称为拉伸，当作用力垂直作用在粘接面时，应力分配是非常均匀的，高强度结构胶，在实验测试的拉伸强度可达到58.0MPa以上。但这种受力情况在实际使用中是很难碰到的，即很难保证外力全部垂直作用在粘接面上，一旦外力方向偏斜，应力分布就马上由均匀变为不均匀，接头就容易破坏。

（4）剥离或撕离　粘接试件受扯离作用时，应力集中在胶缝的边缘附近，而不分布在整个粘接面上，这种情况称为剥离或撕离，对于两种薄的软质材料受扯离作用时，称为撕离；对于两种刚性不同的材料受扯离作用时，称为剥离。

2. 粘接接头的类型

实际应用的粘接接头形式是形状各异、变化多端的，但总体来说由以下几种基本类型单独或相互组合而成。

（1）对接　对接就是将两个被粘接面涂胶后对粘在一起，成为一体，对接能基本上保持原来的形状。热塑性塑料制品的溶剂或热熔粘接，就可以采用这种对接形式，但不适合于金属和热固性塑料制品，当外力与对接面不垂直时，对接接头承载的是不均匀扯离力的作用，容易产生弯曲的应力集中，对横向载荷很敏感。同时，粘接面积小，承载能力低，其结果是不牢易坏。常见对接接头如图 5-2 所示。

图 5-2　常见对接接头

（2）斜接　斜接就是将两个被粘物端部制成一定角度的斜面，涂胶之后再对接，实际上就是小于 90°的对接。一般的斜接角不大于 45°，斜接长度不小于被粘物厚度的 5 倍。这种粘接应力分布均匀，粘接面积大，承载能力高，是一种较好的粘接形式。常见斜接接头如图 5-3 所示。

图 5-3　常见斜接接头

（3）搭接　搭接就是平板被粘物涂胶后叠合在另一平板被粘物端部一定长度上，由于是平面粘接，承受的主要是剪切力，分布比较均匀。搭接接头宜宽不宜长，胶层宜薄不宜厚。常见搭接接头如图 5-4 所示。

图 5-4　常见搭接接头

（4）套接　套接是将被粘物的一端插入另一被粘物的孔内，其特点是受力情况好，粘接面积大，承载能力高，适用于圆管或圆棒与圆管的粘接。常见套接接头如图 5-5 所示。

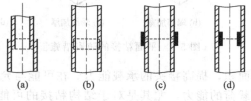

图 5-5　常见套接接头

套接插入的深度不是越长越好，一般不超过管子外径的 1.5～2.0 倍，插管（或圆棒）与圆管内径的间隙不应超过 0.3mm，否则将会因胶层太厚而降低粘接强度。

(5) 嵌接　嵌接是将被粘物镶入另一被粘物空隙之中，因为一般都要开槽，所以也称为槽接。这种类型的接头受力情况非常好，粘接面积大，能够获得很高的粘接强度。常见嵌接接头如图 5-6 所示。

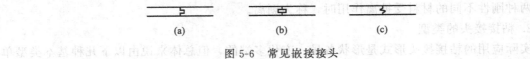

图 5-6　常见嵌接接头

(6) 角接　角接是板材成一定角度的粘接，一般都为直角，这种接头加工方便，但简单的角接受力情况极为不好，粘接强度很低，实际使用时要经过适当的组合补强。常见角接接头如图 5-7 所示。

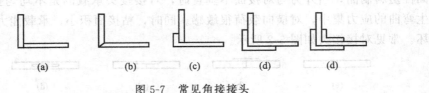

图 5-7　常见角接接头

(7) T 接　T 接也是板材接头的一种形式，它是角接的一种特殊形式。常见 T 接接头如图 5-8 所示。

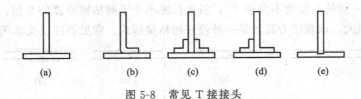

图 5-8　常见 T 接接头

粘接接头最好的结构是套接，其次是槽接或斜接。

3. 粘接接头设计的基本原则

设计一个胶接接头时，必须综合考虑各方面的因素，如受力的性质和大小、可加工性、经济性、粘接工艺要求等。一个合理的接头形式，一般应遵循以下原则。

(1) 保证在粘接面上应力分布均匀　尽量避免由于剥离和劈裂负载造成应力集中。剥离和劈裂破坏通常是从胶层边缘开始，在边缘处采取局部加强或改变胶缝位置的设计都是切实可行的。最理想的办法是各种局部的加强，如平面粘接的防剥措施如图 5-9 所示。

图 5-9　平面粘接的防剥措施

(2) 具有最大的粘接面积，提高接头的承载能力　在可能与允许的条件下尽量增大粘接面积，能够提高胶层承受载荷的能力，尤其是对于结构粘接的可能性更是一种有效的途径。如修补裂纹时开 V 形槽就是为了增大粘接面积。

(3) 粘接接头结构的设计应方便粘接工艺的施行　粘接接头的结构应为粘接工艺的实施提供方便，如涂胶、叠合、加压固化、检验等操作都容易进行，不受妨碍，即接头形式美观,表面平整,易于加工。

(4) 应选用热膨胀系数相差较小的材料进行粘接 热膨胀系数相差很大的材料粘接,当温度变化时会在界面上产生热应力,如果是圆管的套接配置不当,就可能自行开裂。一般应该将热膨胀系数小的圆管套在热膨胀系数大的圆管的外面。

(5) 对木材或层压材料的粘接 要防止层间剥离,可采用斜接的形式提高粘接强度。

(6) 保持胶层均匀连续 胶层如果出现缺胶、厚度不均匀、气孔,就会造成应力集中,其结果都会降低粘接强度。必须使所设计的接头结构能够保证胶黏剂形成厚度适当、连续均匀的胶层,不包裹空气,易排出挥发物。

(7) 胶接接头结构的设计应考虑与其他零件的关系,要方便装配和维修工作 粘接接头要与其他零件发生联系,不能给装配时带来困难,也要为以后的维修着想,还要考虑检修方便。

总之,在做各种结构部件接头时,必须要考虑接头的强度性能,即粘接接头的强度和被粘物的强度最好有同一数量级。

## 单元三　胶黏剂的选用、配制及粘接步骤

**能力目标**

能够合理地选用胶黏剂与使用胶黏剂。

**知识目标**

了解胶黏剂的配制,理解胶黏剂的选用原则,掌握胶黏剂的粘接步骤。

### 一、典型胶黏剂举例

通过对聚乙烯醇缩甲醛胶黏剂(107胶)的学习,初步了解简单胶黏剂的制备方法及主要用途。

1. 配方组成

| 原料 | 消耗量 |
| --- | --- |
| 聚乙烯醇(17-99) | 20g |
| 甲醛 | 8g |
| 盐酸 | 适量 |
| 氢氧化钠 | 适量 |
| 水 | 120mL |

2. 制备方法

(1) 在装有机械搅拌、温度计、滴液漏斗的250mL三颈烧瓶中加入120mL水。

(2) 加热至70℃后加入20g聚乙烯醇(17-99),升温至90~95℃,搅拌溶解约1h。

(3) 然后降温至80℃加浓盐酸约1mL,调节pH至2.0~2.5。

(4) 滴加36%的甲醛8g(约30min),在控温搅拌反应1h。

(5) 用氢氧化钠中和至pH至6~8。

(6) 冷却至50℃以下,出料,即为107胶。

3. 用途

107胶用途极广,可作为塑料壁纸、玻璃纤维粘墙布与墙面的胶黏剂,也可作为室内涂

料的胶料，外墙胶料，室内地面涂层的胶料。而107胶目前最主要、使用较多的是作为其他胶料或作为添加剂式配料配合使用。如墙面腻子用滑石粉、白乳胶再加入107胶混合使用，可使腻子更柔软、细致，提高墙面平整质量。在地面瓷砖或石材铺设过程中，在水泥砂浆中加入适量107胶，可增强地面的黏合度，减少空鼓，提高地面饰材的使用寿命。

## 二、胶黏剂的选用原则及配制

### 1. 胶黏剂的选用原则

胶黏剂的种类繁多，各有不同的特点和用途，因此，要合理选用胶黏剂，必须从多方面来考虑。通常选用胶黏剂时应遵循以下原则。

（1）与被胶接对象要相容、匹配

① 胶黏剂应与被粘物有良好的相容性。不同的材料由于其本身的物理化学性质不同而选用不同的胶黏剂。通常具有极性的材料需要选用极性的胶黏剂，非极性的材料要选用非极性的胶黏剂。

② 胶黏剂应与被粘物的厚度、弹性模量和热膨胀系数相匹配。通常胶接接头在固化或使用中因温度变化等因素而产生的变形，会在接头处产生很大的内应力，如果选用脆性大的胶黏剂，即使不受外力的作用，接头也会发生破坏，这时要选择柔韧性好的胶黏剂。

③ 胶黏剂的固化温度和压力应与被粘物的耐热性和耐压性相匹配。有些胶黏剂要求在一定的温度和压力下固化，若被粘物在该环境下产生变形或破坏，则达不到连接的目的。

④ 其他方面。如胶黏剂不应腐蚀被胶接的金属件；塑料被粘物中的残留增塑剂可能向胶接界面迁移而形成弱界面层导致胶接强度降低。

对于金属材料的胶接，要选用强度高的胶黏剂。金属材料中钢、铁、铝合金等比较容易胶接，而铜、锌、镁等金属的胶接强度则低一些。因此，要选用胶接强度高的胶黏剂，并要特别注意表面化学处理。另外，胶接两个不同的金属件时，要选用韧性好的胶黏剂，以缓和胶接界面的内应力。

对于塑料的胶接，要根据其种类选用不同的胶黏剂。特别是一些热塑性塑料的胶接，如聚乙烯、聚丙烯、聚四氟乙烯等非极性材料，必须对表面进行处理；含有增塑剂和彩色的热塑性塑料，一般胶接强度都比较低。

（2）根据使用要求来选择胶黏剂　胶接问题一般分为结构胶接和非结构胶接。结构胶接要承受较大的载荷，非结构胶接承受较小的外力或不受力。结构胶接要根据胶接处的应力、使用环境和使用寿命三要素来选择胶黏剂。胶接处的应力决定对胶黏剂的最小胶接强度的要求，应考虑应力三要素：应力类型、应力大小和应力状态。

① 应力类型。应力类型是由接头设计所决定的，可能受拉伸力、压缩力、剪切力、剥离力或撕裂力，或这些力的任何综合的影响，大多数胶黏剂在拉伸力和压缩力下有较高的承载能力，有些胶黏剂虽有较高的剪切强度，但剥离强度低。

② 应力大小。应力大小取决于接头形式、胶接面积和承受载荷的大小，接头形式决定应力类型，增大胶接面积可以降低应力，但增大胶接面积与减小应力并不总是成正比，一般是增加搭接宽度比增加长度有利。

③ 应力状态。应力状态可能是连续的或间断的，胶黏剂所能适应的应力状态也是有选择的，有些热塑性、高弹性的胶黏剂，遇热会变软，在较低载荷长时间的作用下易发生蠕变破坏，有些脆性胶黏剂可能由于缺乏足够的韧性而在受剥离、撕裂、冲击或振动时发生破坏。使用环境是决定接头失效速度的重要因素，在受温度、湿度、盐雾、油类、酸、碱、霉菌、阳光等环境因素的影响时，都可能加速胶接失效，因此要根据所处的环境选择耐环境性

好的胶黏剂。

使用寿命也是选择胶黏剂的主要因素，除用于暂时性定位或可拆卸连接外，通常胶接的使用寿命与胶接构件的使用寿命要相等或更长一些。非结构胶接，一般不考虑胶接强度问题，某些情况对胶黏剂无特殊要求，而有些情况对胶层的导电性、透光性、耐温性和耐辐射性等有特殊要求，这时要选用特种胶黏剂。

（3）胶黏剂的状态要适应胶接的工艺要求　例如，胶接点焊要求液状胶或糊状胶；蜂窝夹层结构的面板与芯材的胶接宜用胶膜；因此，胶液的黏度、胶膜的厚度、储存条件、胶接表面制备、涂胶及晾干的温度和各工序允许的时间间隔以及固化温度、压力和所用设备，还有气味、毒性、阻燃性等，都是选择胶黏剂应该考虑的。

对于不同品种的被粘材料，应选用不同的胶黏剂，选用参考表5-20。

表5-20　胶黏剂选用参考

| 被粘物 | 泡沫塑料 | 织物、皮革 | 木材、纸张 | 玻璃、陶瓷 | 橡胶制品 | 热塑性塑料 | 热固性塑料 | 金属材料 |
|---|---|---|---|---|---|---|---|---|
| 金属材料 | 7,9 | 2,5,7,8,9,13 | 1,5,7,13 | 1,2,3,8 | 7,8,9,10 | 2,3,7,8,12 | 1,2,3,5,7,8 | 1,2,3,4,5,6,7,8,13,14 |
| 热固性塑料 | 2,3,7 | 2,3,7,9 | 1,2,9 | 1,2,3 | 2,7,8,9 | 2,7,8 | 2,3,5,8 | |
| 热塑性塑料 | 2,7,9 | 2,3,7,9,13 | 2,7,9 | 2,7,8 | 7,8,9,10 | 2,7,8,12,13 | | |
| 橡胶制品 | 7,9,10 | 2,7,9,10 | 2,9,10 | 2,8,9 | 7,8,9,10 | | | |
| 玻璃、陶瓷 | 2,7,9 | 2,3,7 | 1,2,5 | 2,3,7,8,12 | | | | |
| 木材、纸张 | 1,2,5,9,11 | 2,7,9,11,13 | 2,9,11,13 | | | | | |
| 织物、皮革 | 5,7,9 | 7,9,10,13 | | | | | | |
| 泡沫塑料 | 7,9,11,2 | | | | | | | |

注：1—环氧-脂肪胺胶；2—环氧-聚酰胺胶；3—环氧-聚硫胶；4—环氧-丁腈胶；5—酚醛-缩醛胶；6—酚醛-丁腈胶；7—聚氨酯胶；8—丙烯酸酯类胶；9—氯丁橡胶胶；10—丁腈橡胶胶；11—白乳胶；12—溶液胶；13—热熔胶；14—无机胶。

2．胶黏剂的配制

（1）根据胶黏剂的配方及用量选择合适的配胶器具。

（2）根据胶黏剂的配方准确称量各组分。

（3）将称好的各组分按一定顺序（一般应按基料、稀释剂、增韧剂、填料、固化剂、促进剂次序）混合均匀，保证性能的一致性。配胶时可考虑将各液体组分和固体组分先各自分别混合均匀，再将二者放在一起最后混合均匀。

### 三、胶黏剂的粘接步骤

由于胶黏剂和被粘物的种类很多，所采用的粘接步骤也不完全一样，概括起来可分为以下步骤。

1. 设计粘接接头

根据黏合材料的性质及黏合要求设计合理的粘接接头。

2. 胶黏剂的配制

按照配方准确称量各组分,并将称量好的各组分按照一定顺序混合均匀,保证性能的一致性。每次配胶量的多少,根据不同胶的适用期、季节、环境温度、施工条件和实际用量大小来决定。做到随用随配,避免造成浪费。配胶的场所应明亮干燥、灰尘少。

3. 被粘物的表面处理

表面处理的好坏常常是获得良好胶接接头的关键,表面处理应根据建筑材料被粘接表面的结构性能、所用胶黏剂的种类、形态、可允许应用的施工条件、胶接后的使用要求等因素进行综合考虑。不同的材料要求不同的处理方法,可获得不同的处理效果。主要要求得到干燥、清洁、平整的新鲜表面;使表面有适宜的化学结构、合适的粗糙度等。常用的表面处理方法有溶剂清洗法、机械处理、化学处理。常用材料表面处理的最佳溶剂见表5-21。

表 5-21 常用材料表面处理的最佳溶剂

| 被粘物 | 最佳溶剂 | 被粘物 | 最佳溶剂 |
| --- | --- | --- | --- |
| 酚醛塑料 | 丙酮 | 氯丁橡胶 | 甲苯 |
| 有机玻璃 | 无水乙醇 | 聚氨酯橡胶 | 甲醇 |
| 聚氯乙烯 | 三氯乙烯 | 丁腈橡胶 | 甲醇 |
| 玻璃 | 丙酮 | 陶瓷 | 丙酮 |

4. 涂胶

胶黏剂的涂布可用手工、工具和设备等方法。涂胶必须保证胶层均匀。涂胶量取决于胶黏剂的类型、浓度和密度,粘接表面的粗糙度和疏松程度,粘接件的形状和配合情况等。一般的情况是胶黏剂浓度小、密度大,粘接面粗糙、疏松,粘接件配合情况较差,用胶量宜多些;反之,用胶量宜少些。对于液态或糊状胶黏剂,常用的涂胶方式有刷胶、刮胶、喷胶、浸胶、注胶、漏胶和滚胶等;对于胶膜可在溶剂未完全挥发尽之前贴上再滚压;胶粉可撒在加热的被粘接表面上。涂胶时应注意以下几点。

(1) 涂胶量和涂胶遍数  因胶黏剂不同而异,应按规定说明进行,多数溶剂胶黏剂需涂两遍甚至三遍,多孔性材料要适当增加涂胶量和涂胶遍数。多遍涂胶时第一层胶液要尽量薄。

(2) 控制胶层厚度  涂胶量的多少能够控制胶层的厚度,而胶层的厚度与粘接强度有密切的关系。一般规律是:粘接强度随胶层厚度的减小而增加,胶层越薄粘接强度越高。不同类型的胶黏剂适宜的胶层厚度不同,一般无机胶黏剂为0.1~0.2mm,有机胶黏剂为0.05~0.15mm。

(3) 胶层均匀性  胶层中含有气泡或缺胶会严重影响接头的粘接强度,涂胶时应注意胶层均匀。

5. 晾置

使溶剂等低分子物挥发凝胶。不同类型的胶黏剂,不同种类的溶剂,不同溶剂的含量,其晾置的时间是不同的,一般为10~30min。晾置时间不宜过长,也不宜过短,长则胶层表面结膜,失去黏性,短则残留溶剂,粘接强度下降。晾置均在室温下进行。晾置的环境温度要低,无尘埃污染,空气要流通,尤其是湿度,越低越好,不然溶剂挥发后,表面温度降低,空气中的水汽凝结于表面,对粘接强度不利。

6. 粘接

将两被粘物表面涂胶后经过适当晾置紧密贴合在一起,并对正位置,合拢后来回错动几次,以增加接触,排除空气,调匀胶层,如发现缺胶或有缝,应及时补胶填缝,合拢之后压出微量胶液为好。

7. 固化

在一定温度条件下,经过一段时间达到一定强度,表面已硬化、不发黏,在经过一段时间后反应基团大部分参加反应,达到一定的交联程度。在固化过程中,温度、压力、时间是固化工艺的三个重要参数。通常情况下,固化温度高,需要时间短,反之则时间长。固化时施加一定的压力对所有的胶黏剂都是必要的,因为压力有利于胶黏剂的扩散渗透,与被粘物紧密接触,有助于排除气体、水分,避免产生气泡、孔隙,使胶层均匀及被粘物位置固定。

合理的粘接应是粘接诸要素的最佳结合。在明确粘接使用要求的前提下,应考虑以下要素。

(1) 合理选用胶黏剂。
(2) 设计合理的粘接接头。
(3) 严格控制工艺质量。
(4) 具有适宜的经济性。

只有这些要素有机地结合起来才能获得最佳的粘接连接。

## 思 考 题

1. 什么是涂料?涂料的作用是什么?涂料由哪些基本成分组成?
2. 合成树脂是涂料中常用的成膜物质,举例说明其主要品种。
3. 为什么颜料体积浓度在 CPVC 附近变化时,涂膜的性质将发生很大的变化?
4. 什么是颜料吸油值?测定颜料吸油值的方法有哪几种?
5. 涂料配色的原则是什么?涂料调色过程中有哪些技巧?
6. 涂料的选用原则是什么?说明各涂层涂料的性能和作用。
7. 现代化的涂装技术包括哪几个方面?各有什么要求?
8. 什么是胶黏剂?胶黏剂是由哪些成分组成的?其组成成分各有什么作用?
9. 白乳胶属于哪类胶黏剂?它有什么特点及用途?
10. 常见粘接接头的类型有哪些?粘接接头的设计的基本原则是什么?
11. 选用胶黏剂时应遵循什么原则?如何配制胶黏剂?
12. 胶黏剂的粘接步骤有哪些?获得良好胶接接头的关键是什么?
13. 特种胶黏剂主要有哪些?在工业上有什么应用?

# 模块六 功能高分子材料

> **能力目标**
>
> 根据材料特性能够判断功能材料的类别，能正确选用离子交换树脂和高吸水性树脂两类典型的功能高分子材料。

> **知识目标**
>
> 掌握功能高分子的定义及其功能特性以及应用。通过离子交换树脂和高吸水性树脂两类典型的功能高分子材料学习，能对功能材料的特性有一定的认识。

## 单元一 概述

> **能力目标**
>
> 根据材料特性能够判断功能材料的类别。

> **知识目标**
>
> 掌握功能高分子的定义及其功能特性以及应用。

近40年来，高分子化学与高分子材料工业发展迅猛，功能高分子材料也得到了蓬勃发展。所谓"功能"指的是对某物质输入信号时，物质因发生质和量的变化，或其中任何一种变化而产生的输出作用。而功能高分子是指这类高分子除了力学特性外，另有其他功能。例如，光性、电性、磁性，对特定金属离子的选择螯合性，以及生物活性等，这些都与高分子材料中具有特殊结构的官能团密切相关。功能高分子的独特性使其在诸多领域得到了广泛应用，并具有巨大的发展潜力，引起了人们广泛注意。

功能高分子材料是在20世纪60年代末迅速发展起来的新型高分子材料。早在30年代属于功能高分子的离子交换树脂和感光树脂就逐步得到了应用，但功能高分子作为独立的一类材料受到科学界、产业部门和政府的高度重视是最近40多年的事。功能高分子的内容丰富、品种繁多、发展迅速，已成为新技术革命必不可少的关键材料，并将对21世纪人类社会生活产生巨大影响。

### 一、功能高分子材料的定义及分类

对物质、能量和信息具有传输、转换或储存作用的高分子及其复合材料称为功能高分子材料，通常也可简称为功能高分子，有时也称为精细高分子或特种高分子（包括高性能高分子）。

与常规高分子材料相比，功能高分子材料常表现出与众不同的性质。例如，大多数高分子材料是化学惰性的，而作为功能高分子材料之一的高分子试剂的反应活性却相当高；常规的聚合物是电绝缘体，而导电聚合物却具有电子导电或离子导电的性质。这些性质使功能高分子摆脱了高分子合成材料仅仅作为绝缘材料及结构材料的应用范畴。它们除了具有通用材料的对外部刺激（外力、热、光、电、磁、化学物质等）的抵抗力之外，还有通用材料所不具备的特性：对输入的各种信号（外力、热、光、电、磁等）会引起质和量的变化或对任何一种变化而产生输出信号的功能。功能高分子材料至少应具有表6-1中功能之一。

　　功能高分子材料按组成和结构可分成结构型、复合型和混合型三种。结构型功能高分子材料是指在大分子链中连接有特定功能基团的高分子材料，复合型功能高分子材料是指以普通高分子材料为基体或载体与具有特定功能的其他材料进行复合，也有的功能高分子材料是既有结构型又有复合型的特点，称作混合型。

　　按照功能特性通常可分成光、电、磁、热、力、声、化学和生物八大类，见表6-1。

表6-1　功能高分子材料的分类

| 功能特性 | | 种　　类 | 应　　用 |
| --- | --- | --- | --- |
| 化学 | 反应性 | 高分子试剂、可降解高分子 | 高分子反应、农药、医用、环保 |
| | 催化 | 高分子催化剂、固定酶 | 化工、食品加工、生化反应 |
| | 离子交换 | 离子交换树脂 | 水净化、分离 |
| | 吸附 | 螯合树脂、絮凝剂 | 稀有金属提取、水处理 |
| 光 | 光传导 | 塑料光纤 | 通信、显示、医疗器械 |
| | 透光 | 接触眼镜片、阳光选择膜 | 医疗、农用薄膜 |
| | 偏光 | 液晶高分子 | 显示、连接器 |
| | 光化学反应 | 光刻胶、感光树脂 | 印刷、微细加工 |
| | 光色 | 光致变色高分子、发光高分子 | 显示、记录 |
| 电 | 导电 | 高分子半导体、高分子金属、高分子超导体 | 电极、电池材料 |
| | | 导电塑料（纤维、橡胶、涂料、黏合剂） | 防静电、屏蔽材料、接点材料 |
| | | 透明导电薄膜、高分子聚电解质 | 透明电极、固体电解质材料 |
| | 光电 | 光电导高分子、光致变色高分子 | 电子照相、光电池 |
| | 介电 | 高分子驻极体 | 释电材料 |
| | 热电 | 热电高分子 | 显示、测量 |
| 磁 | 导磁 | 塑料磁石、磁性橡胶、光磁材料 | 显示、记录、存储、中子吸收 |
| 热 | 热变形 | 热收缩塑料、形状记忆高分子 | 医疗、玩具 |
| | 绝热 | 耐烧灼材料 | 火箭、宇宙飞船 |
| | 热光 | 热释光塑料 | 测量 |
| 声 | 吸声 | 吸声防震材料 | 建筑 |
| | 声电 | 声电换能材料、超声波发振材料 | 音响设备 |
| 力 | 传质 | 分离膜、高分子减阻剂 | 化工、炼油 |
| | 力电 | 压电高分子、压敏导电橡胶 | 开关材料、机器人触敏材料 |
| 生物 | 身体适应性 | 医用高分子 | 外科材料、人工脏器 |
| | 药用 | 高分子医药 | 医疗、计划生育、治癌 |
| | 仿生 | 仿生高分子、智能高分子 | 生物医学工程 |

## 二、功能高分子材料的特点

　　功能高分子材料之所以发展迅速，是因为除了具有重量轻、易加工、可大面积成膜、原材料来源广泛等优点之外，还具有如下特点。

① 涉及面广。

② 技术密集，附加值高。

③ 开发难度大，周期长，竞争激烈。

④ 专用性强，品种多，产量小，价格贵。

在化工、环保等领域，离子交换树脂、高吸水性树脂等功能性高分子材料得到了广泛的应用，此模块主要介绍离子交换树脂、高吸水性树脂。

### 三、功能高分子材料的制备

对结构型功能高分子材料，必须采用化学合成的手段。例如：以苯乙烯和二乙烯基苯共聚物作为高分子母体，在苯环上引入磺酸基团即成为强酸性阳离子交换树脂，若引入氯甲基再和叔胺进行胺化则成为强碱性阴离子交换树脂。在合成聚氨酯时采用嵌段共聚技术，其中软段由聚醚、聚丁二烯、聚二甲基硅烷组成，构成连续相，硬段包含脲基和氨基甲酸酯基，很强的氢键使硬段聚集成微区，形成分散相，这样的材料硬段有一定的机械强度具有加工性，软段的血小板粘附性、活性和凝血酶的吸收能力都很低，呈现较好的血液相容性。

对复合型功能高分子材料主要采用物理或加工的方法。例如：液体高分子树脂掺混某些助剂填料，通过混合、悬浮、乳化等方法制备复合型功能高分子材料；固体树脂可以通过掺混助剂填料来制备复合型功能高分子材料，但其加工方式和应用手段是不同的，其主要有粉末化技术、造粒技术、薄膜技术、型材表面加工技术等。

对有些功能高分子，采用化学方法的同时，又可采用物理方法。功能高分子材料制备与加工的方法各种各样，但归纳起来可以分为三类：功能型小分子的高分子材料化；已有高分子材料的功能化；功能材料的复合和已有功能高分子材料的功能扩展。

## 单元二 离子交换树脂

**能力目标**

能正确选用离子交换树脂，并会使用离子交换树脂。

**知识目标**

掌握离子交换树脂的功能特性及应用。

### 一、离子交换树脂净水及再生操作

1. 主要药品及仪器

732 型强酸性阳离子交换树脂、717 型强碱性阴离子交换树脂、离子交换柱、pH 试纸（pH＝1～14）、5％ HCl、5％ NaOH 溶液、电导率仪。

2. 离子交换树脂的预处理、装柱和树脂再生

（1）树脂的预处理

① 阳离子交换树脂的预处理。用水将树脂冲至无色后，改用纯水浸泡 4～8h，再用 5％ HCl 浸泡 4h。倾去 HCl 溶液，用纯水洗至 pH＝3～4。纯水浸泡备用。

② 阴离子交换树脂的预处理。将树脂如同上法漂洗和浸泡后，用 5％ NaOH 溶液浸泡 4h。倾去 NaOH 溶液，用纯水洗至 pH＝8～9。纯水浸泡备用。

（2）装柱 在离子交换柱下端放入少量玻璃棉（以防树脂漏出），然后装入蒸馏水至交换柱的 1/3 高度，排出柱下部和玻璃棉中的空气。将处理好的树脂混合后与水一起加入交换柱中，与此同时打开交换柱下端的夹子，让水缓慢流出（水流的速度不能太快，防止树脂露

出水面），使树脂自然沉降。装柱时防止树脂层中夹有气泡。装柱完毕后，在树脂层上盖一层玻璃棉，以防加入溶液时把树脂冲起。

(3) 树脂的再生　树脂使用一段时间失去正常的交换能力，可按如下方法进行再生。

① 阴离子交换树脂的再生。用自来水漂洗树脂2～3次，倾出水后加入5% NaOH 溶液浸泡20min，再用适量5% NaOH 洗涤2～3次，最后用纯水洗至流出液 pH＝8～9。

② 阳离子交换树脂的再生。用自来水漂洗树脂2～3次，倾出水后加入5% HCl 浸泡20min，再用适量5% HCl 洗涤2～3次，最后用纯水洗至检不出 $Cl^-$，流出液 pH≈6。

3. 制水操作

(1) 装柱　分别在离子交换柱中装入2/3高度的阳离子交换树脂和阴离子交换树脂，并保持水面高出树脂2～3cm。

(2) 纯水的制备　将自来水通入交换柱，控制出水的流速为4～6mL/min。流出的水约50mL 后，截取流出液做水质检验。

(3) 水质的检验　用电导率仪对水质进行检验。

当水样的电导率小于 $0.10\mu S/cm$，即达到实践目的。

## 二、离子交换树脂定义及分类

离子交换树脂是一类最早工业化的功能高分子材料，它是典型的化学功能高分子，在化工等行业中得到了广泛的应用。概括地说，离子交换树脂是一种分子中含有活性基团而能与其他物质进行离子交换的树脂，更直观地说，它是一种不溶性的高分子电解质，一般是颗粒状或球形固体。离子交换树脂从化学结构上来看，就是在微细网状结构高分子基体上引入离子交换基团。

按照这些交换基团的种类和作用，通常可将离子交换树脂分为以下几类。

(1) 阳离子交换树脂　其中以—$SO_3H$ 基为离子交换基团的树脂，称为强酸性阳离子交换树脂；以—COOH、—$PO_3H_2$、—OH、—$PO_2H_2$、—$AsO_3H_2$、—$SeO_3H$ 基等为离子交换基团的树脂，称为弱酸性阳离子交换树脂。

(2) 阴离子交换树脂　阴离子交换树脂分为两类，其中以季胺和叔胺为交换基团的称为强碱性阴离子交换树脂；以氨基为交换基团的称为弱碱性阴离子交换树脂。

(3) 螯合树脂　在交联高分子结构中引入螯合基团的树脂，称为螯合型离子交换树脂，或简称螯合树脂。所谓螯合树脂是指一种聚合物分子中有两个以上的配位基（对特定金属离子的螯合基），好似两只手，使人想起螃蟹夹持猎物时的姿态。螯合树脂也称为选择性离子交换树脂，这种树脂选择性地吸附金属离子的本领很大，所以可用于海水提铀及回收其他贵金属，以及清除有害重金属等。此外，还可导致催化、交联、导电等功能。

(4) 氧化还原型离子交换树脂　其离子交换作用与一般的氧化还原反应相似。这类树脂可以使与其交换物质的电子数改变，故又称为电子交换树脂。在有机化合物中，苯环上的酚羟基、硫醇基和醛基等均具有还原性，将这些官能团引进到某些高分子结构中，即可进行还原反应。

(5) 两性离子交换树脂及热再生树脂　把同时具有酸性阳离子交换基团与碱性阴离子交换基团引进到某些高分子结构中，就可得到两性离子交换树脂。若同时具有弱酸性和弱碱性交换基团，交换后可用热水而不必用酸和碱即可使交换基团再生的树脂称为热再生树脂。

根据高分子基体的制备原料（或聚合反应类型），离子交换树脂可以大致分成两个体系（或四类）。

(1) 加聚体系 $\begin{cases} 苯乙烯体系树脂 \\ 丙烯酸-甲基丙烯酸体系树脂 \end{cases}$

(2) 缩聚体系 $\begin{cases} 苯酚-间苯二胺体系树脂 \\ 环氧氯丙烷体系树脂 \end{cases}$

根据物理结构的不同，可将离子交换树脂分为凝胶型、大孔型及载体型三类。

### 三、离子交换树脂的制备

离子交换树脂的合成方法主要有两种：一种是先合成网状结构的大分子，然后使之溶胀，通过化学反应将交换基团连接到大分子上，例如：

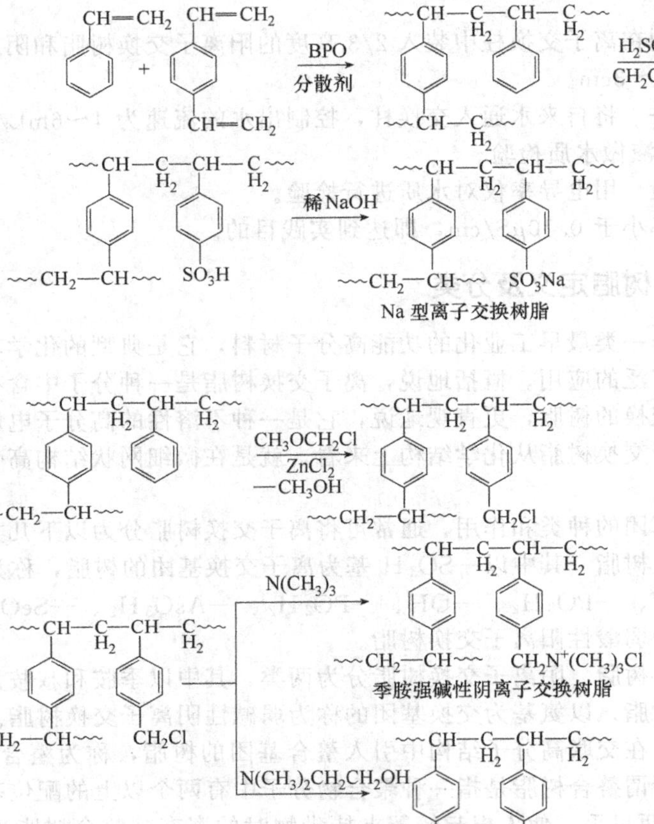

[反应式：苯乙烯 + 对二乙烯苯 经 BPO/分散剂 聚合，再经 $H_2SO_4$/$CH_2Cl_2$ 磺化得到含 $-SO_3H$ 的树脂，再经稀 NaOH 处理得到 Na 型离子交换树脂（含 $-SO_3Na$）]

Na 型离子交换树脂

[反应式：聚苯乙烯交联物 + $CH_3OCH_2Cl$ 在 $ZnCl_2$ 催化下（$-CH_3OH$）得到含 $-CH_2Cl$ 的树脂；再与 $N(CH_3)_3$ 反应得到含 $-CH_2N^+(CH_3)_3Cl^-$ 的季胺强碱性阴离子交换树脂；或与 $N(CH_3)_2CH_2CH_2OH$ 反应得到含 $-CH_2N^+(CH_3)_2(C_2H_4OH)Cl^-$ 的季胺强碱性阴离子交换树脂]

季胺强碱性阴离子交换树脂

季胺强碱性阴离子交换树脂

另一种是先将官能团引入到原料单体上，再聚合或缩聚成聚合物，例如：

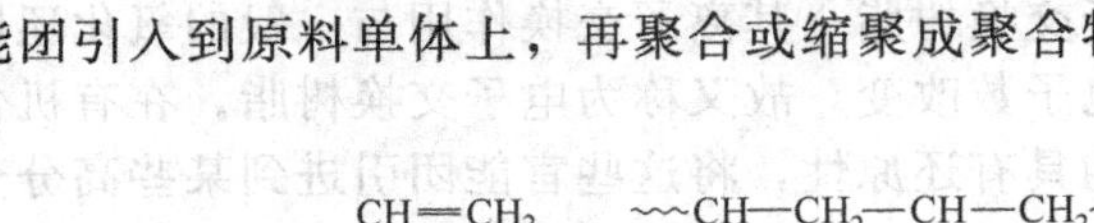

[反应式：$CH_2=CH-COOH$ + 对二乙烯苯 → 含 $-COOH$ 交联聚合物]

弱酸性阳离子交换树脂，
其中 $-COOH$ 为交换基团

第二种方法简便，且易于操作，但是对某些离子交换树脂不适用。因此，工业上多采用第一种方法。

### 四、离子交换树脂的功能

#### 1. 离子交换

离子交换树脂在溶液内的离子交换过程大致如下：溶液内离子扩散至树脂表面，再由表面扩散到树脂内功能基团所带的可交换离子附近，进行离子交换，之后被交换的离子从树脂内部扩散到表面，再扩散到溶液中。

常用的评价离子交换树脂的性能指标有交换容量、选择性、交联度、孔度、机械强度及化学稳定性等。交换容量是指一定数量的离子交换树脂所储存的可交换离子的数量。由于离子交换树脂的交换容量常随进行离子交换反应条件的不同而改变，因此常把交换容量又分为总交换容量、工作交换容量和再生交换容量。总交换容量是指单位量（质量或体积）离子交换树脂中能进行离子交换反应的化学基团总数。工作交换容量则表示离子交换树脂在一定工作条件下对离子的交换吸附能力，它不仅受树脂结构的影响，还受溶液组成、流速、溶液温度、流出液组成以及再生条件等因素影响。再生交换容量是指在指定再生剂用量的条件下的交换容量。

离子交换树脂的选择性是指离子交换树脂对溶液中不同离子亲和力大小的差异，可用选择性系数表征。选择性系数受许多因素影响，包括离子交换树脂功能基团的性质、树脂交联度的大小、溶液浓度及其组成和温度等。离子交换树脂对不同离子的选择性有一些经验规律：如在室温下稀水溶液中，强酸性阳离子树脂优先吸附多价离子；对同价离子而言，原子序数越大，选择性越高；弱酸性树脂和弱碱性树脂分别对 $H^+$ 和 $OH^-$ 有最大亲和力等。

#### 2. 吸附功能

无论是凝胶型或大孔型离子交换树脂，还是吸附树脂，均具有很大的比表面积，具有吸附能力。吸附量的大小和吸附的选择性，是诸多因素共同作用的结果，其中最主要决定于表面的极性和被吸附物质的极性。吸附是分子间作用力，因此是可逆的，可用适当的溶剂或适当的温度使之解吸。

由于离子交换树脂的吸附功能随树脂比表面积的增大而增大，因此大孔型树脂的吸附能力远远大于凝胶型树脂。大孔型树脂不仅可以从极性溶剂中吸附弱极性或非极性物质，而且还可以从非极性溶剂中吸附弱极性物质，也可对气体进行选择吸附。

#### 3. 催化作用

离子交换树脂相当于多元酸和多元碱，也可对许多化学反应起催化作用，如酯的水解、醇解、酸解等。与低分子酸碱相比，离子交换树脂催化剂具有易于分离、不腐蚀设备、不污染环境、产品纯度高、后处理简单等优点。

#### 4. 脱水功能

离子交换树脂具有很多强极性的交换基团，有很强的亲水性，干燥的离子交换树脂有很强的吸水作用，可作为脱水剂用。离子交换树脂的吸水性与交联度、化学基团的性质和数量等有关。交联度增加，吸水性下降，树脂的化学基团极性越强，吸水性越强。

除了上述几个功能外，离子交换树脂和大孔型吸附树脂还具有脱色、作为载体等功能。

### 五、离子交换树脂选用

在离子交换树脂的实际应用中，选用合适的树脂是很重要的。通常要考虑树脂的交换容量、选择性、再生性和使用寿命等因素，并根据实际情况综合考虑，权衡决定。一般来说，应选交换容量大、选择性好、交换速率快、强度高、易再生、价廉易得的树脂。

首先进行离子交换树脂种类的选择。被分离组分是阳离子,如无机阳离子、有机碱阳离子、络合阳离子时,可用阳离子树脂分离;被分离组分是阴离子,如无机阴离子、有机酸阴离子、络合阴离子时,可用阴离子树脂处理。对两性氨基酸的提取,可根据其等电点调整溶液 pH,分别选用阳离子或阴离子交换树脂。

因常规树脂骨架疏水且电荷密度较大,易使蛋白质类不稳定性生物高分子产生不可逆变性,因此,分离蛋白质类化合物宜选用大孔型树脂。在大量的一价金属离子存在下除去二价及二价以上的金属离子,可选用含有亚氨二乙酸基、氨基磷酸螯合基的螯合树脂。在催化化学反应中应选用强酸、强碱树脂或专用催化树脂;在分离生化药物时,要选用具有能与生化物质作用的功能基团的树脂。

在选定离子交换树脂的类型后,还要选择合适的功能基团与使用的离子形式。

功能基团的选择以交换离子亲和力强弱、选择性大小为依据,兼顾交换能力和再生能力。一般来说,对于交换能力高的物质,如对链霉素、有机碱、二价及二价以上的阳离子,应选用弱酸性阳离子交换树脂,这样既有利于交换,也易于洗脱再生。在中性盐溶液中要完全除去其中的阳离子与阴离子,可用强酸性阳离子树脂与强碱性阴离子树脂。例如,要求完全除去 $Ca^{2+}$、$Mg^{2+}$ 时,可用强酸性阳离子树脂;若只要求部分除去其中阳离子与阴离子,则可用弱酸、弱碱树脂,或强酸、弱碱树脂,或弱酸、强碱树脂。对 $pK_a$ 值大于 5 的弱酸如硅酸、碳酸、硼酸、氢氰酸、氢硫酸,它们不与弱碱树脂作用,能与强碱树脂作用,洗脱也易于进行;但对 $SO_4^{2-}$、$PO_4^{3-}$、$Cl^-$、$NO_3^-$ 选用弱碱树脂更合适。

离子交换树脂离子形式的选择与被分离物质的性质有关。例如,葡萄糖与果糖的分离可用钙型阳离子树脂,因为果糖与钙离子之间通过羟基可形成配位络合物,从而果糖与水进行配位交换,实现葡萄糖与果糖的分离。离子形式的选择更与交换体系的性质有关。例如,对中性盐溶液,如果在交换后,体系中生成盐,选用盐型的弱酸或弱碱树脂是最好的,这不仅是因为弱酸、弱碱树脂的交换容量大、洗脱容易,而且体系的 pH 不变,有利于交换平衡向正方向移动。若选用游离酸、游离碱型树脂,交换后生成酸或碱使平衡向左,不利于交换的进行;交换前后树脂体积变化很大,将降低树脂使用寿命;交换产生酸或碱,对设备带来不利。若将游离酸和游离碱型树脂组成混床,生成的酸和碱立即中和,交换反应仍向右移动,有利于交换的进行。

在考虑了离子交换树脂种类、合适的功能基团和离子形式基础上,还要考虑其他因素,包括交换容量、选择性与交换速率、强度与稳定性、洗脱与再生等离子交换树脂性能。

通常,树脂容量越大越好,因为容量大则用量少、投资省,且设备紧凑、体积小。在料液浓度相同时,单位体积树脂处理的料液量大,洗脱、再生时的试剂消耗也低。

作为分离、提取的一种手段,树脂的选择性与交换速率越高越好。选择性高则分离效果好,设备效率高,可减少设备级数与高度。考虑树脂选择性,也应同时考虑再生效果与交换速率的制约。选择强度高与稳定性好的离子交换树脂,可以耐冷热、干湿、胀缩的变化,不破碎、不流失,耐酸碱、耐磨损、抗氧化、抗污染,因而可以延长使用周期,降低成本。

一般来说,某离子越易被树脂吸附,则洗脱也就越困难。考虑吸附时,也应同时考虑洗脱与再生,有时为了兼顾洗脱操作,不得不放弃高容量或选择性,也就是全面考虑后有时宁可选用吸附性能略差一点的树脂。

## 六、离子交换树脂的应用

离子交换树脂在工业上,可用于物质的净化、浓缩、分离、物质离子组成转变、物质脱色以及催化剂等方面,成为许多工业部门和科技领域不可缺少的重要材料之一。表 6-2 列出了离子交换树脂的主要用途。仅以水处理为例,采用离子交换树脂净化水的效率很高,如用一种新的丙烯酸系阴离子水处理用树脂,工作交换量可达 $800\sim1100kg/(mol\cdot m^3)$。离子交换树脂净化水的质量也很高,一次离子交换净化水的电导率可达 $0.05\mu S/cm$(高纯水电导率 $0.1\mu S/cm$),这相当于自来水经 28 次重复蒸馏的结果。目前,用离子交换树脂处理水的技术已广泛应用于原子能工业、锅炉、医疗甚至宇航等各个领域。

表 6-2 离子交换树脂的主要用途

| 行 业 | 用 途 |
| --- | --- |
| 水处理 | 水软化,脱碱,脱盐,高纯水制备等 |
| 冶金工业 | 超铀元素、稀土金属、重金属、软金属及过渡金属的分离、提纯和回收 |
| 原子能工业 | 核燃料分离、精制、回收,反应堆用水净化,放射性废水处理等 |
| 海洋资源利用 | 从海洋生物中提取碘、溴、镁等工业原料,海水淡化 |
| 化学工业 | 多种无机酸、有机酸分离、提纯、浓缩和回收,各类反应的催化,高分子试剂、吸附剂、干燥剂等 |
| 食品工业 | 糖类生产的脱色,酒的脱色、去浑、去杂质,乳品组成的调节等 |
| 医药卫生 | 药剂的脱盐、吸附分离、提纯、脱色、中和及中草药有效成分的提取等 |
| 环境保护 | 电镀废水、造纸废水、冶炼废水、生活污水、工业废水等治理 |

# 单元三 高吸水性树脂

**能力目标**

能正确应用高吸水性树脂。

**知识目标**

掌握高吸水性树脂的功能特性及应用。

## 一、高吸水性树脂的分类及制备

**1. 高吸水性树脂定义**

高吸水性树脂又称为超强吸水聚合物或超级吸水剂,是指那些含有强亲水基团、具有一定交联度、可吸收自重几百至几千倍水的高分子材料。

传统的吸水材料如纸、棉、麻等吸水能力只有自重的 15~40 倍,而且保水性差,加压即失水。而高吸水性树脂能吸收数百至数千倍于自身重量的水,而且保水性强,即使加压水也不会被挤出。近年来,高吸水性树脂的科研和生产方面已经取得了很大的成就,在医疗卫生、建筑材料、环境保护、农业、林业及食品工业等领域得到广泛应用。

**2. 高吸水性树脂的分类及制备**

根据原料来源、亲水基团引入方法、交联方法、产品形状等的不同,高吸水性树脂可有多种分类方法。其中以原料来源这一分类方法最为常用，可见表 6-3。按这种方法分类，高吸水性树脂主要可分为淀粉类、纤维素类和合成聚合物类三大类，下面将逐一进行介绍。

表 6-3 高吸水性树脂分类

| 分类方法 | 类别 |
| --- | --- |
| 按原料来源分类 | a. 淀粉类<br>b. 纤维素类<br>c. 合成聚合物类 ｛聚丙烯酸盐系　聚乙烯醇系　聚氧化乙烯系｝ |
| 按亲水基团引入方式分类 | a. 亲水性单体直接聚合<br>b. 疏水性单体羧甲基化<br>c. 疏水性聚合物用亲水性单体接枝<br>d. 氰基、酯基水解 |
| 按交联方法分类 | a. 用交联剂网状化反应<br>b. 自身交联网状化反应<br>c. 辐射交联<br>d. 在水溶性聚合物中引入疏水基团或结晶结构 |
| 按产品形状分类 | a. 粉末状<br>b. 颗粒状<br>c. 薄片状<br>d. 纤维状 |

(1) 淀粉类　淀粉类高吸水性树脂主要有两种形式：一种是淀粉与丙烯腈进行接枝反应后，用碱性化合物水解引入亲水基团的产物，由美国农业部北方研究中心开发成功；另一种是淀粉与亲水性单体（如丙烯酸、丙烯酰胺等）接枝聚合，然后用交联剂交联的产物，是由日本三洋化成公司首开先河的。

淀粉改性的高吸水性树脂的优点是原料来源丰富，产品吸水倍率较高，通常都在 1000 倍以上。缺点是吸水后凝胶强度低，长期保水性差，在使用中易受细菌等微生物分解而失去吸水、保水作用。

(2) 纤维素类　纤维素改性高吸水性树脂也有两种形式：一种是纤维素与一氯醋酸反应引入羧甲基后用交联剂交联而成的产物；另一种是由纤维素与亲水性单体接枝共聚产物。纤维素改性高吸水性树脂的吸水倍率较低，同时亦存在易受细菌的分解失去吸水、保水能力的缺点。

(3) 合成聚合物类　合成高吸水性树脂目前主要有四种类型。

① 聚丙烯酸盐类。这是目前生产最多的一类合成高吸水性树脂，由丙烯酸或其盐类与具有二官能度的单体共聚而成。制备方法有溶液聚合后干燥粉碎和悬浮聚合两种。这类产品吸水倍率较高，一般均在 1000 倍以上。

② 聚丙烯腈水解物。将聚丙烯腈用碱性化合物水解，再经交联剂交联，即得高吸水性树脂。如将废腈纶丝水解后用氢氧化钠交联的产物即为此类。由于氰基的水解不易彻底，产品中亲水基团含量较低，故这类产品的吸水倍率不太高，一般在 500～1000 倍之间。

③ 醋酸乙烯酯共聚物。将醋酸乙烯酯与丙烯酸甲酯进行共聚，然后将产物用碱水解后得到乙烯醇与丙烯酸盐的共聚物，不加交联剂即可成为不溶于水的高吸水性树脂。这类树脂在吸水后有较高的机械强度，适用范围较广。

④ 改性聚乙烯醇类。这类高吸水性树脂由聚乙烯醇与环状酸酐反应而成，不需外加交

联剂即可成为不溶于水的产物。这类树脂由日本可乐丽公司首先开发成功,吸水倍率为150～400倍,虽吸水能力较低,但初期吸水速度较快,耐热性和保水性都较好,故是一类适用面较广的高吸水性树脂。

## 二、高吸水性树脂的吸水机理

自然界中能吸水的物质很多,按其吸附水的性质来分,基本上分为两类:一类是物理吸附,像传统的棉花、纸张、海绵等,其吸附主要是毛细管的吸附原理,所以此类物质吸水能力不高,只能吸收自身重量20倍的水,一旦有压力,水便会从中流出;另一类是化学吸附,通常是通过化学键的方式把水和亲水性物质结合在一起成为一个整体。此种吸附结合很牢固,加压也不能把水放出。

高吸水性树脂是由三维空间网络构成的聚合物,它的吸水,既有物理吸附,又有化学吸附,所以,它能吸收成百上千倍的水。

当水与高分子表面接触时,有三种相互作用:一是水分子与高分子电负性强的氧原子形成氢键结合;二是水分子与疏水基团的相互作用;三是水分子与亲水基团的相互作用。高吸水性树脂本身具有的亲水基团和疏水基团与水分子相互作用形成水合状态。树脂的疏水基团部分可因疏水作用而易于折向内侧,形成不溶性的粒状结构,疏水基团周围的水分子形成与普通水不同的结构水。

通过研究发现,高吸水性树脂的物理吸附吸水,主要是靠树脂内部的三维空间网络间的作用,吸收大量的自由水储存在聚合物内,也就是说,水分子封闭在边长为1～10nm聚合物网络内,这些水的吸附不是纯粹毛细管的吸附,而是高分子网络的物理吸附。这种吸附不如化学吸附牢固,仍具有普通水的物理化学性质,只是水分子的运动受到限制。

高吸水性树脂在结构上是轻度交联的空间网络结构,它是由化学交联和树脂分子链间的相互缠绕物理交联构成的。吸水前,高分子长链相互靠拢缠绕在一起,彼此交联成网状结构,从而达到整体上的紧固程度。

高吸水性树脂可以看成是高分子电介质组成的离子网络和水的构成物。在这种离子网络中,存在可移动的离子对,它们是由高分子电介质的离子组成的。其离子网络结构如图6-1所示。

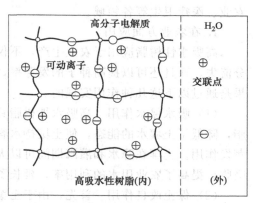

图6-1 高吸水性树脂的离子网络结构

高吸水性树脂的吸水过程是一个很复杂的过程。吸水前,高分子网络是固态网束,未电离成离子对,当高分子遇水时,亲水基团与水分子的水合作用,使高分子网束张展,产生网内外离子浓度差。如高分子网络结构中有一定数量的亲水离子,从而造成网络结构内外产生渗透压,水分子以渗透压作用向网络结构内渗透。同理,如被吸附水中含有盐时,渗透压下降,吸水能力降低。由此可见,高分子网络结构的亲水基团离子是不可或缺的,它起着张网作用,同时导致产生渗透功能。亲水离子对是高吸水性树脂能够完成吸水全过程的动力因素。高分子网络结构含有大量的水合离子,是高吸水性树脂提高吸水能力、加快吸水速度的另一个因素。

高吸水性树脂三维空间网络的孔径越大,吸水率越高;反之,孔径越小,吸水率越低。

树脂的网络结构是能够吸收大量水的结构因素。

## 三、高吸水性树脂的基本特性

### 1. 高吸水性

根据弗洛利研究，吸水能力除与高吸水性树脂产品组成有关外，还与产品的交联度、形状及外部溶液的性质有关。

在制备过程中交联反应很重要，未交联的聚合物是水溶性的，不具有吸水性；而交联度过大也会降低吸水能力，为此应控制适度的交联度。

高吸水性树脂的产品形状对吸水性有很大影响，可将其制成多孔性或鳞片状等粗颗粒来增加其表面积，以保证吸水性。

因为高吸水性树脂是高分子电解质，其吸水能力受盐水相pH的影响。在中性溶液中吸水能力最高，遇到酸性或碱性物，则吸水能力降低。

### 2. 加压下的保水性

高吸水性树脂与普通的纸、棉吸水不同，它一旦吸水就溶胀成凝胶状。在加压下也不易挤出水来，这一优越特性特别适用于卫生用品及工业用的密封剂等。

### 3. 吸氨性

高吸水性树脂是含羧基的聚合阴离子材料，因70%的羧基被中和，30%呈酸性，故可吸收像氨类那样的气体，具有除臭作用。

## 四、高吸水性树脂的应用

高吸水性树脂问世以来，它的奇特性能引起了人们极大关注，广泛应用于生活、工业、农业、医疗卫生等各领域。

### 1. 在农业方面应用

高吸水性树脂应用于农业生产，不仅能够增强作物的抗旱能力，促进土壤改良，减少养分流失，而且还可以提高种子的发芽率，促进作物的生长发育，提高作物产量。这些明显效果是通过以下这几种作用实现的。

（1）吸水保水作用　高吸水性树脂具有吸水、释水的可逆性。在土壤中加入高吸水性树脂，降低了土壤水的能态，使土壤持水容量增大，减少了深层渗漏，同时减少了土壤水分的蒸发作用。土壤在降水和灌溉期间可以大量吸收水分，在干旱时期缓慢释放出水分，供植物吸收，提高了农业用水的利用率，延长了灌溉周期，从而增强了植物的抗旱能力。

（2）保土改良作用　首先，由于土壤黏土微粒表面呈电负性，高吸水性树脂与这些黏粒必然发生吸附作用，如树脂分子链上有阳离子基团则会强化其与黏土微粒间的吸附作用，这样既可以使聚电解质树脂具有较大的持久性，使需要量减少，又可以使土壤的水化、膨胀和分散作用被抑制，起到保护土壤的功效。其次，高吸水性树脂能促进土壤团粒结构的形成，这些团聚体对稳定土壤结构、改善土壤通透性、防止表土结皮、减少土面蒸发有较好作用，增强了土壤的抗侵蚀能力。再次，高吸水性树脂吸水膨胀后可以大幅度提高土壤液相比例，降低气相和固相比例，改善土壤的水热状况。据试验，用高吸水性树脂处理的土壤6d内最高地温比对照组低3℃，最低地温却高出1.5℃，地温日差比对照组缩小近5℃，说明高吸水性树脂降低地温的日温差方面效果明显。

（3）保肥缓释作用　首先，高吸水性树脂施用于土壤后可起到保土保墒、改良土壤的作用，同时也能提高化肥和药物的效能，一般可使化肥、农药用量减少 30% 左右。高吸水性树脂可抑制土壤中水的运动，而水的运动是土壤固相移动流失、淋溶性养分损失的主要原因，抑制了土和肥的流失。其次，由于树脂与土壤黏土、养分微粒间存在吸附作用，也抑制了黏土、养分微粒的水化、膨胀、分散和转移，即使在水量过大成涝期间，也可以从根本上减弱土壤微粒及其养分的流失。再次，其溶胀体内能包裹、溶解和悬浮化肥、农药等养分的颗粒或溶液，并能悬浮空气泡，可强化其"保肥"功能。根据高吸水性树脂的吸水机制，可以预测电解质类肥料不利于吸水膨胀，有研究表明，电解质肥料的确降低了高吸水性树脂的吸水率，而对于尿素这种非电解质肥料，高吸水性树脂的保水保肥作用都能得到充分发挥，是水肥结合的最佳选择。

2. 在生理卫生方面应用

卫生保健是高吸水性树脂应用比较成熟的领域，目前，高吸水性树脂市场上 80% 左右都是用在该领域。生理卫生用品包括婴儿尿裤、老年人失禁用品、妇女卫生巾等；此外，用高吸水性树脂制成的餐巾、抹布、手纸等也开始应用推广。

为了确保在使用过程中的安全，卫生保健用高吸水性树脂不仅要求有较高的吸水性和保水性，而且还要有抗菌和杀菌作用。采用含有烯丙基的长链季铵盐（即氯化辛基烯内基二甲基铵）与丙烯酰胺为共聚单体，用反相悬浮聚合法合成了具有杀菌性能的高吸水性树脂，能对金黄色葡萄球菌、大肠杆菌和白色念珠菌有杀灭和抑制其生长的作用，大大提高了卫生保障。

3. 在医疗卫生方面应用

高吸水性树脂吸水后可以形成柔软的凝胶，对生物组织没有机械的刺激作用，并且与生物组织十分相近，且凝胶具有溶质透过性、组织适应性和抗血凝固性等，为其作为医用材料奠定了基础。以聚丙烯纤维薄型针织布为外层，改性聚丙烯腈纤维高吸水针刺非织布絮片为中间夹层的伤口敷布，具有不与伤口粘连、抑菌、吸液量大、导液速度快、使用方便及良好的皮肤适应性等特点，能保证伤口干燥，形成有利于伤口愈合的微气候。

此外，近年来高吸水性树脂在国内被广泛用于接触眼镜、人体埋入材料、人造器官以及保持部分被测液的医用检验试片等。

4. 在土木建筑及工程方面应用

建筑工程使用的水泥，需要近一个月时间硬化，在此期间需要经常洒水以保证水化完全。如果在水泥中加入少量的高吸水性树脂作保养剂，可以缩短干燥时间，并防止出现裂纹，从而得到质量好、光洁度高的混凝土。高吸水性树脂加入混凝土中，还可以提高混凝土的抗压强度，另外还具有不易剥落，降低成本等作用。

我国目前使用的防结露涂料基本上是从国外进口的，价格较高。通过在高吸水性树脂乳液中添加沸石自制的防结露涂料有较好的吸水性，可作为地下室、厨房、浴室、天花板的调湿剂和车辆后视镜、门窗玻璃等的防雾剂。

此外，利用高吸水性树脂吸水而不吸油和非极性物质的特性，可将其用做油水分离剂、灭火剂、灭火布及耐用碱性电池。在纺织印染中可保持一定的潮度，防止静电，用于污水处理，吸附回收重金属离子。

5. 石油化工

油田地层水矿化度高，油层温度高，油水井管线、地面集输管网和注水管线腐蚀十分严重。针对这一问题，可以添加高吸水性树脂制备的一种缓蚀剂，缓蚀剂在污水中可以缓慢释放出其中的有效成分，缓蚀效果明显。

高吸水性树脂在石油化工领域还可以用做油田勘探中钻头的润滑剂、泥浆的凝胶剂、油田处理剂等。

### 6. 食品保鲜

高吸水性树脂在食品工业中可作增稠和保鲜等添加剂、食品保鲜材料、食品脱水剂和食品包装等。将玉米淀粉接枝丙烯酸盐高吸水性树脂、水、丙二醇以一定配比均匀混合制成水凝胶。把鱼浸入其中10s后取出，保鲜12d后仍保持原有的光泽，且肉质弹性良好，而未经处理的鱼在第六天就已霉烂变质。

将活性炭和高吸水性树脂掺入无纺布和纸中制成保鲜袋，能吸收食物放出的有害气体，又能调节环境湿度，从而起到保鲜作用。

### 7. 其他

高吸水性树脂在日用化妆品工业中作增稠剂，可以长期保持化妆品湿润，效果优于相应的胶乳。在扑脸粉中加入超细高吸水性树脂，可使其吸收湿气附在皮肤上以保持较长时间的湿润。

在污水处理中，将高吸水性树脂装在可溶于污水的袋子中。当袋子浸入河水中，袋子被溶解后，高吸水性树脂迅速吸收液体而使河水硬化，便于处理。

利用高吸水性树脂吸水后形成的水凝胶对外界环境（温度、pH、电场强度等）的微小变化，体积会发生较大变化的特性，可开发出新型智能材料，如形状记忆材料、药物释放系统、人工触觉系统、光活门、转换器、机器人制造等。

在矿山工业中作为膨润性堵水剂、地基加固剂、管道物料输送防离析剂、炸药水泥防潮剂等。

在电子工业中用做漏水检测器、温度传感器和水分测量传感器等。

## 知识拓展　离子交换树脂的命名

根据国家标准和行业标准，对离子交换树脂的命名做如下规定：离子交换树脂的全名由分类名称、骨架（或基团）名称和基本名称排列组成。其基本名称为离子交换树脂。凡分类中属酸性的，在基本名称前加"阳"字；凡分类中属碱性的，在基本名称前加"阴"字。为了区别离子交换树脂产品中同一类中的不同品种，在全名前必须加型号。离子交换树脂的型号由三位阿拉伯数字组成。第一位数字代表产品的分类（分类代号见表6-4）；第二位数字代表骨架结构（骨架代号见表6-5）；第三位数字为顺序号，用于区别基团、交联剂等的不同。

表6-4　离子交换树脂的分类代号

| 代号 | 0 | 1 | 2 | 3 | 4 | 5 | 6 |
|---|---|---|---|---|---|---|---|
| 分类 | 强酸性 | 弱酸性 | 强碱性 | 弱碱性 | 螯合性 | 两性 | 氧化还原性 |

表6-5　离子交换树脂的骨架代号

| 代号 | 0 | 1 | 2 | 3 | 4 | 5 | 6 |
|---|---|---|---|---|---|---|---|
| 骨架名称 | 苯乙烯系 | 丙烯酸系 | 酚醛系 | 环氧系 | 乙烯吡啶系 | 脲醛系 | 氯乙烯系 |

对于凝胶型离子交换树脂，往往在上述的三位数字后面用"×"与一个阿拉伯数字相连，此数字是以质量分数表示的交联度。对于大孔型离子交换树脂，在上述的三位数字前加"D"（"大"字的声母），如图6-2所示。

例如，型号 001×7 表示的是交联度为 7 的强酸性苯乙烯型阳离子交换树脂。型号 201×8 表示的是交联度为 8 的强碱性苯乙烯型阴离子交换树脂。交联度是一个百分数。这里，交联度 7 与 8 是指 7% 与 8%。

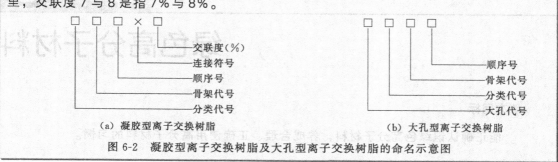

图 6-2　凝胶型离子交换树脂及大孔型离子交换树脂的命名示意图

## 思 考 题

1. 功能高分子材料有哪几大类？它们都有哪些功能特点？
2. 离子交换树脂有哪些功能特性？这些特性导致它们都有哪些典型应用？
3. 如何正确选用离子交换树脂？
4. 水性树脂功能特性有哪些？试举例说明这些功能特性的应用。

# 模块七

# 绿色高分子材料

**能力目标**

能正确认识绿色高分子材料，养成合理、正确使用高分子材料的习惯。

**知识目标**

熟悉"绿色高分子"的概念，掌握废旧高分子材料的处置原则与方法，了解可环境降解高分子材料的开发利用。

材料与环境是有直接关系的，包括材料的制造、加工、应用。高分子材料自问世以来，因具有重量轻、加工方便、产品美观实用等特点，颇受人们青睐，广泛应用在各行各业，从人们的日常生活到高精尖的技术领域，都离不开高分子材料。可以这么说，如果不使用高分子材料，人们的生活将无法想象。目前，世界高分子材料的年产量已达1.3亿吨，我国的塑料使用量每年已达600万吨。在高分子材料的大量生产与消费的同时，也带来了大量废弃物的产生，世界每年产生的塑料废弃物是其产量的60%~70%，橡胶废弃物是其产量的40%。这些高分子材料废弃物由于不能自然降解、水解和风化，造成了环境污染。

20世纪90年代，有人就提出了"绿色高分子"的概念，即在高分子材料制造、应用、废弃物处理中，对环境无害与环境友好的意思，此词来源于绿色化学与技术。如何不污染环境地处理掉不能被环境自然降解的废弃高分子材料，如何开发利用可环境降解的高分子材料，是高分子绿化工程中的两大关键课题。

## 单元一 废旧高分子材料的管理

**能力目标**

能根据塑料标识有效地识别废旧高分子材料的种类，并能正确处理废旧高分子材料。

**知识目标**

掌握废旧高分子材料的处置原则与方法。

### 一、废旧高分子材料的来源

由于高分子材料具有许多优越性能，从而应用甚广，加上高分子材料种类繁多，制品多样化，因此造成高分子材料废弃物的来源复杂，给回收利用带来一定的难度。高分子废弃物的来源主要如下。

1. 树脂生产中的废弃物

树脂生产过程中往往会产生一些废树脂或副产物。如聚合过程中反应釜内壁上刮削下来的贴附料（俗称锅巴），在合成中未达到指标的产品，成品包装及运输过程中的落地料等。废料产生的多少取决于聚合反应的复杂性、生产设备及操作的熟练程度等，在各类树脂生产中聚乙烯产生废料最少，聚氯乙烯产生的废料较多。但严格来说这部分废树脂或副产物数量比较少，回收也比较容易。

2. 制品生产厂的废弃物

制品生产厂将树脂经过某种方法成型为制品，在这一过程中，不可避免地出现一些边角料、试验料、废品。如注射成型制品中的料把、飞边；压延及热成型的切边料；合成纤维熔融纺丝的废树脂和废纤维，试生产的废品等。这些废料无须鉴别分选，废塑料可以破碎后以一定的比例加入新料中再成型；废纤维可以重新造粒利用，也可以切断成短纤维加到塑料或橡胶中作为增强材料。

3. 社会上的废弃物

这类废弃物是废旧高分子材料的主要来源，是指人们在使用、消费和流通过程中由于失去原来的性能而丢弃的废物。如在农业领域使用过的地膜、编织袋等。其中地膜是使用周期短、回收量大、回收难度较大的一类制品。还有在商业领域消费中废弃的制品，如包装盒、饮料瓶等杂品。这类废弃物的特点是来源广，且使用情况复杂，因此必须经过处理才能回收再用。

4. 家庭日杂用品废弃物

这部分主要是人们日常生活中产生的一些废旧塑料，如一次性包装袋、饮料瓶等，往往与其他垃圾混杂，回收较难。目前我国有部分城市已经采取措施进行家庭垃圾分类。

## 二、废旧高分子材料的处理原则

废旧高分子材料的处理原则是减少来源、重复使用、循环使用和回收利用。

1. 减少来源

减少来源是最有效和最直接的控制高分子材料污染的方法，包括以下几个方面。

（1）改进产品设计和制造工艺，在制造过程中尽量减少生产废料的产生。即实现材料成型加工过程中的零排放。为此，可以更多地采用自动化成型技术，如采用注射成型和挤出成型。

（2）改进产品的包装设计，减少包装用量，如采用大容器包装或经济包装。在日常包装材料方面，我国国务院还颁布了关于限制生产销售使用塑料购物袋的通知（国办发［2007］72号），严格限制塑料购物袋的生产、销售和使用，提高公民的环境意识，尽量减少"白色污染"。

（3）减少或替代高分子材料中的有毒物质，如减少使用含铅和锡的添加剂。

2. 重复使用

重复使用物品和材料，是减少废旧高分子材料产生的另一有效途径，即设计可再使用的产品，并发展耐用的和可进行再修复的产品。如重复使用船用条板箱、集装箱或储存容器，重复使用餐具、旧瓶等。毫无疑问，重复使用非一次性的物品或材料是节约资源和减少废料产生的有效途径。因此，设计可循环产品，使用可循环材料或可循环产品，可大大节省处理费用和减少污染。

3. 循环使用

用"废料"替代"原材料"来制备新产品，称为"再生料"的循环使用。最理想的可再生的材料，理论上应能再三使用而在性质和数量上没有大的损失。循环使用是减少和利用废料的一种重要方法,既保存了材料,又保存了能量,是减少废料体积的理想途径,但循环不能替代控制来源。在发达国家为了提高废料的循环量,曾立法要求生产部门使用一定量的再生料;并发展技术以减少循环使用的费用,使循环产品的价格能与原始新料产品相竞争。

4. 回收利用

回收利用包括材料回收和能量回收。材料回收是指循环的材料从不分类的混合废料中获取,例如加工和使用焚烧残留物作填充料,用于修筑道路;还有回收利用粉碎的旧建筑材料建造停车场等。

能量回收是指燃烧不能以其他方法加工的混合塑料或残留物,以利用其释放的热能,包括焚烧废物获取能量和燃烧废物燃料以获取能量。前者用垃圾作燃料源来产生蒸汽、热水和电;后者用废料制燃烧粒子,并在锅炉或焚烧器中燃烧产生能量。

但能量回收中因为废料成分未知,可能会引起其他环境问题,例如焚烧的残留物中含有铅、镉等重金属,燃烧或焚烧会有二英放出,还会引起酸雨、温室效应等。因此,能量回收时一定要慎重考虑产生二次污染的问题。

## 三、废旧高分子材料的处置方法

1. 填埋

填埋是处理垃圾或固体废弃物的最简单、最古老的方法,世界各地普遍采用,但它具有一些缺点。首先,填埋需要占用大量土地,就是填埋结束或关闭后也不能用做他用,如不宜用做高层住宅用地,甚至周边土地也受影响。其次,还会产生渗漏液及污染地下水,渗漏液含有分解产物,许多毒性有机物、络合金属盐、有机金属化合物会从地下渗透到水源,进入河湖,污染水源和土地。然后,填埋后分解的废物还会产生许多气体,主要是 $CO_2$、$CH_4$、$H_2$、$N_2$ 等,和有毒、不良味道的气体,如 $H_2S$、挥发性硫醇、带臭味的有机酸等。放出气体的臭味大、污染大且存在爆炸的危险。因此填埋垃圾堆要有通气口,否则大量 $CO_2$、$CH_4$ 气体的聚集会有爆炸的危险。再有就是填埋所需的经济投入巨大,填埋场需建立长期监控和维持设施。虽然填埋场的寿命在 5 年左右,但对它的维护需几十年,甚至可能上百年。一旦填埋场关闭,需采取"永久"的保护措施,这需要资金和人员的投入,以控制潜在的环境影响。

尽管填埋具有许多缺点,但填埋是处理固体废料最灵活的方法,能聚集各种废物,虽然成本直线上升,但与其他方法相比较仍然是最低的。因此在目前情况下还需要继续使用,重点是加强管理。

填埋高分子材料意味着把可利用的资源全部浪费,再者高分子材料在垃圾堆中不易腐烂分解,如有些高分子材料的完全分解需 200 年以上。因此填埋对废旧高分子材料来说不是一种科学的方法。

2. 焚烧

焚烧是把有机高分子材料送入燃烧炉进行燃烧,或取热或发电,是处理垃圾的又一方法。但是焚烧会产生许多有毒的物质,如二英、呋喃类化合物、氯化氢等,也产生大量 $CO_2$,会污染环境;同时高温焚烧易损坏炉子,维护费用也较高;再有就是要消除或减少焚烧产生的污染需昂贵的燃烧器和废气处理设备,处理代价很高,因此焚烧在一定程度上受到限制。

3. 循环利用

循环利用是处理废旧高分子材料比较有效、科学的方法,如图 7-1 所示。循环是废旧高分子材料利用的有利途径,不仅使环境污染得到妥善解决,而且资源得到最有效的节省和利用。从资源的利用角度出发，对废旧高分子材料的利用首先应考虑材料的循环，然后考虑化学循环及能量回收。

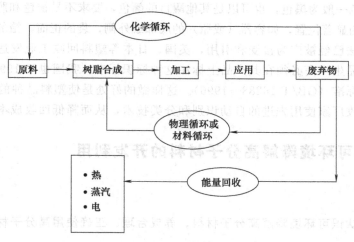

图 7-1  高分子材料循环示意图

高分子材料的循环可分为材料循环（又称为物理循环）、化学循环和能量回收。材料循环是废旧高分子材料经收集、分离、提纯、干燥等程序之后，加入稳定剂等各种助剂，重新造粒，并进行再次加工生产的过程。目前，许多高分子材料的循环利用是用此法来实现的。化学循环是利用光、热、辐射、化学试剂等使聚合物降解成单体或低聚物的过程，其产物用做油品或化工原料，例如降解得到的单体可用于合成新的聚合物。化学循环的方法有水解、醇解、裂解、加氢裂解等。能量回收是指以高分子材料作燃料或取热或产生蒸汽，进而进行发电，或用高分子材料作助燃料等过程。能量回收是高分子材料循环利用中比较重要的循环方法，但要注意二次污染问题。

由于高分子材料品种及制品形式的多样性，要快速有效地识别废旧高分子材料的种类并不容易。为解决这一问题，1988年美国塑料工业协会（SPI）发布了一套塑料制品回收标识方案，如图7-2所示。

该标识中间的数字1～7，每一个数字都代表不同的材料，因此中间的数字和下面的单

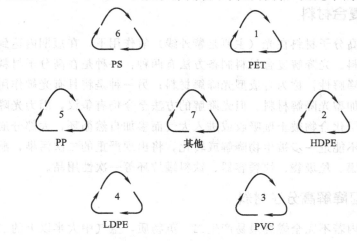

图 7-2  塑料制品回收的标识

词表示该制品是用何种树脂制成的，如果制品是由几种不同材料制成的，则标识的是制品的主要的、基本的材料。标识可根据制品的大小，按比例放大和缩小。一般直接成型或印制在制品上，印制的颜色一般为黑色，也可以是其他醒目的颜色，要求不易褪色和脱落。回收标识的位置一般在制品的显著位置，如容器（或瓶）的底部或外侧，袋的正面，箱的四个侧面等。

这种标识方法已经被广为接受和引用，美国、日本等塑料回收工业发达的国家以法律的形式规定塑料制品生产商必须在其产品上标注这种标识标准。我国也于 1996 年 12 月制定了与之几乎相同的标准（GB/T 16288—1996）。这样做的好处是使塑料品种的识别变得简单而容易，有利于回收厂家使用先进的自动识别和分类技术，从而降低回收成本。

## 单元二 可环境降解高分子材料的开发利用

### 能力目标

能正确认识可环境降解高分子材料，养成合理、正确使用高分子材料的习惯。

### 知识目标

了解可环境降解高分子材料的开发利用。

高分子废弃物虽然可以回收再生，但有些高分子材料消费后难以回收，有些是一次性使用的，有些回收成本高于制造成本，还有些医用高分子材料需要在发挥作用后才能降解。于是人们开始重视开发一种新型高分子材料，即可环境降解高分子材料。

### 一、生物降解高分子材料

20 世纪 70 年代后期，这种材料以淀粉填充型为主。目前，主要开发改性淀粉、可生物降解或可溶性降解塑料。例如，聚乳酸（PLA）是由乳酸分子经羟基和羧基在适当条件下脱水缩合而成的一种可生物降解高分子材料，可以制成力学性能优异的纤维和薄膜，常用于医用材料，它不仅符合医用要求，而且能被人体逐步分解吸收，有助于损伤机体的康复。目前产品主要有缓释性药品包衣、微胶囊、植入片、手术缝合线以及人造皮肤等。

### 二、光降解复合材料

复合材料中的高分子材料在光（主要是紫外线）氧作用下，在短期内达到部分或全部降解，即为光降解材料。光降解复合材料制备方法有两种：一种是在高分子材料合成时引入感光基团使其具有光降解性，称为合成型光降解材料；另一种是将具有光敏作用的助剂添加到高聚物中，称为添加型光降解材料。但光降解的方法至今仍有争议，因为光降解后仅有小部分裂解成碳氢小分子化合物被土壤吸收或进入大气而参加自然循环，大部分崩解成粉末或碎片散落各处。如果不能进一步被生物降解或转化，将出现严重的二次污染，贻害无穷。光降解塑料主要用于地膜、垃圾袋、快餐容器、饮料罐拉环等一次性用品。

### 三、可焚烧可降解高分子材料

垃圾在焚烧炉内若不完全燃烧最易产生二 英物质，空气中大半以上的二 英就是来源于垃圾焚烧过程的排出物。但填充了 30%碳酸钙的塑料却可以快速完全燃烧，同时还可以减少尾气中有害气体的排放量。因此可焚烧塑料与焚烧热氧降解的配合使用，可以降低塑料的焚烧温度，对抑止二噁英的产生将有十分重要的意义，使开发的塑料具有可焚烧可降解功能。目前，该类产品已成为继生物降解、光降解后的另一类环境友好型塑料产品。

绿色高分子材料作为一门新的科学，在国内外正蓬勃兴起。目前，关于绿色高分子材料的生产工艺、产品应用、废旧物回收等已取得了许多显著成果，但在短时间内以新工艺取代传统的高分子材料生产工艺，以新的绿色高分子产品代替传统高分子产品，较难办到。绿色高分子材料的生产与应用是一个长期发展、逐步渐进的过程。应树立以下意识。

一是在尽可能满足用户对材料性能要求的同时，还必须考虑尽可能节约能源和资源，尽可能减少对环境的污染，改变以前只片面追求性能的观点。

二是在设计高分子产品时，一定要注重产品对环境的协调性，改变以前只管设计生产而不顾使用和废弃物再生利用及对环境污染的观点。

三是要既讲科学技术效益、经济效益，又讲社会效益，把产品与国家的可持续发展结合起来。

## 知识拓展 医用生物降解高分子材料

医用生物降解高分子材料对医用材料而言，不仅要求有医疗功能，还要求其无毒、对人体安全、具有优良的生物相容性，即良好的血液相容性和组织相容性。近年来发展的生物降解可吸收高分子材料是指材料完成医疗功能后，在一定时间内能被水解或分解成小分子，参与正常的代谢循环，从而被人体吸收或排泄。生物降解塑料已被用在血管外科、矫形外科、体内药物释放基体和吸收性缝合线、组织工程支架材料等医疗领域。

医用生物降解高分子材料最普遍的应用便是外科手术缝合线。生物降解性手术缝合线既可以缝合伤口，又可以在伤口愈合后自动降解，不需要拆除，所以发展越来越快。最初采用的生物吸收性缝合线是肠线，肠线的初期弹性小，平滑性优良，结节部位稳定性好，但同时也存在力学强度损失快、处理不方便、必须用湿的缝合线缝合伤口、易引起组织发炎、分解速度过快等缺点。后来改进采用聚乙交酯（PGA）、聚 L-乳酸（PLLA）及其共聚物制成的复丝，目前已经商业化，但在连续缝合中因为单丝表面光滑，需大量采用单丝缝合线，而非双丝缝合线，但对单丝缝合线而言，PGA、PLLA 太硬，不柔软。所以研制了更柔软的、低模量的聚二噁烷酮（PDS）和聚葡糖酸酯。另外，L-乳酸和己内酯的共聚物是生物吸收性的弹性材料，在临床上的应用也已开始研究。同时研究发现用甲壳质制成的手术线不但力学性能良好，打结不易滑脱，在胆汁、尿、碘液中拉伸强度的延续性比肠线、聚乙交酯纤维好，而且无毒性。用改进工艺制成的单根甲壳质纤维缝合线在使用初始 10～15d 中有很大的强度，而此后强度迅速下降，有利于生物体的迅速吸收。

## 思 考 题

1. 什么是绿色高分子材料？怎样才是合理、正确使用高分子材料？
2. 怎样快速有效地识别废旧高分子材料的种类？
3. 废旧高分子材料若处理不当会给环境造成哪些危害？
4. 废旧高分子材料的主要处置方法有哪些？各有什么利弊？
5. 列举你在生活中可见到的可环境降解高分子材料。

# 附录

## 高分子材料缩写代号

| 缩写代号 | 高分子材料的全称 | 缩写代号 | 高分子材料的全称 |
|---|---|---|---|
| ABS | 丙烯腈-丁二烯-苯乙烯共聚物 | PI | 聚酰亚胺 |
| AF | 氨基树脂 | PIB | 聚异丁烯 |
| AS | 丙烯腈-苯乙烯共聚物 | PMMA | 聚甲基丙烯酸甲酯 |
| CPVC | 氯化聚氯乙烯 | POM | 聚甲醛 |
| CR-39 | 双烯丙基二甘醇碳酸酯聚合物 | PP | 聚丙烯 |
| EP | 环氧树脂 | PPO | 聚苯醚 |
| EVA | 乙烯-醋酸乙烯酯共聚物 | PPS | 聚苯硫醚 |
| EVOH | 乙烯-乙烯醇共聚物 | PS | 聚苯乙烯 |
| HDPE | 高密度聚乙烯 | PSF | 双酚A型聚砜 |
| HEMA | 聚甲基丙烯酸羟乙酯 | PTFE | 聚四氟乙烯 |
| HIPS | 高抗冲聚苯乙烯 | PU | 聚氨酯 |
| HPVC | 硬质聚氯乙烯 | PVA | 聚乙烯醇 |
| LCP | 液晶聚合物 | PVAC | 聚醋酸乙烯酯 |
| LDPE | 低密度聚乙烯 | PVC | 聚氯乙烯 |
| LLDPE | 线型低密度聚乙烯 | PVDC | 聚偏氯乙烯 |
| MDPE | 中密度聚乙烯 | TPX | 聚甲基-1-戊烯 |
| MS | 甲基丙烯酸甲酯-苯乙烯共聚物 | UHMWPE | 超高分子量聚乙烯 |
| MXD6 | 聚己二酰间苯二甲胺 | UF | 脲醛树脂 |
| PA | 聚酰胺 | UP | 不饱和聚酯 |
| PA6 | 聚己内酰胺 | ACM | 丙烯酸酯橡胶 |
| PA66 | 聚己二胺己二酸 | BR | 顺丁橡胶 |
| PAN | 聚丙烯腈 | CO,ECO | 氯醚橡胶 |
| PAN共聚物 | 聚丙烯腈共聚物 | CR | 氯丁橡胶 |
| PAR | 聚芳酯 | CSM | 氯磺化聚乙烯橡胶 |
| PB | 聚丁烯 | EPR | 乙丙橡胶 |
| PBI | 聚苯并咪唑 | EPM | 二元乙丙橡胶 |
| PBP | 聚硼二苯基硅氧烷 | EPDM | 三元乙丙橡胶 |
| PBT | 聚对苯二甲酸丁二酯 | FPM | 氟橡胶 |
| PC | 聚碳酸酯 | IIR | 丁基橡胶 |
| PE | 聚乙烯 | IR | 异戊橡胶 |
| PEEK | 聚醚醚酮 | NBR | 丁腈橡胶 |
| PEN | 聚萘二甲酸乙二酯 | Q | 硅橡胶 |
| PET | 聚对苯二甲酸乙二酯 | SBR | 丁苯橡胶 |
| PETG | 共聚聚酯 | T | 聚硫橡胶 |
| PF | 酚醛树脂 | U | 聚氨酯橡胶 |

## 参 考 文 献

[1] 董炎明编. 高分子材料实用剖析技术. 北京：中国石化出版社，1997：399.
[2] 潘文群主编. 高分子材料分析与测试. 北京：化学工业出版社，2005：247.
[3] 曾荣昌，韩恩厚等编著. 材料的腐蚀与防护. 北京：化学工业出版社，2006：340.
[4] 张德庆，张东兴，刘立柱主编. 高分子材料科学导论. 哈尔滨：哈尔滨工业大学出版社，1999：241.
[5] 陈泉水，罗太安，刘晓东著. 高分子材料实验技术. 北京：化学工业出版社，2006：230.
[6] 王文广，田雁晨，吕通建主编. 塑料材料的选用. 第2版. 北京：化学工业出版社，2007：683.
[7] 韩冬冰，王慧敏编著. 高分子材料概论. 北京：中国石化出版社，2005：264.
[8] 黄发荣，陈涛，沈学宁编著. 高分子材料的循环利用. 北京：化学工业出版社，2000：434.
[9] 王文广. 塑料配方设计. 第2版. 北京：化学工业出版社，2004：590.
[10] 张玉龙，孙敏主编. 橡胶品种与性能手册. 北京：化学工业出版社，2007：552.
[11] 张殿荣，辛振祥编著. 现代橡胶配方设计. 第2版. 北京：化学工业出版社，2001：557.
[12] 翁国文编著. 实用橡胶配方技术. 北京：化学工业出版社，2008：423.
[13] 赵旭涛，刘大华主编. 合成橡胶工业手册. 第2版. 北京：化学工业出版社，2006：1364.
[14] 黄丽主编. 高分子材料. 北京：化学工业出版社，2005：396.
[15] 纪奎江主编. 实用橡胶制品生产技术. 第2版. 北京：化学工业出版社，2001：542.
[16] 杨清芝主编. 现代橡胶工艺学. 北京：中国石化出版社，1997：685.
[17] 刘植榕，汤华远，郑亚丽主编. 橡胶工业手册. 第八分册. 北京：化学工业出版社，1992：1058.
[18] 吴晓谦主编. 橡胶制品工艺. 北京：化学工业出版社，1993：250.
[19] 王文英主编. 橡胶加工工艺. 北京：化学工业出版社，1993：376.
[20] 张学敏，郑化，魏铭编著. 涂料与涂装技术. 北京：化学工业出版社，2006：578.
[21] 肖卫东，胡高平，何培新，王合情编. 粘接实践200例. 北京：化学工业出版社，2007：483.
[22] 唐星华，饶厚曾主编. 胶黏剂生产技术问答. 北京：化学工业出版社，2005：567.
[23] 刘德峥，田铁牛主编. 精细化工生产技术. 北京：化学工业出版社，2004：347.
[24] 郑顺兴主编. 涂料与涂装科学技术基础. 北京：化学工业出版社，2007：306.
[25] 刘安华编著. 涂料技术导论. 北京：化学工业出版社，2005：203.
[26] 李丽，王海庆，张晨，庄光山编著. 涂料生产与涂装工艺. 北京：化学工业出版社，2007：361.
[27] 王慎敏主编. 胶黏剂合成、配方设计与配方实例. 北京：化学工业出版社，2003：377.
[28] 黄元森主编. 新编涂料品种的开发配方与工艺手册. 北京：化学工业出版社，2003：178.
[29] 程时远，陈正国主编. 胶黏剂生产与应用手册. 北京：化学工业出版社，2003：613.
[30] 曹京宜，付大海编著. 实用涂装基础及技巧. 北京：化学工业出版社，2002：420.
[31] 杨鸣波，唐志玉主编. 中国材料工程大典：第7卷. 高分子材料工程（下）. 北京：化学工业出版社，2006：877.
[32] 杨鸣波，唐志玉主编. 中国材料工程大典：第6卷. 高分子材料工程（上）. 北京：化学工业出版社，2006：1016.
[33] 朱敏主编. 功能材料. 北京：机械工业出版社，2002：226.
[34] 周馨我主编. 功能材料学. 北京：北京理工大学出版社，2002：396.
[35] 何天白，胡汉杰主编. 功能高分子与新技术. 北京：化学工业出版社，2001：356.
[36] 王国建，刘琳编著. 特种与功能高分子材料. 北京：中国石化出版社，2004：357.
[37] 陈光，崔崇主编. 新材料概论. 北京：科学出版社，2003：293.
[38] 贡长生，张克立主编. 新型功能材料. 北京：化学工业出版社，2001：642.
[39] 谭毅，李敬锋主编. 新材料概论. 北京：冶金工业出版社，2004：566.
[40] 肖长发等编. 化学纤维概论. 第2版. 北京：中国纺织出版社，2005：248.
[41] 张镭，王方林主编. 高分子材料概论. 北京：科学出版社，2006：213.
[42] 程晓敏，史初例编著. 高分子材料导论. 合肥：安徽大学出版社，2006：150.
[43] 张玉龙主编. 塑料品种与性能手册. 北京：化学工业出版社，2007：854.
[44] 周达飞，唐颂超主编. 高分子材料成型加工. 第2版. 北京：中国轻工业出版社，2005：449.
[45] 吴清鹤主编. 塑料挤出成型. 北京：化学工业出版社，2004：321.